技工院校信息类专业通用教材

信息技术基础

（上册）

主编　郭煜

中国劳动社会保障出版社

简介

本书是技工院校信息类专业通用教材，包括上、下两册，本书为上册，主要内容包括信息技术应用基础、网络配置与应用、图文制作与编辑、数据分析与处理等。

图书在版编目（CIP）数据

信息技术基础．上册 / 郭煜主编．-- 北京：中国劳动社会保障出版社，2025. --（技工院校信息类专业通用教材）. -- ISBN 978-7-5167-6857-0

Ⅰ. TP3

中国国家版本馆 CIP 数据核字第 2025U8B971 号

信息技术基础（上册）

XINXI JISHU JICHU（SHANGCE）

中国劳动社会保障出版社出版发行

（北京市惠新东街 1 号　邮政编码：100029）

*

北京市艺辉印刷有限公司印刷装订　　新华书店经销

880 毫米 ×1230 毫米　16 开本　20 印张　455 千字

2025 年 7 月第 1 版　　2025 年 7 月第 1 次印刷

定价：49.00 元

营销中心电话：400-606-6496

出版社网址：https://www.class.com.cn

https://jg.class.com.cn

技工院校信息类专业通用教材
《信息技术基础（上册）》编审人员

主　编： 郭　煜

副主编： 王伊捷　赵慧慧　吕　猛

参　编： 陈俊锦　董理怡　黄永浩　刘　璐　叶　矿
周维睿　程　浩

主　审： 肖政宏　张玉青

前言

随着科学技术的高速发展，新一代信息技术与实体经济深度融合，正在世界范围内推动着生产方式、社会形态和人才需求的深刻变革。信息技术已成为中国式现代化建设的重要驱动力。信息技术应用能力已成为技工院校学生适应数字化时代的核心竞争力。为顺应国家战略需求、对标产业变革趋势、反映技工院校教学改革实际、满足高素质技能人才培养要求，我们组织有关技工院校一线教师和行业、企业专家，在充分调研的基础上，根据人力资源社会保障部颁布的《全国技工院校专业目录》及相关教学文件开发了本教材。

本教材包括上、下两册，《信息技术基础（上册）》包括信息技术应用基础、网络配置与应用、图文制作与编辑、数据分析与处理四个模块，《信息技术基础（下册）》包括数字媒体技术应用、程序设计入门、信息安全与防范、信息新技术应用四个模块。

在此基础上，我们还开发了《新一代信息技术》《人工智能技术应用基础》《云计算技术应用基础》《大数据技术应用基础》《虚拟现实技术应用基础》等新一代信息技术通识类系列教材，作为拓展模块，满足技工院校学生对相关前沿信息技术的认知需求。

本套教材的特色主要有以下几个方面。

一是充分融入课程思政，强化教材育人导向。

在载体选择、案例设计等方面，除了体现信息技术知识技能的实用性和时代性，还充分体现我国信息技术发展成就，弘扬社会主义核心价值观，突出中华优秀传统文化，贯穿工匠精神等职业素养的培养。

二是注重综合素质培养，强调运用迁移能力。

在教材内容编排上，淡化软件版本的差异，不以对具体软件操作步骤的讲解为目标，而是注重引导学生理解同类软件在功能上的共性特点和设计理念，提升综合素质，使学生具备较强的实际应用能力，及未来面对新技术、新平台、新问题的知识迁移能力。

三是紧跟技术发展趋势，突出体现新兴技术。

在数字通用技能培养的基础上，针对信息类专业学生的实际岗位需求，加强对人工智能、物联网、云计算、大数据等战略性新兴产业的介绍，使学生紧跟行业发展趋势，对信息技术前沿领域具备更为广阔的视野和前瞻性的认识。

四是体现以学生为中心，调动学生自主学习。

针对技工院校学生的认知特点和学习习惯，对教材形式进行合理编排，增强趣味性和实用性，结合学生学习、生活实际设计实践案例，以小组讨论、团队合作等形式设计学习活动，充分调动学生学习兴趣和自主学习意识。

五是配套丰富教学资源，充分满足教学需求。

与教材配套，开发了《信息技术基础（上册）学习指导与练习》和《信息技术基础（下册）学习指导与练习》等，满足学生课前预习、课上学习和课后复习的需要；录制操作演示微视频，通过数字化手段更简洁、直观地讲解数字技术内容；提供教学素材、电子课件、参考答案等多种教学资源，服务于技工院校的实际教学需求。相关数字资源可通过扫描二维码在线观看，或通过技工教育网（https://jg.class.com.cn）下载使用。

本教材的开发工作得到了相关技工院校、行业企业专家的大力支持，在此我们表示诚挚的谢意。

编者

2025 年 6 月

目录 CONTENTS

模块一

初识信息技术——信息技术应用基础

091

模块二

走进网络世界——网络配置与应用

247 模块四 发掘数据价值——数据分析与处理

初识信息技术

——信息技术应用基础

生活

在信息时代，信息技术已经渗透到日常生活的每一个角落。计算机早已超越专业技术领域的应用，成为人们生活、娱乐的重要工具；智能手机也不再局限于通信，已广泛应用于购物、影音、娱乐、出行等方方面面，离开智能手机，人们几乎寸步难行；可穿戴智能设备和扫地机器人等智能设备，正以多样化的形式，为我们的生活带来革命性的变化。

学习

在信息时代，学习已不再局限于书本，各种信息化的学习工具帮助我们丰富了学习手段，提高了学习效率。我们可以利用计算机查阅资料、完成作业；利用智能手机与老师、同学交流学习心得、解决学习中的疑问；各种专业的信息化学习平台帮助我们更加全面、形象、生动地学习各种专业知识。信息设备、信息技术已成为现代社会中重要的学习工具。

工作

在信息时代，各行各业的工作都已离不开信息技术和信息设备。人们在工作中通过计算机、智能手机等信息设备中的即时通信工具沟通、交流及召开会议；各种各样的文件资料大多以电子文档形式在计算机上创建、保存和使用；在工程及各类业务中，专用的硬件和软件越来越多地代替了人工操作，大大提高了工作效率。

动画小剧场

扫描二维码观看

欢迎来到信息技术的世界。

利用信息技术，你可以在传统纸质图书以外，获取更多海量知识；可以利用更丰富的手段实现更高效的学习；可以快速完成复杂信息的处理，高质量完成工作；可以足不出户便与全世界连通……

信息技术无处不在，它让生活变得更加美好。

学习信息技术，你也能成为下一个“小小信息达人”。

课题一
认识信息技术与信息社会

学习目标

1. 理解信息技术的概念。
2. 了解信息技术的发展历程。
3. 了解信息技术对生产、生活的影响。
4. 了解信息社会的文化、道德和法律规范。

信息技术的普及与广泛应用，不仅改变了人类的生活方式和内容，也推动了经济与社会的发展与进步。居家办公、网上约车、共享单车、在线教育、在线游戏、远程医疗、在线导航等应用随处可见。信息技术的应用已成为人类生产、生活的重要组成部分，也推动人类社会进入新的发展阶段——信息社会。本课题主要结合日常生活中的场景和案例，讲解信息技术的基本知识，让大家体验信息社会的便利。

任务 1　体验信息技术

• 任务引入 •

现代社会，信息技术飞速发展，足以影响人们生活、学习、工作的方方面面，作为新时代的职业院校学生，掌握信息技术、使用信息设备，运用它们思考并解决问题已成为一项必不可缺的应用技能。那么，什么是信息技术？信息技术在我们的生活、学习、工作中能起到哪些作用呢？

一、信息技术的概念

信息技术，简而言之就是关于信息的各种技术。这些技术包括收集、识别、提取、转换、存储、传输、处理、检索、检测、分析和利用信息的方法和工具。信息技术就像一个大工具箱，里面装满了处理信息的各种工具。这些工具使我们能够更有效地管理、分享和利用信息。信息技术让生活变得更加便捷，让工作变得更加高效。它已经渗透到了生活的方方面面，从购物、学习到工作、娱乐，都离不开信息技术。

例如，常用的电子邮件就是信息技术的一种应用，它让我们能够通过网络快速、方便地发送和接收信息。又如生活、工作中早已离不开的手机、计算机等电子设备，也是信息技术的产物，它们可以帮助我们存储、处理和查找大量的信息。

实践活动

了解信息技术的应用领域

随着5G、物联网、云计算、大数据、人工智能等新一代信息技术的快速发展，人们的生活发生了较大的改变。列举你看到的、听到的，或者实际使用到的信息技术应用实例，简要说明其对社会的影响，并填写在表1-1-1中。

表1-1-1　信息技术的应用领域实例及其影响

应用领域	应用实例	影响
生活方面		
通信方面		
学习方面		
工作方面		
科技方面		

二、信息技术的发展历程

从古至今，人类共经历了五次信息技术发展的重大变革。每次变革都对人类社会的发展产生了巨大的推动力（见图 1-1-1）。现代信息技术以微电子技术为基础，以计算机技术为核心，以通信技术为支柱，其发展与计算机技术密不可分。

图 1-1-1　信息技术发展的重大变革

第一次是语言的使用。随着人类的不断进化，早期人类开始使用语言进行思想交流和信息的传播。语言成了人类社会中不可或缺的工具，为信息的口头传递提供了基础。

第二次是文字的出现和使用。大约在公元前 3400 年，最早的文字便已出现。文字的出现使人类能够记录和保存信息，超越了时间和空间的限制，为信息的传播提供了新的方式。

第三次是印刷术的发明和使用。最早的印刷术是中国的雕版印刷，其确切起源时间尚有争议，但根据现有的考古发现，可以追溯到 7 世纪的唐代初期。11 世纪中期的北宋时期，中国开始使用活字印刷技术，而欧洲人从 13 世纪末开始使用印刷技术。印刷术的发明使书籍和报刊等印刷品成为信息储存和传播的重要媒介。

第四次是电话、广播、电视的使用。19 世纪至 20 世纪初，电报、电话、广播和电视的发明和应用使人类进入了利用电磁波传播信息的时代。这些技术的出现使信息的传播速度大大提高，覆盖范围更广。

第五次是计算机技术与现代通信技术的普及应用，计算机和网络的发明和使用。从 20 世纪 60 年代开始，计算机的普及应用及其与现代通信技术的有机结合标志着第五次信息技术革命的到来。计算机和互联网的出现使信息的处理、存储和传播达到了前所未有的速度和规模。

随着信息技术的不断发展进步，计算机技术也在不断发展，人工智能、云计算、量子计算、生物计算等新技术不断出现，将开启计算机技术发展的又一个新时代。

知识拓展

中国的计算机发展历程

1956年，周恩来总理亲自主持制定的《1956—1967年科学技术发展远景规划》中将计算机列为发展科学技术的重点之一，并于当年创建了中国第一个计算技术研究所。1958年，中国第一台电子管计算机——103机（仿制苏联的M-3机并加以改进）诞生于中国科学院计算技术研究所。1965年，中国自行设计、制造的大型晶体管计算机——109乙机研制成功。1973年，中国第一台大型集成电路计算机——150机研制成功。1983年，中国研制成功第一台每秒运算达1亿次的巨型计算机——银河-I。中国计算机事业的起步比美国晚了10年左右，但是经过老一辈科学家的艰苦努力，中国与美国的差距不但没有被拉大，反而逐年缩小了。

2002年8月10日，我国成功制造出首枚高性能通用CPU——龙芯1号。龙芯的诞生，打破了国外对芯片的长期技术垄断，结束了中国无“芯”的历史。

龙芯1号系列为32位低功耗、低成本处理器，主要面向低端嵌入式和专用应用领域；龙芯2号系列为64位低功耗单核或双核处理器，主要面向工控和终端等领域；龙芯3号系列为64位多核处理器，主要面向桌面和服务器等领域。龙芯1号和龙芯3号CPU的外观如图1-1-2所示。

图1-1-2　龙芯1号和龙芯3号CPU的外观

实践活动

了解信息技术新名词

随着信息技术的发展，物联网、云计算、虚拟现实与增强现实、大数据、量子计算、区块链等新名词不断涌现，小组讨论交流，说一说你所知道的信息技术新名词，并在网上查询其含义及应用实例，将查询到的信息填写在表1-1-2中。

表 1-1-2　信息技术新名词的含义及其应用实例

新名词	含义	应用实例
物联网		
云计算		
虚拟现实与增强现实		
大数据		
量子计算		
区块链		

三、信息技术对生产、生活的影响

信息技术的广泛应用促进了人们工作效率和生活质量的提高，人们的工作方式、生活方式和学习方式正在发生转变。“足不出户可知天下事，人不离家照样能办事”。原来的按时定点上班变为可以居家办公，在线问诊、在线学习、在线会议、网上购物、网上娱乐等成为人们新型的生活方式。信息技术应用领域和应用形态的不断开拓，使人们的工作、生活和学习内容更丰富，方式更灵活。信息技术在工作、生活中的部分应用场景如图 1-1-3 所示。

图 1-1-3 信息技术在工作、生活中的部分应用场景
a）在线学习 b）在线问诊 c）网上娱乐 d）网上购物

四、信息技术的典型应用

信息技术是现代化社会不可或缺的一部分，它已经深深地融入每个人生活和工作的方方面面。

1. 智能家居

智能家居（见图 1-1-4）是家居设备在信息技术影响之下物联化的体现。智能家居通过物联网技术将家中的各种设备（如音视频设备、照明系统、窗帘控制系统、空调控制系统、安防系统等）连接到一起，提供家电遥控、远程控制、防盗报警、环境监测等多种功能。例如，对于智能灯光控制、智能扫地机器人、智能门锁等设备，智能控制系统可以自动根据用户需求控制其运行状态，缩短调试时间，最大限度地提高生活品质。

2. 在线教育

在线教育（见图 1-1-5）是以网络为介质的教学方式，通过网络，学生与教师即使相隔万里也可以开展教学活动。学生可以随时随地访问最新的教育资源，教师可以使用更多的教学方式和工具。例如，云班课、学银在线等国内的教育平台提供了一系列的网络课程，使学生能够更加方便地获取教育资源，同时也为教师提供了一个高效的教学平台。

图 1-1-4　智能家居

图 1-1-5　在线教育

3. 移动支付

移动支付（见图 1-1-6）也称手机支付，就是用户使用其移动终端对所消费的商品或服务进行账务支付的一种服务方式。通过移动支付，人们可以轻松地完成网上购物、转账等功能。例如，支付宝、微信支付等利用互联网的技术和优势，将传统支付转变为在线支付，提供了更加方便、智能的服务。移动支付在中国广泛普及，基本已实现无纸币购物、出行等。

4. 大数据分析

大数据分析（见图 1-1-7）是指对规模庞大的数据进行分析。越来越多的企业通过大数据分析更好地了解消费者的需求，更加有针对性地推广和营销产品。例如，抖音、小红书、微博的数据分析平台即可针对众多用户在平台上巨大的信息量，通过大数据分析技术，在短时间内实现数据的分析处理，为用户提供更加精准的信息推送，从而提高品牌竞争力。

图 1-1-6　移动支付

图 1-1-7　大数据分析

交流与讨论

近年来，各种信息设备的普及将信息技术的应用发展到了新的阶段，使人们随时随地都能享受到信息技术带来的方便。观察身边的案例，从不同角度谈谈，在生活、学习中还有哪些信息技术的典型应用？

与此同时，信息技术在带来巨大便利的同时，也产生了一定的负面影响。小组合作，交流、收集相关信息，共同讨论信息技术可能带来的负面影响。

巩固与提高

制定智能家居改造方案

小明和爷爷、奶奶一起住在一个二十年前装修的老房子里，很多家用电器、家具设施等都已经老化，而且奶奶常会忘记关闭家里的燃气灶、照明灯具，有时还会因为忘记带钥匙被关在门外，这些不仅给生活带来不便，还导致了安全隐患。通过查找资料、现场体验等方式收集有关智能家居的素材，帮助小明进行家庭智能化改造设计，充分利用信息技术改善其家居环境。

任务 2　了解信息社会

随着信息技术的持续发展，信息产品与信息服务迅速普及，信息社会这一理念日益深入人心，建设信息社会已经成为世界各国的共同愿景。2006 年，第 60 届联合国大会通过决议，确定每年的 5 月 17 日为“世界信息社会日”。同年，我国颁布《2006—2020 年国家信息化发展战略》，第一次提出“为迈向信息社会奠定坚实的基础”。中共中央办公厅、国务院办公厅 2016 年印发《国家信息化发展战略纲要》，指出“没有信息化就没有现代化”；2023 年印发《数字中国建设整体布局规划》，指出“建设数字中国是数字时代推进中国式现代化的重要引擎，是构筑国家竞争新优势的有力支撑”。那么信息社会有哪些特征？生活在信息社会，对我们每个人又有哪些新的要求呢？

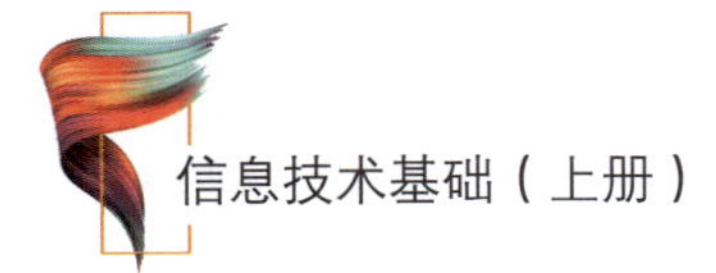

一、信息社会的主要特征

信息社会是以电子信息技术为基础，以信息资源为基本发展资源，以信息服务性产业为基本社会产业，以数字化和网络化为基本社会交往方式的新型社会。

对于信息社会特征的描述有多种角度，一般认为，信息社会有四个基本特征：信息经济、网络社会、数字生活和在线政务。

1. 信息经济

信息经济（见图 1–1–8）是指以信息与知识的生产、分配、拥有和使用为主要特征、以创新为主要驱动力的经济形态。信息经济与信息技术的应用存在着密切关联，信息技术的广泛应用极大地提高了信息与知识的生产和创造能力，降低了获取成本，并加快了传播和扩散的速度，提升了人们利用信息的能力。与传统的农业与工业经济相比，信息经济具有人力资源知识化、发展方式可持续、产业结构软化等特征。

2. 网络社会

网络化是信息社会最为典型的社会特征，网络社会（见图 1–1–9）主要体现在信息服务的可获得性和社会发展的全面性上。在网络社会，人们可以最大限度地享受基本的信息服务，有效降低信息获取成本，提升公民的数字素养与技能。随着人们需求层次从基本的衣食住行转变为对健康生活、对人与自然和谐发展的需求，信息社会需提供更多的医疗健康服务，更加强调生态环境保护，注重节能减排，推动低碳经济。

图 1–1–8　信息经济

图 1–1–9　网络社会

3. 数字生活

在信息社会，人们的生活方式和生活理念发生了深刻变化。数字生活的特点主要体现在三个方面：一是生活工具数字化，网络和数字产品成为人们的生活必需品（见图 1–1–10），计算机、智能手机、智能手表、智能电视、智能汽车等各种各样的数字产品使人们的生活越来越舒适和丰富；二是生活方式数字化，借助数字化信息终端，人们的工作更加弹性化和自主化，随时随地工作和学习成为可能，网络购物成为主流的消费方式，人际交往范围与空间无限扩大，交往方式更依赖数字技术；三是生活内容数字化，数字生活时代，人们的工作内容越来越多地以创造、处理和分配信息为主，学习内容更加个性化，数字化内容成为多数人娱乐休闲活动的首选。

4. 在线政务

在线政务（见图 1–1–11）是充分利用信息技术实现社会管理和公共服务的新型政府治理模式。随着电子政务的推进，政府获取信息更为及时、便捷和充分，大大提高了办事效率，使政府治理模式从管制型向以公众为中心的服务型转变。同时，利用各种决策分析工具，有助于决策过程和方法的科学化。在网络环境下，公众可以突破时空和地域限制，登录政府网站、政府公众号等，获取各类信息。同时，互联网成为政府和民众沟通的桥梁，人们通过网络直接向政府反映利益诉求，政府也通过网络了解民情、汇聚民智，不断完善服务。

图 1–1–10　数字生活

图 1–1–11　在线政务

二、信息社会的文化、道德和法律规范

信息文化产生并形成于信息时代，是以信息技术广泛应用于社会生活为主要特征而形成的新的文化形态。数字化、全球化体现了信息时代的物质文化特征，虚拟性、交互性体现了信息时代的行为文化特征，开放性、自治性、自律性体现了信息时代的制度文化特征。

信息道德是指在信息的采集、加工、存储、传播和利用等活动的各个环节中，用来规范其间产生的各种社会关系的道德意识、道德规范和道德行为的总和。

在日常的生活中，我们应秉持诚信友善、包容共享、尊重隐私的原则，传播正能量、弘扬主旋律，并注重保护知识产权。同时，要遵从信息社会的行为礼仪、道德准则和法律法规，自觉抵制网络上出现的不良信息，避免违规行为。

知识拓展

学生应如何遵守信息道德

1. 养成良好的网络社交行为礼仪

（1）正确使用网络，在网络上要友善地与他人进行交流，不能侮辱、谩骂他人。

（2）在网络世界里要讲文明、懂礼貌。

2. 尊重和保护自我和他人的数据隐私

（1）正确使用网络，增强自我保护意识。

（2）在网络世界浏览、购物、交流时需具有极强的自我保护意识，这样才可以在虚拟世界中让自己不受伤害。

3. 理解信息行为的道德判断标准，提升鉴别能力

（1）不轻信网络信息，对信息的来源、真实性、可靠度等要加强甄别，提升自己的鉴别能力。

（2）遇到网络谣言和不实言论，可以留言倡导其他网友不轻信，同时向网站管理员投诉，维护良好的网络环境。

4. 正确认识和对待网络游戏，恰当处理虚拟世界和现实世界的关系

（1）清醒地认识到网络是一把双刃剑，可以扩展我们的知识，但是也容易使用户上瘾。

（2）选择适当的网络游戏，放松身心而不深陷沉迷，合理控制用在网络游戏上的精力、时间和经济投入。

（3）利用网络助力现实生活，而不是让其成为逃避现实的避风港。

信息法律是信息管理措施和手段中的重要形式，是建立信息社会秩序的基本规范，其作用在于以强制力保证调整信息活动中产生的社会关系，它具有普遍性、权威性、强制性等特点。信息法律作为信息社会的法律基础，可以规范信息主体的信息活动，保护信息主体的权利义务，协调和解决信息矛盾，保护国家利益和社会公共利益，从而促进经济与社会的良性循环和协调发展。

知识拓展

《新时代青少年网络文明公约》

2023年，中国网络文明大会在福建省厦门市举行，会上发布了《新时代青少年网络文明公约》。

强国使命心头记，时代新人笃于行。向上向善共营造，上网用网要文明。

善恶美丑知明辨，诚信友好永传承。传播中国好故事，抒写青春爱国情。

个人信息防泄露，谣言蜚语莫轻听。适度上网防沉迷，饭圈乱象请绕行。

远离污秽不炫富，谨防诈骗常提醒。与人为善拒网暴，守好底线不欺凌。
线上新知勤学习，数字素养常提升。网络安全靠你我，共筑清朗好环境。

三、智慧社会的发展前景

智慧社会是对我国信息社会发展前景的前瞻性概括。建设智慧社会是要充分运用物联网、互联网、云计算、大数据、人工智能等新一代信息技术，以网络化、平台化、远程化等信息化方式提高全社会基本公共服务的覆盖面和均等化水平，构建立体化、全方位、广覆盖的社会信息服务体系，推动经济社会高质量发展，建设美好社会。智慧社会的特点包括信息网络泛在化、规划管理信息化、基础设施智能化、公共服务普惠化、产业发展数字化及社会治理精细化等。

实践活动

了解我国有关信息技术的法律法规

近年来，我国高度重视有关信息技术的立法工作，在信息产权、信息安全保护、网络安全和信息产业发展方面，制定了多部法律法规。我国现行的信息技术相关法律法规，以及这些法律法规涵盖的信息活动范围见表1-1-3。小组合作，通过查阅相关资料，把了解到的更多信息填入表1-1-3中。

表1-1-3　我国有关信息技术的法律法规

法律法规名称	施行时间	立法目的
《中华人民共和国个人信息保护法》	2021年11月1日	保护个人信息权益，规范个人信息处理活动，促进个人信息合理利用
《中华人民共和国网络安全法》	2017年6月1日	保障网络安全，维护网络空间主权和国家安全、社会公共利益，保护公民、法人和其他组织的合法权益，促进经济社会信息化健康发展
《中华人民共和国密码法》	2020年1月1日	规范密码应用和管理，促进密码事业发展，保障网络与信息安全，维护国家安全和社会公共利益，保护公民、法人和其他组织的合法权益

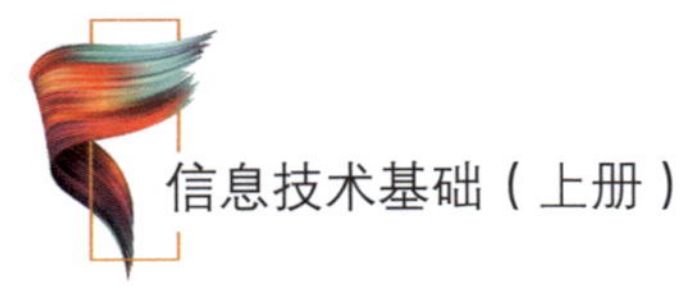

交流与讨论

信息社会责任是信息技术学科核心素养的重要组成部分，是指学生在信息社会中的文化修养、道德规范和行为自律等方面应承担的责任。小组合作，上网查找信息社会责任的相关知识，并谈谈自己对信息社会责任相关案例的认识。

观察身边的案例，如智慧校园、智慧购物、智慧驾驶等，收集有关科普、影视作品资料，从不同角度展望智慧社会发展的各种可能。

巩固与提高

王某某、高某夫妇与龚某系邻居，双方因邻里琐事产生矛盾。龚某在有百余名成员的“互帮互助群”和“邻里互助群”小区微信群内，发布针对王某某、高某夫妇家庭生活、子女教育及道德品行方面的言论。王某某、高某认为龚某的言论给其造成了精神伤害，导致其社会评价降低、名誉受损等后果，向法院提起名誉权纠纷诉讼，请求判令龚某在上述微信群内公开赔礼道歉并赔偿精神损害抚慰金。

法院判决认为：龚某在近百人的小区微信群内发布的针对王某某、高某夫妇的涉案言论，易使涉案微信群内的其他成员陷入错误判断，造成其人格受贬损、名誉被诋毁及社会评价降低的后果，故认定龚某发表的涉案言论构成侵犯王某某、高某名誉权，判决龚某在涉案两个微信群内以书面形式公开赔礼道歉，并赔偿精神损害抚慰金 1 000 元。判决生效后，因涉案微信群之一已解散，在执行法官见证下，龚某逐户上门说明情况，同时在楼道口张贴致歉公告。

小组讨论，根据案例分析一下网络暴力的社会危害，并简述如何从自身做起预防网络暴力。

课题二

连通信息设备

学习目标

1. 能将计算机与外围设备进行连接。
2. 能将信息设备接入互联网。
3. 能对计算机设备及移动终端进行基本设置。
4. 了解计算机设备及移动终端的选配技巧。
5. 了解常见可穿戴设备的选配技巧。

在当今高度依赖信息技术的时代，人们对于信息的获取和传播的需求也日益增长，智能手机、计算机、可穿戴设备等信息设备已经成为我们生活、工作和学习中不可或缺的一部分，为我们提供了便捷的信息获取途径，促进了人际交流与合作，推动了各个领域的创新与发展，对经济发展产生了积极的影响。本课题主要以常见信息设备的选配、信息设备的连接和网络接入、信息设备的基本设置为例，让大家初步了解如何实现信息设备的连通。

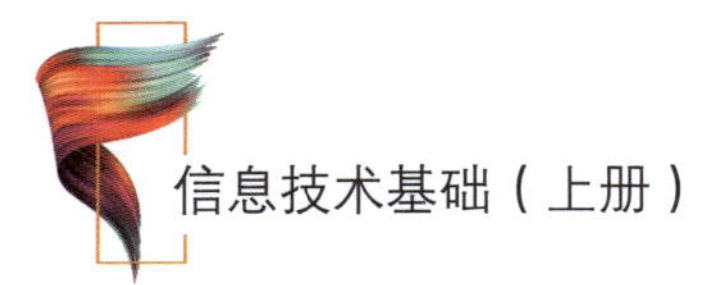

任务 1　选配信息设备

• 任务引入 •

随着科技的飞速发展，信息设备已经成为我们日常生活和工作的重要工具。为了提高工作效率和生活品质，人们需要为特定的需求选择合适的信息设备。在这个过程中，需要了解各种常见信息设备的功能、性能和适用场景，以便根据需要进行合理选配。日常生活、学习中常用到的信息设备有哪些？

一、计算机设备及其选配

1. 计算机设备及其发展过程

计算机（俗称电脑）是一种能够按照事先存储的程序，自动、高速地进行大量数值计算和各种信息处理的现代化智能电子设备，如图 1–2–1 所示。自 1946 年 2 月 14 日代号为“ENIAC”的第一代电子管计算机诞生起，计算机从电子管时代、晶体管时代发展到超大规模集成电路时代，经历了多次架构角逐和性能迭代提升。现今的计算机设备按规模、速度和功能可分为巨型机、大型机、中型机、小型机、微型机等。未来，计算机技术可能在光计算机、生物计算机、量子计算机等几个方面取得革命性突破，科幻小说中的计算机应用情景将会变为现实。

2. 计算机设备的基本构成

以冯 · 诺依曼为首的科学家们在计算机中用二进制替代十进制运算，并将计算机分成五大组件，这一思想为现代计算机的逻辑结构设计奠定了重要基础，被称为“冯 · 诺依曼结构”。在冯 · 诺依曼结构上，一个可正常运行的完整计算机系统由硬件系统和软件系统构成，如图 1–2–2 所示，其主要构成部件如图 1–2–3 所示。

3. 计算机设备的选配

一台完整可正常运作的主机离不开中央处理器（CPU）、散热系统、主板、内存、硬盘、显卡、电源等部件。在进行计算机设备的选配时，需要注意每一个关键设备的兼容性，计算机部分关键设备的选配技巧见表 1–2–1。

图 1-2-1　各类常见计算机设备

a）台式计算机　b）笔记本计算机　c）平板计算机　d）服务器

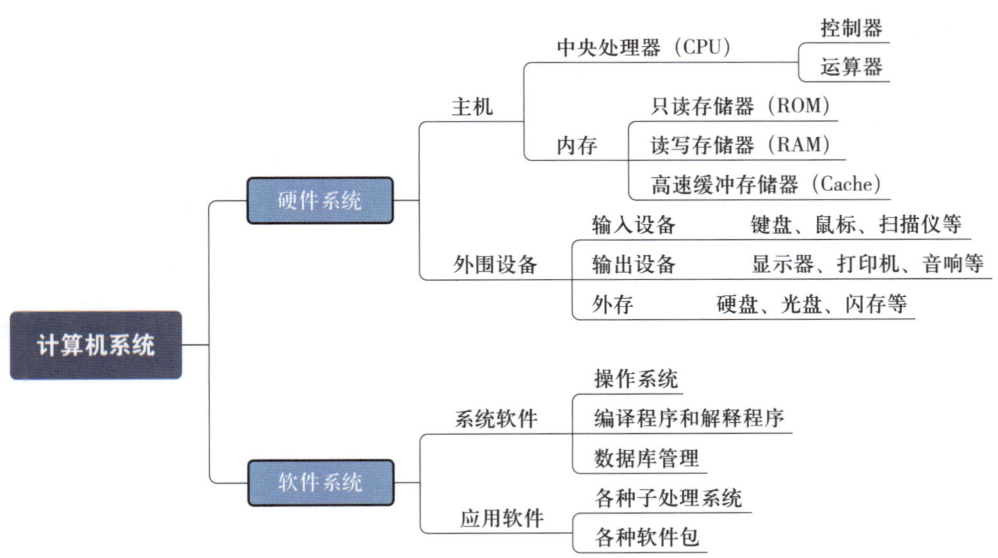

图 1-2-2　计算机系统的基本构成

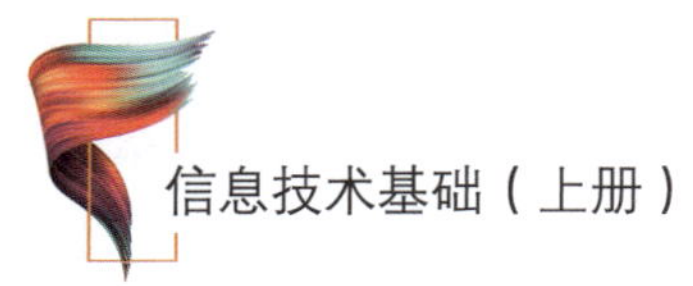

图 1-2-3　计算机的主要构成部件

表 1-2-1　计算机部分关键设备的选配技巧

设备名称	选配技巧
中央处理器	中央处理器（CPU）是计算机系统的运算和控制核心，是信息处理、程序运行的最终执行单元。个人计算机中主流的 CPU 品牌主要是 Intel 和 AMD Intel 面向个人计算机市场的产品主要有中低端的赛扬（Celeron）、奔腾（Pentium）系列以及面向中高端的酷睿（Core）系列；性能依次为 Core i9>Core i7>Core i5>Core i3>Pentium>Celeron AMD 面向个人计算机市场的产品主要有中低端的速龙（Athlon）系列以及中高端的锐龙（Ryzen）等系列；性能依次为 Ryzen Threadripper>Ryzen R9>Ryzen R7>Ryzen R5>Ryzen R3>Athlon
主板	主板是构成复杂电子系统的核心或主要电路板，其性能通常受到芯片组、接口、扩展能力和制程工艺等因素的影响。在个人计算机市场中，主板通常采用 Intel 和 AMD 两大系列的芯片组 Intel 面向个人计算机市场的主板芯片组依据性能的高低，依次为 X 系列、Z 系列、B 系列、H 系列和 G 系列。X 系列是 Intel 芯片组中性能最强的系列，适用于高端用户和需要高性能计算的场景；Z 系列则定位为中高端市场，提供较好的性能和扩展能力；B 系列主要面向主流用户，提供性价比较高的解决方案；H 系列更加注重于商用和嵌入式市场，提供稳定的性能和较低的成本；G 系列通常用于入门级产品，满足基本的计算需求 AMD 面向个人计算机市场的主板芯片组依据性能的高低，依次为 X 系列、B 系列和 A 系列。X 系列是 AMD 芯片组中性能最强的系列，主要面向高端用户和需要高性能计算的场景；B 系列则定位为中高端市场，提供较好的性能和扩展能力；A 系列则主要面向主流用户，提供性价比较高的解决方案

续表

设备名称	选配技巧
硬盘	硬盘是计算机系统中用于持久存储数据的关键组件，其主要功能是在磁盘上存储和快速检索数据。硬盘主要分为机械硬盘（hard disk drive，HDD）和固态硬盘（solid state drive，SSD）两大类 机械硬盘以其较大的存储容量和相对较低的成本而受到青睐，但其读写速度较慢。相比之下，固态硬盘提供更快的读写速度和更稳定的性能，但成本相对较高。在个人计算机市场的固态硬盘的接口类型中，常见的有 SATA、M.2 和 M.2 NVMe 等多种。使用 M.2 NVMe 接口的固态硬盘具有更高的传输性能，但使用时需要确保主板上有与之兼容和匹配的数据软硬件接口

外围设备是指除计算机主机之外的其他附加硬件设备，它们与计算机主机通过相关接口电路进行信息交换，这些设备可以根据功能分为输入设备和输出设备，并对数据和信息起到信息传输、转入和存储的作用。常见的外围设备有键盘、鼠标、打印机、显示器、麦克风、摄像头、扫描仪、数位板、移动硬盘、U 盘、音响、耳机等，如图 1–2–4 所示。

计算机外围设备的选配需要综合考虑需求、兼容性、性能指标、品牌、预算、扩展性等因素。

图 1–2–4　常见的计算机外围设备

二、移动终端的选配

移动终端一般指不用放置在固定位置，具有较强便携性，可以在移动中使用的信息设备，如智能手机、笔记本计算机、平板计算机、POS 机、工业 PDA（工业个人数字助理）以及车载计算机等，如图 1–2–5 所示。智能手机、笔记本计算机、平板计算机在生活中应用十分广泛。POS 机是一种用于商业交易处理的电子设备，具有进行销售点的交易、支付处理和票据打印等功能。工业 PDA 是一种为工业环境设计的便携式数据采集设备，用于提高工作效率和精确度，常见于物流、仓库管

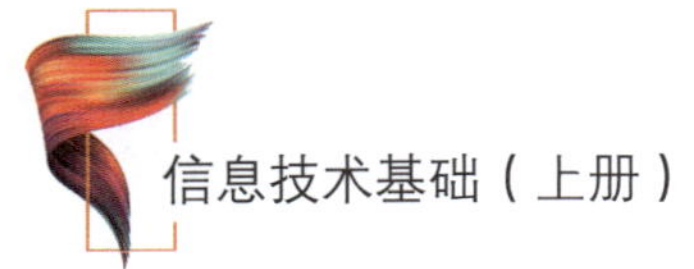

理、制造和医疗等行业。车载计算机是安装在汽车中，融合多媒体技术、移动通信技术、定位技术等于一体的计算机设备，实现了汽车的智能化、自动化。

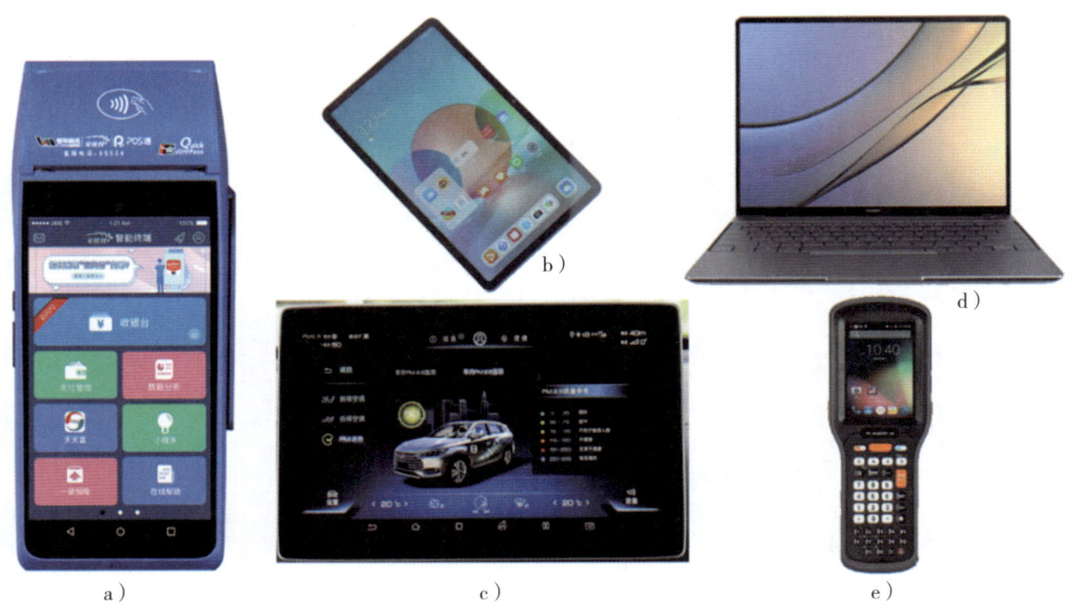
a） b） c） d） e）

图 1-2-5 常见的移动终端

a）POS 机 b）平板计算机 c）车载计算机（中控屏） d）笔记本计算机 e）工业 PDA

移动终端不仅可以用于通话、拍照、听音乐、玩游戏，还可以实现定位、信息处理、指纹识别、图片扫描、条码扫描等丰富的功能。可以说，移动终端已经深深地融入我们的经济和社会生活中。日常生活中常用的移动终端的选配技巧见表 1-2-2。

表 1-2-2 日常生活中常用的移动终端的选配技巧

终端类型	选配技巧
笔记本计算机	1. 根据日常使用场景合理选择笔记本计算机类型，游戏本性能强大但体积较重，不适合频繁外出携带，轻薄本重量轻且续航时间较长，但性能相对较弱 2. 作图与渲染工作应选用独立显卡，能较大提升处理效率 3. 固态硬盘装系统和机械硬盘存数据的搭配用法实用性较高 4. 散热系统的设计与做工影响终端的性能发挥，应加以关注 5. 明确使用场合附近的售后服务点是否便捷 6. 明确终端上的输入和输出接口类型、规格和数量是否够用
平板计算机	1. 平板计算机的操作系统有 iOS、Android、HarmonyOS 和 Windows 等多种选择。不同的操作系统有不同的特点和应用程序，可以根据个人需求选择 2. 在相同屏幕材质下，屏幕尺寸越大、分辨率越高，显示效果越细腻 3. 尽量选用原装触控笔，通常厂商进行了有针对性的优化，延迟相对较小，在平板计算机上的书写与作图识别体验更为流畅 4. 确认终端是否支持安装外置存储卡及存储卡类型，例如，华为设备需要使用华为独立开发的 NM 存储卡（Nano Memory Card）

续表

终端类型	选配技巧
智能手机	1. 智能手机所选用的 SOC（可粗略地理解为手机的处理器）是决定其性能的核心部件之一，可上网查询 SOC 排行榜，直观了解手机所用 SOC 的性能等级 2. 合理选择内部存储空间并留足余量，如摄影爱好者可选择 512 GB 以上容量的产品 3. 每个品牌均有各自特色的拍照成像风格，可根据个人需要选择，还可上网查询设备所用主摄传感器以及核心副摄传感器的型号，了解其特点及性能水平 4. 在充电方面，厂家往往会使用各自独立研发的私有快充协议，在选配充电器、充电线、移动电源等配套设备时应特别注意品牌、快充协议等信息，如不配套，则可能无法达到智能手机应有的充电速度 5. 不同操作系统的操作使用习惯不同、App 不通用，App 的数量、获取方式、某些具体功能都有所不同，选购时应加以注意

三、可穿戴设备的选配

随着科技的进步，精密硬件小型化的趋势结合识别、传感、连接、储存等技术的发展，使可穿戴设备的广泛运用成为可能，常表现为硬件设备与服饰整合，或制成便携式的配件。随着移动网络基础设施的不断完善，可穿戴设备体积小、重量轻、智能化、信息化程度高等诸多特点，给我们的生活、感知带来很大的变化。日常工作生活中常见的可穿戴设备有 AR/VR 设备、智能手表、智能手环、智能耳机、体感游戏手柄等，在专业的医疗领域有智能云血压仪、心率血氧探测仪、智鼾垫等，如图 1-2-6 所示。

图 1-2-6　常见的可穿戴设备

在选配日常可穿戴设备时，可从以下四个方面进行综合考虑：

1. 个人使用需求。若需随时获知自身健康数据，应选配具有心率检测、睡眠监测的智能手环或智能手表等；若需更好地管理行程安排，应选配具有日程提醒的智能手表或智能眼镜等。

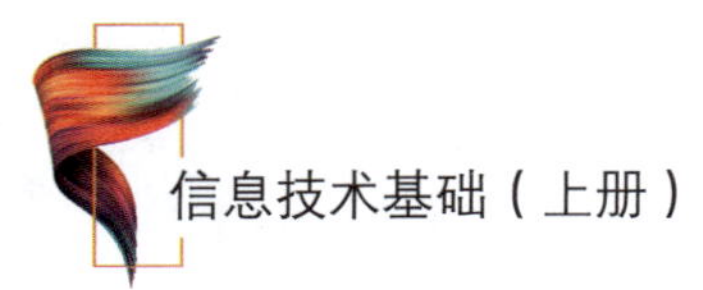

2. 设备兼容度。优先选择与日常使用的智能手机、计算机属于同一品牌、同一软硬件生态系统的可穿戴设备，可确保相关软硬件之间的兼容。

3. 设备品质。由于可穿戴设备使用频率较高，其舒适程度以及品牌口碑亦是关键的切入点。

4. 设备续航。设备的续航时间与充电时长会严重影响使用者的使用体验。

实践活动

撰写信息设备配置清单

刚刚参加工作的小明因日常工作和生活需要，需要购置台式计算机、打印机、平板计算机及智能手环（或智能手表）等信息设备，台式计算机预算在 5 000 元左右，打印机需要具备彩色打印功能，智能手环（或智能手表）需与平板计算机具备较好的交互功能。根据小明的需求，请你考虑性价比，配置合适的设备，并填入表 1–2–3 中。

表 1–2–3　信息设备配置清单

硬件名称		具体型号	价格 / 元	入选理由
台式计算机	CPU			
	主板			
	内存			
	硬盘			
	显卡			
	机箱			
	显示器			
	鼠标			
	键盘			
	打印机			
音箱				
平板计算机				
可穿戴设备				
总价				

知识拓展

自主产权信息设备的崛起

1. 麒麟处理器

麒麟处理器是华为旗下的海思半导体有限公司研发的一系列高性能芯片，主要应用于智能手机、平板计算机等智能终端设备。近年来，面对以美国为首的西方国家的制裁和技术封锁，华为通过自主研发和技术创新，在芯片设计领域取得重大突破，于 2023 年推出自主研发、产业链自主可控的麒麟 9000S 处理器，并应用于其智能手机产品中，如图 1-2-7 所示。

图 1-2-7　麒麟 9000S 处理器及应用该芯片的智能手机产品

麒麟 9000S 处理器的成功推出可以说是中国半导体行业的一个重要里程碑。它采用了华为自主研发的泰山 V120、Maleoon 910、NPU 等核心部件，具有完全自主知识产权。麒麟 9000S 处理器的横空出世打破了国外企业在高端处理器领域的技术壁垒，为我国其他企业进入这一领域积累了经验，对我国乃至全球半导体产业产生了重要影响。

2. 长江存储闪存芯片

长江存储科技有限公司成立于 2016 年 7 月，总部位于武汉，是一家专注于 3D NAND 闪存设计制造一体化的 IDM 集成电路企业。多年来，其坚持自主研发，掌握核心技术，实现了从无到有、从有到优的技术突破，成功研发出中国首款 3D NAND 闪存芯片，打破了国际市场上三星（韩国）、美光（美国）、海力士（韩国）等企业的垄断地位。长江存储的崛起，使我国在存储器领域具备了自主供应能力，有力推动了我国半导体产业的进步，有效提高了国家信息安全水平。

交流与讨论

小组成员间相互讨论，列举正在使用或曾经使用过的信息设备，简述其功能、特点，结合使用心得，总结这类设备的选配经验。

巩固与提高

在信息时代，通过线上商城购买笔记本计算机更加方便快捷，往往优惠力度也较大，请列出通过线上商城网购笔记本计算机时的选配原则和选购注意事项。

任务2　连接与设置信息设备

· 任务引入 ·

随着科技的不断发展，信息设备已经成为我们日常生活和工作中的重要工具。信息设备的连接与设置是使用这些设备的重要步骤。正确地连接和设置可以确保设备正常运行，提高工作效率和用户体验。

一、计算机与外围设备连接

计算机与外围设备的连接通常是通过各种接口和电缆来实现的。这些接口和电缆允许计算机与各种设备进行通信，包括输入设备、输出设备、存储设备和网络设备等。随着科技的不断发展，计算机的接口亦趋于通用和统一，所涉及的接口一般可归纳为显示接口、音频接口、通用USB接口三大类型。常见的显示接口有VGA、HDMI、Display Port（DP）等；常见的音频接口有3.5 mm标准接口及光纤音频接口等；常见的通用USB接口有Type-A和Type-C等。某计算机主板接口示意图如图1-2-8所示。

显示接口可用于连接显示器、电视、投影仪等视频输出设备，其中HDMI接口及DP接口支持同时传输视频及音频数据。音频接口可用于连接音箱、功放、麦克风等设备。通用USB接口则可连接各类支持USB协议的外部设备，如打印机、扫描仪、照相机、移动硬盘、游戏手柄、摄像头、鼠标、键盘、数位板等。

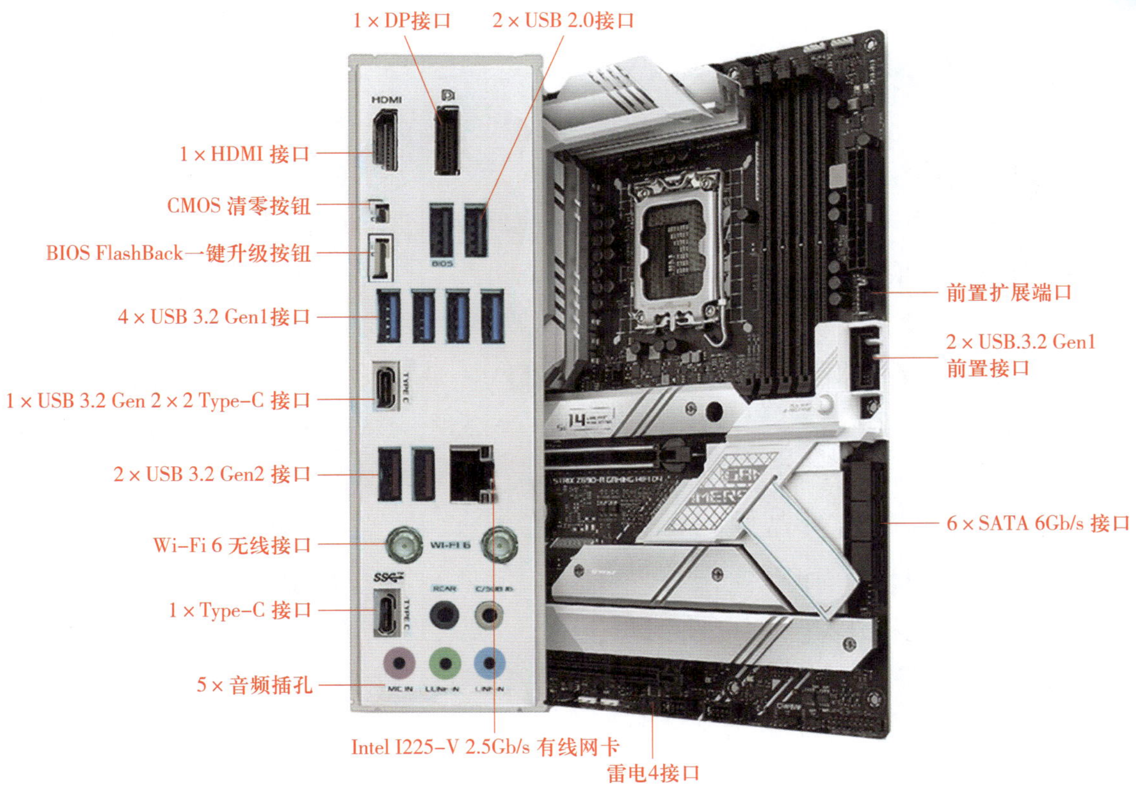

图 1-2-8　某计算机主板接口示意图

提示

轻薄型的移动设备为了压缩体积和重量，一般情况下仅会提供少量的接口供用户使用。此时，可以使用拓展坞（又称端口复制器）解决接口数量有限、缺乏某些常见接口类型等问题。利用拓展坞，用户可以在需要时扩展计算机的功能和连接性，提高工作效率和便利性。某拓展坞的外观和接口如图 1-2-9 所示。

图 1-2-9　某拓展坞的外观和接口

二、信息设备接入互联网

1. 通过有线网络接入互联网

需要通过有线网络接入互联网的最常见的设备是计算机，这里以计算机为例，说明在已具备连接互联网条件的情况下，将其通过有线方式接入的方法。

计算机通过有线方式接入互联网一般需使用 8 芯双绞线（网线），其基本操作步骤如下：

（1）将双绞线一端的水晶头插入计算机的网卡接口中。网卡常用的接口类型为 RJ45 接口，通常位于计算机背部或侧面，部分轻薄型的计算机没有设置网卡接口，可通过使用外置的 USB 网卡来实现网络连接功能。

（2）将双绞线另一端的水晶头插入路由器的相应接口中。路由器背部一般存在多个标记为“WAN”和“LAN”的 RJ45 接口，如图 1-2-10 所示。此处应将双绞线连接到 LAN 接口，即局域网接口。如果路由器有多个 LAN 接口，可以任意选择一个进行连接。WAN 接口（广域网接口）是路由器与互联网连接的接口，在家庭网络中，通常是与宽带运营商所提供的调制解调设备相连。

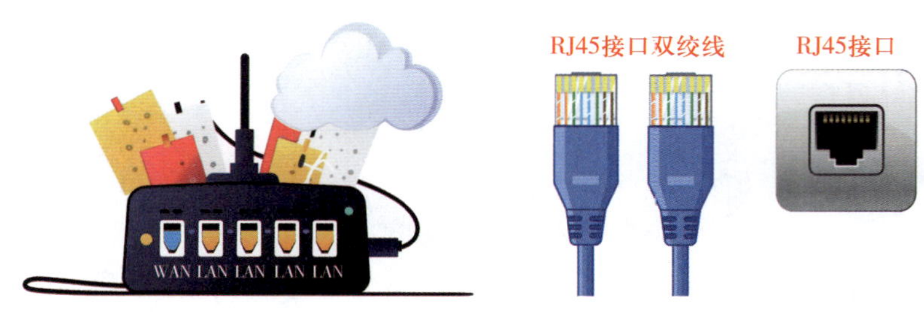

图 1-2-10　路由器接口示意图

（3）连接完成后，多数情况下，计算机桌面右下角状态栏中显示“”图标，表示网络已连通，即可正常访问互联网。在某些网络中，还需要用户手动设置设备 IP 地址等参数后才可访问互联网。

路由器与外部网络的连接及设置、IP 地址等网络参数的设置等内容涉及网络配置与管理的基本知识，将在模块二中进一步学习。

2. 通过无线方式接入互联网

信息设备通过无线方式接入互联网，其基础是需要信息设备配有无线网络适配器（无线网卡）。在拥有已接入互联网的无线网络信号场景下，可以通过信息设备中的无线连接菜单查找到对应的无线信号名称，一般情况下无线连接菜单入口显示图标“”。选择对应的无线网络名称并输入 Wi-Fi 密码，通过身份验证后，即可以无线方式接入互联网。

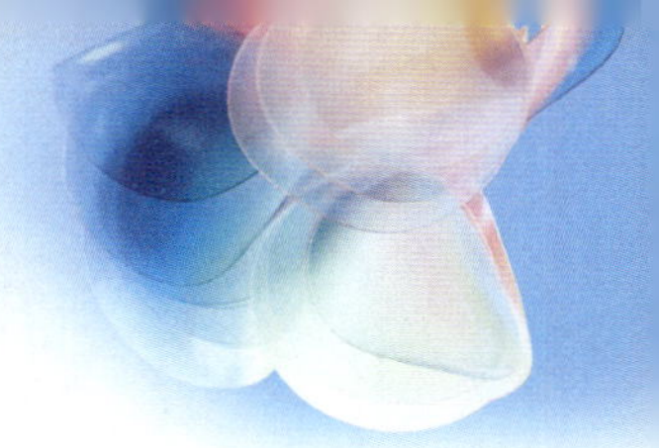

三、计算机的基本设置

计算机的操作系统在出厂时会进行初始化设置，用户在实际使用中可根据个人使用的习惯对相关设置进行调整，以提升人机交互的舒适度，提升设备的使用效率。通常用户可以在设置中对操作系统的电源策略、主题、桌面背景、显示属性等参数进行个性化定义，以下以电源策略的调整和桌面背景的设置为例进行说明。

1. 电源策略的调整

操作系统能通过不同的电源策略来调度和管理桌面设备的电能消耗，从而实现对设备性能的重复利用或电池续航时间的优化，例如设定设备的屏幕自动关闭延时、设备休眠延时、电源计划等。尤其对笔记本计算机来说，合理设置电源策略能够获得更长的续航时间，有效延长电池的使用寿命。

在 Windows 11 操作系统中，可以通过进入“设置”界面，依次单击“系统”→“电源”，在选项中进行调整设置，如图 1-2-11 所示。

2. 桌面背景的设置

操作系统的桌面背景通常也称为“壁纸”，它的主要作用是美化计算机界面，增强视觉体验，让用户在使用计算机时能有一个更舒适和个性化的视觉环境。同时，不同的桌面背景可以帮助用户更快地识别出自己正在使用的计算机或账户。某些操作系统还允许用户设置多个桌面背景，并可以设置自动切换，这样用户可以在等待或休息的时候欣赏不同的图片。

Windows 11 操作系统中的桌面背景轮播功能，可以通过进入“设置”界面，依次单击“个性化”→“背景”在“个性化设置背景”中选择“幻灯片放映”选项开启，还可以根据个人喜好在窗口下方设定图片切换的频率和方式，如图 1-2-12 所示。

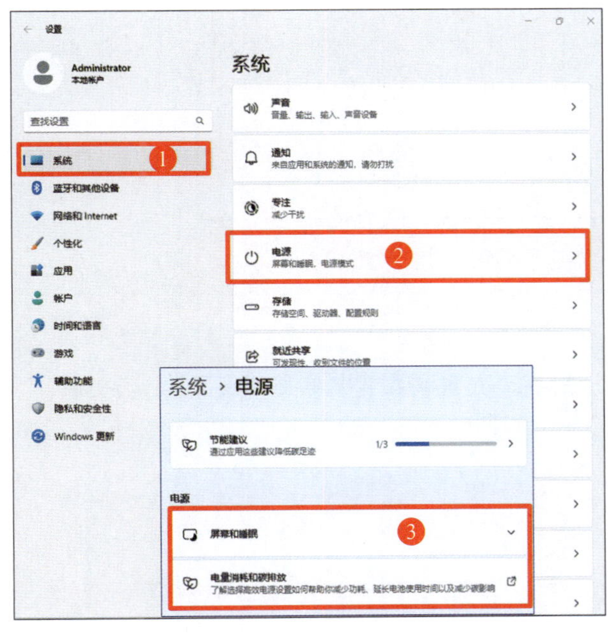

图 1-2-11 Windows 11 操作系统电源策略的调整步骤

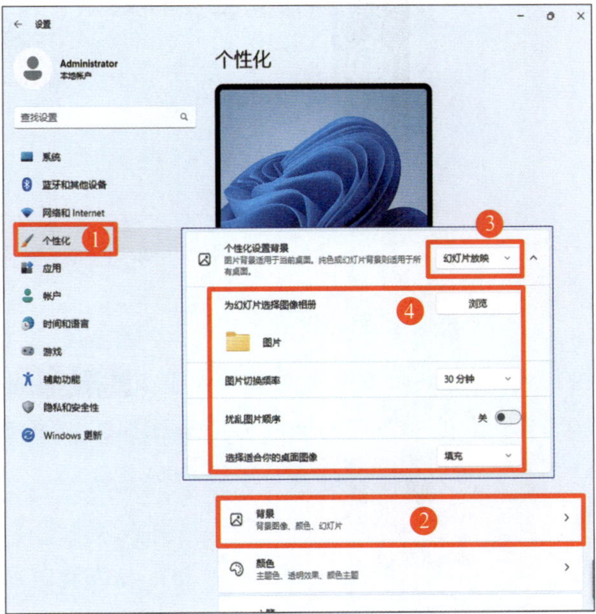

图 1-2-12 Windows 11 操作系统桌面背景的设置步骤

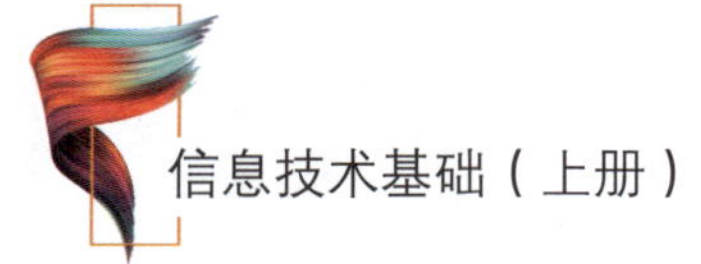

知识拓展

Linux 操作系统中的基本设置方法

随着国产软件的不断推广普及，越来越多的企事业单位以及一些个人用户，开始使用基于开源的 Linux 操作系统开发的各类国产操作系统。不同操作系统中，各项基本功能设置的方式也不同，但同为图形用户界面，其基本设计逻辑和操作方法是相通的。这里以应用较多的 GNOME 桌面为例，介绍在 Linux 操作系统中进行上述操作的步骤。

1. 电源策略的调整

单击桌面右上角的开始菜单“ ”，在弹出的下拉菜单中单击“设置”，再选择“电源”选项即可进行调整。调整操作方式与 Windows 相似，如图 1-2-13 所示。

图 1-2-13　Linux 操作系统电源策略的调整步骤

2. 桌面背景的设置

单击桌面右上角的开始菜单“ ”，在弹出的下拉菜单中单击“设置”，再选择“背景”选项即可进行调整，如图 1-2-14 所示。

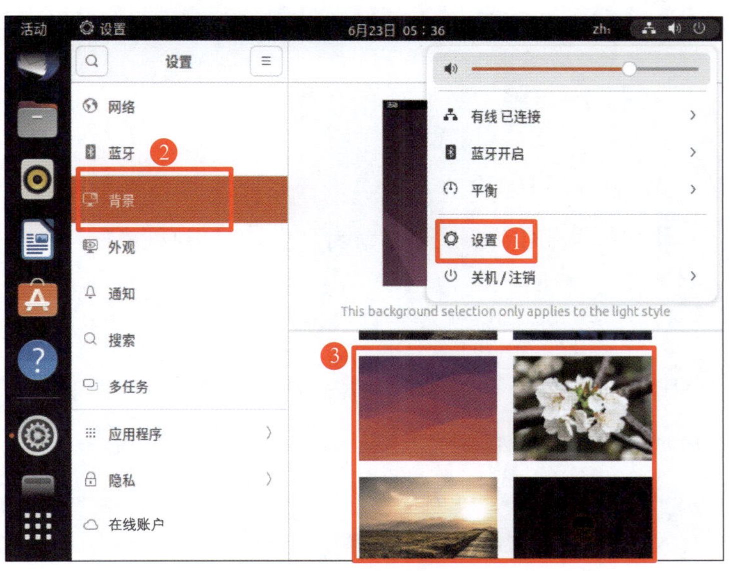

图 1-2-14 Linux 操作系统桌面背景的设置步骤

四、移动终端的基本配置

移动终端在操作系统的设置需求上与桌面设备有诸多相似之处，相关功能的设置更为便捷和集中，人机交互便利程度更高。在移动终端及配套设备中，用户可以对电池充电策略、桌面背景、屏幕显示效果、信息通知策略、声音播放策略等进行设置。通过优化移动终端的充电策略，可以有效地延长电池的使用寿命，以对华为手机电池进行充电策略调整为例，操作步骤为，进入“设置”界面，依次选择“电池”→“电池健康”，将“智能充电模式”开关打开即可，如图 1-2-15 所示。

图 1-2-15 华为手机移动终端电池策略的设置步骤

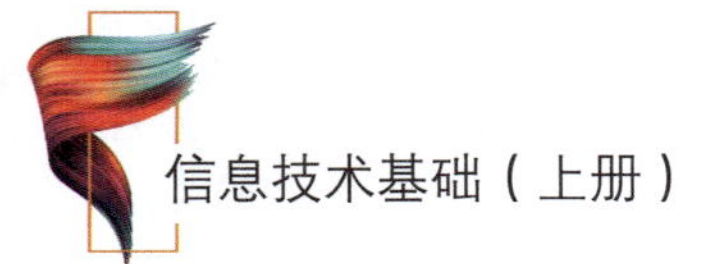

实践活动

调整信息设备的内置时间

现有一台预装了 Windows 11 操作系统的二合一笔记本计算机（即同时具备笔记本模式和平板模式的笔记本计算机），启动后发现系统时间与真实时间相差了 2 min。尝试对操作系统的时间进行调整时，发现时间调整的相关选项处于灰色不可变更状态。现需对此问题进行处理。

信息设备在没有接入互联网的情况下，或联网校准时间服务出现故障时，默认会根据设备出厂时所设定的时间作为内部时钟进行计时和显示，该预置时间在一些情况下会与真实时间有一定误差。Windows 操作系统会默认启用自动联网调整时区和时间功能，而关闭手动调试功能。但在没有接入互联网的环境中，则需要手动调整设备时间。此时可通过关闭操作系统的自动联网对时功能，对信息设备的时间进行手动调整。

1. 关闭自动联网对时功能。在 Windows 11 操作系统中，进入“设置”界面，依次单击“时间和语言”→“日期和时间”选项，在页面中将“自动设置时间”选项设为“关闭”。

2. 关闭“自动设置时间”后，在“日期和时间”页面中单击“手动设置日期和时间”选项中的“更改”按钮，在弹出的对话框中即可对操作系统的内置时钟进行调整，如图 1–2–16 所示。

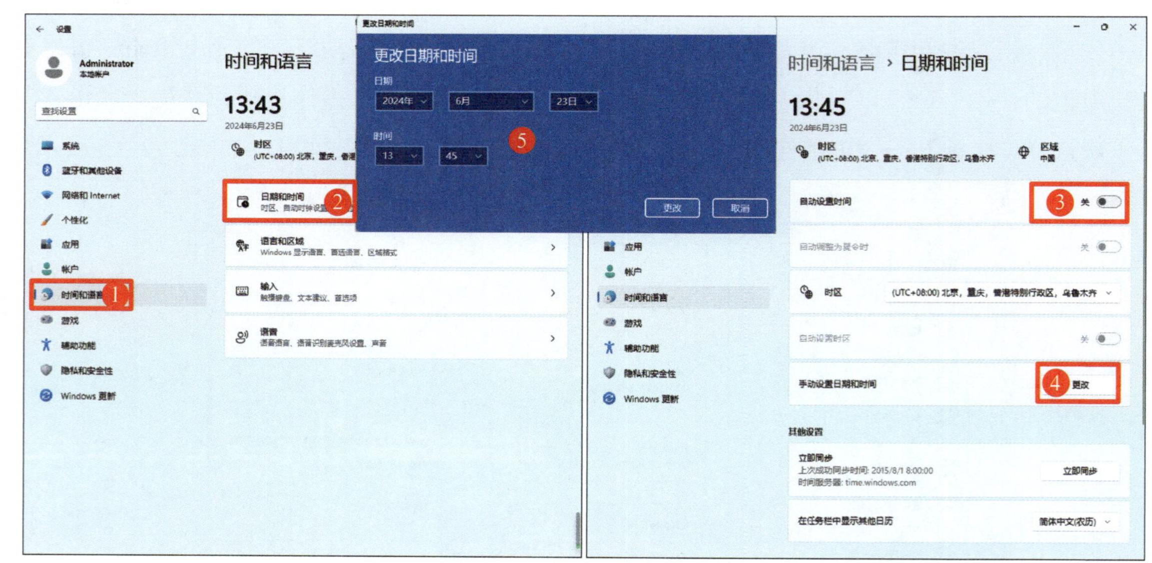

图 1–2–16　Windows 11 操作系统中内置时钟的调整步骤

交流与讨论

USB 接口是日常生活中接触最多的接口类型，USB 的英文全称为 universal serial bus，中文译为通用串行总线。USB 接口诞生于 20 世纪 90 年代中期，其设计初衷就是打破不同厂商间的隔阂，实现设备的通用性，使不同的设备通过标准化的接口实现供电和数据传输。在实际生活和工作中，经常遇到各类不同接口、不同速率、不同颜色、不同标记的 USB 接口。通过网络查阅交流讨论，进一步了解 USB 接口的版本名称、传输标准、接口类型，结合自己使用的手机、计算机等设备，说说它们采用的是否为 USB 接口，具体是哪个类型的 USB 接口。

巩固与提高

在日常工作生活中可能遇到这样的情景：所在场地只提供了有线网络，并且只有一条双绞线，但有两台或更多的计算机（装有有线和无线网卡）、手机、平板计算机等设备需要临时接入互联网。小组讨论，在此场景下，如何使多台设备能同时接入互联网？

课题三 初识信息系统

学习目标

1. 了解信息系统的基本要素。
2. 理解信息加工的基本流程。
3. 了解二进制、八进制、十六进制数制和信息编码的基本概念。
4. 能完成数制的转换和存储容量的换算。

没有信息化就没有现代化，信息化社会离不开各类信息系统的有力支撑。信息系统基本可分为事务处理系统、管理信息系统、决策支持系统三大类，诸如日常工作生活中的人力资源管理系统、财务管理系统、企业信息管理系统、电子支付系统、电子商务系统等都属于信息系统。本课题主要讲解信息系统的要素、加工流程，并结合信息存储与编码相关知识，初步介绍信息系统。

任务1 了解信息系统

• 任务引入 •

信息系统在现代生活中扮演着越来越重要的角色。例如，近年来电子政务信息系统已成为国家治理体系和治理能力现代化的重要组成部分。全国一体化在线政务服务平台注册用户超过10亿人，“让信息多跑路，让群众少跑腿”，政府部门通过信息系统为人民群众提供方便、快捷、一站式的办事服务。基于信息系统实现的网络购物、直播带货、线上培训等，让广大人民群众的获得感大幅提升。信息系统的基本要素有哪些？信息系统中，信息加工的基本流程又是怎样的呢？

一、信息系统的基本要素

1. 信息系统的基本功能

一个完善的信息系统包括五个基本功能，即输入、处理、输出、反馈和控制，如图1-3-1所示。例如，在线用户注册系统中，用户首先输入用户名、昵称、密码、邮箱、手机号码等注册信息；系统对用户所输入的信息进行处理和对比；输出注册成功或注册信息有误等信息；用户对错误的信息进行修正并重新提交；最后管理程序或管理员在后台监控数据流和实施流程是否正常。

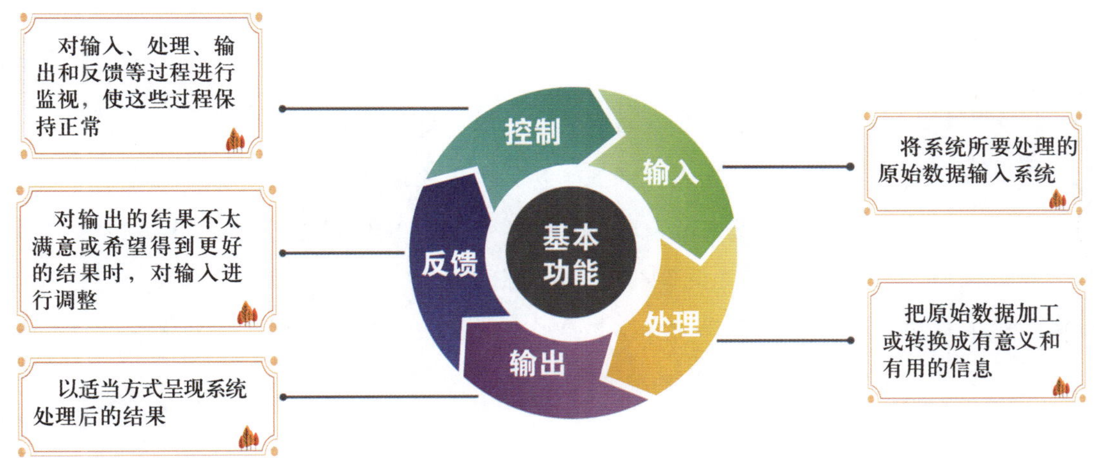

图1-3-1 信息系统的基本功能

信息系统能为企业和社会带来诸多正面效益，具体有以下四点：

（1）能够对大量的数据进行快速、准确的加工和处理，从而为决策者提供及时、有效的信息支持。这有助于提高决策效率，降低决策风险，提升组织的竞争力。

（2）能够对各项业务进行监控和控制，提高管理水平和效率。

（3）能够对加工处理后的信息进行有效的存储和传输，方便不同部门和对象之间实现信息共享。

（4）有助于提高组织内部的协同效率，促进组织目标的实现。

2. 信息系统的构成要素

信息系统要实现输入、处理、输出、反馈和控制等功能，离不开硬件设备、软件系统、信息用户、信息资源、信息网络、规章规程等，它们相互依赖、相互制约，共同构成信息系统的物理结构和逻辑结构。信息系统的构成要素见表 1–3–1。

表 1–3–1　信息系统的构成要素

构成要素	要素内容
硬件设备	包括支持信息系统的计算机、服务器、存储设备、网络设备等
软件系统	包括操作系统、应用软件、数据库管理系统等，用于管理和处理信息
信息用户	包括各类信息系统的使用者，他们通过信息系统获取、处理和使用信息
信息资源	包括各种数据、文档、图像、声音等多媒体信息，以及知识库、专家系统等
信息网络	包括用于连接信息系统的各种设备和系统
规章规程	信息系统所在的组织和管理架构，以及组织内部的管理制度和规范，包括信息系统的规划、设计、开发、实施、运维和优化等

提示

信息安全在信息系统中具有极其重要的地位，应确保数据的保密性、完整性和可用性，保护个人隐私，确保信息系统遵守法规，确保信息系统的可靠性。在数字化时代，个人信息越来越容易受到威胁，国家制定了《计算机信息系统国际联网保密管理规定》《中华人民共和国计算机信息系统安全保护条例》《中华人民共和国网络安全法》《电信和互联网用户个人信息保护规定》等法规来保护个人信息的安全，提高信息系统的安全性。

二、信息加工的基本流程

通过对原始数据进行加工，人们将数据转化为可以读取和理解的信息，使数据能够被更有效地应用于各个领域，从而提高数据的利用率，同时揭示数据背后的规律和趋势，为决策者提供有力支持。信息加工的基本流程及含义如图 1–3–2 所示。

图 1-3-2　信息加工的基本流程及含义

实践活动

分析学生信息管理系统的基本结构

学校为各班级规划和设计了一套学生信息管理系统，用于采集学生的个人信息并进行处理分析，以便于教学管理。

从信息采集到数据处理、分析的过程就是信息加工的过程，其基本流程如下：数据采集（采集的数据可以是结构化的表格数据，也可以是非结构化的文本、声音、图像等）→数据预处理（旨在提高数据质量，确保后续加工处理的准确性和可靠性）→数据整合（包括数据的合并、拆分、汇总等操作，从而形成一个统一的数据存储和管理体系）→数据分析（采用统计分析、数据挖掘、机器学习等方法，从而得到有价值的信息和知识）→信息呈现（旨在帮助用户更直观、更容易地理解和掌握信息，从而为决策提供支持）→信息存储与传输（留存、传递信息加工成果，用于后续工作）。

图 1-3-3 所示为这一系统的基本结构。结合该图，简要说明这一系统的基本结构，各部分的主要功能，并讨论各部分功能可能涉及哪些信息设备。

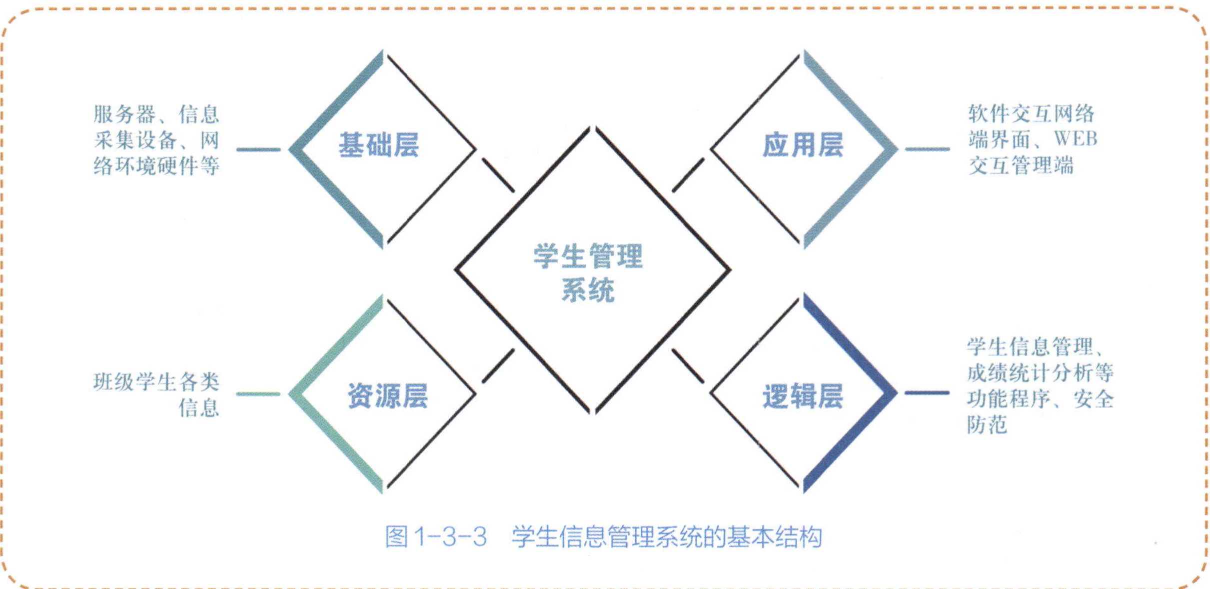

图 1-3-3　学生信息管理系统的基本结构

交流与讨论

在日常生活工作中，围绕不同生活领域存在着各类信息系统，如电子商务购物系统、在线视频播放系统、网络外卖系统、图书馆管理系统等。请选择一个生活中接触过的信息系统，根据所学知识分组讨论所选信息系统的各层级组成结构和所包含要素。

任务 2　认识信息存储与编码

· 任务引入 ·

长江存储科技有限责任公司成功研发了国内首款具有国产自主知识产权的 128 层 QLC 规格 3D NAND 闪存芯片，拥有业内已知型号产品中最高的单位面积信息存储密度、最高的 I/O 传输速度和最高的单颗 NAND 闪存芯片容量。如果将记录数据的 0 或 1 比喻成数字世界的“人”，那么一颗长江存储 128 层 QLC 芯片相当于提供了 3 665 亿个房间，每个房间住 4 个“人”，共可容纳约 14 660 亿“人”居住，是上一代 64 层单颗芯片容量的 5.33 倍。这些海量的数据是以什么形式、什么规则存储在信息设备中的呢？

作为信息系统的重要构成要素，信息资源以二进制代码的形式存储于诸如硬盘、存储卡、光盘等硬件设备中。不同类型的信息（如文字、图片、音频、视频等）所使用的二进制编码方式也不完全相同。

一、进制及转换

1. 数制的基本概念

数制又称为进制，是指用固定的符号和统一的规则来表示数值的方法。人类天生有十根手指，所以自然地选择了十进制（DEC），即“逢十进一”。一个数制中能够使用的数字符号的总数称为基数，也就是几进制中的“几”，如十进制的基数为 10。信息系统中最常用的是二进制（BIN），这主要是基于信息设备的特性，采用二进制处理和传输数据时不易出错，运算规则相对简单，便于高速计算，同时，有利于增加信息设备的可靠性和稳定性。此外，为便于使用，在二进制基础上，还常用到八进制（OCT）和十六进制（HEX）。

信息系统中常用数制的说明见表 1–3–2。

表 1–3–2　信息系统中常用数制的说明

数制	数制说明
十进制	基数为 10，每一位数字的值可以是 0 ~ 9 中的一个，逢十进一。十进制是日常生活中最常用的数制
二进制	基数为 2，每一位数字的值可以是 0 和 1 中的一个，逢二进一。二进制是信息系统中最基本的数制
八进制	基数为 8，每一位数字的值可以是 0 ~ 7 中的一个，逢八进一
十六进制	基数为 16，每一位数字的值可以是 0 ~ 9 及 A ~ F 共 16 个符号中的一个，逢十六进一

2. 数制的转换

在信息系统内，如高级编程、网络协议测试、数字电路设计中，经常需要涉及十进制、二进制、八进制、十六进制数字之间的相互转换。部分十进制数、二进制数、八进制数、十六进制数的对应关系见表 1–3–3。

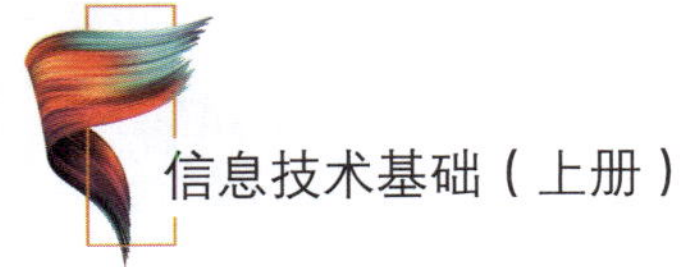

表 1–3–3　　部分十进制数、二进制数、八进制数、十六进制数的对应关系

十进制数	二进制数	八进制数	十六进制数
0	0	0	0
1	1	1	1
2	10	2	2
3	11	3	3
4	100	4	4
5	101	5	5
6	110	6	6
7	111	7	7
8	1000	10	8
9	1001	11	9
10	1010	12	A
11	1011	13	B
12	1100	14	C
13	1101	15	D
14	1110	16	E
15	1111	17	F

（1）十进制数与二进制数之间的转换

将二进制数转换为十进制数的方法是从右向左，将二进制数的每一位数字依次乘以 2 的若干次幂（从零次幂开始，即从右向左依次为 2^0、2^1、2^2、2^3……），然后将所有乘积相加，即为转换后的十进制数。例如：

$$(11010101)_2=(1\times2^7+1\times2^6+0\times2^5+1\times2^4+0\times2^3+1\times2^2+0\times2^1+1\times2^0)_{10}=(213)_{10}$$

上式中，将数字用括号括起来，用 F 角标“2”和“10”表示二进制和十进制。

十进制数转换为二进制数的方法是“除 2 取余，逆序排列”。将十进制数除以 2，记下它的余数（0 或 1），如果其商不等于 0，再对其商除以 2，仍然记下余数，重复此过程，直到商为零为止。倒序写下所有余数（最先出来的余数作为二进制最低位写在最右边，以此类推，最后的余数作为二进制最高位写在最左边），这个由余数构成的序列就是这个十进制数对应的二进制数。例如：$(213)_{10}=(11010101)_2$，其计算过程如图 1–3–4 所示。

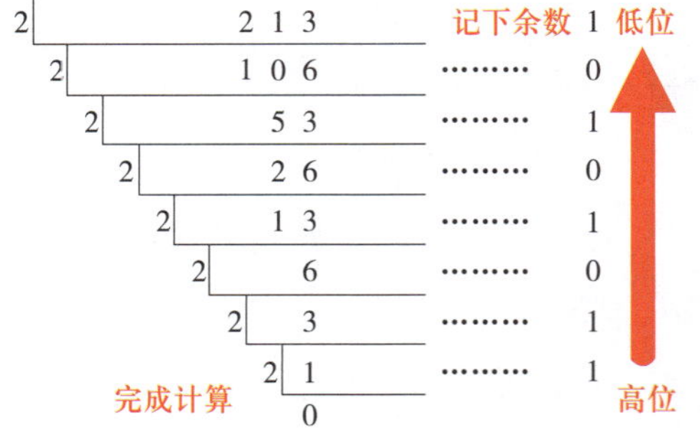

图 1–3–4　十进制数转二进制数的计算过程示例

（2）十六进制数与二进制数之间的转换

因为在十进制中，2 的四次幂是 16，所以 1 位十六

进制数对应 4 位二进制数。将二进制数转化为十六进制数，只需从二进制的最低位开始，每 4 位组成 1 组分开（高位端不够 4 位 1 组，在前面用 0 补齐），然后在表 1–3–3 中查到每一组对应的十六进制数并依次写出来即可，例如：

$$(110110111)_2=(\underset{1}{\underline{0001}}\ \underset{B}{\underline{1011}}\ \underset{7}{\underline{0111}})_2=(1B7)_{16}$$

十六进制数转二进制数的过程与之相反。

提示

在计算机领域，常在数据末尾使用特殊标记来表示其数制。以“D”或不作标记表示十进制数据，以“B”表示二进制数据，以“H”表示十六进制数据，以“O”表示八进制数据。例如 $(110110111)_2=(1B7)_{16}$ 也可以表示为 110110111B = 1B7H。

（3）八进制数与二进制数之间的转换

八进制数与二进制数的转换，和十六进制数与二进制数的转换方法类似，不同的是，因为 1 位八进制数对应 3 位二进制数，所以分组时是将二进制数每三位划分为一组，例如：

$$(110110111)_2=(\underline{110}\ \underline{110}\ \underline{111})_2=(667)_8$$

可见，八进制数、十六进制数和二进制数有简单、直接的转换关系，在信息技术中，因表示方式更为直观、占用的存储空间更少，在表达时常使用它们来代替二进制。目前，十六进制应用较为广泛，在一些特定场合也使用八进制，具体选择使用哪种数制，根据实际需求、场景和使用习惯决定。

实践活动

使用“计算器”软件进行数制转换

在信息设备的操作系统中，一般会内嵌“计算器”软件程序。计算器除了完成基础的“加、减、乘、除”等基本运算外，功能较为强大的计算器还能进行数制的转换。尝试使用“计算器”软件将十进制数“110”分别转换为二进制数、八进制数和十六进制数。

以 Windows 11 操作系统中的“计算器”为例，在搜索栏搜索“计算器”，启动“计算器”软件，通过模式切换按钮切换“计算器”的工作模式为“程序员”，选择基础的进制数后，输入相关数字即可进行运算并显示运算结果，如图 1–3–5 所示。

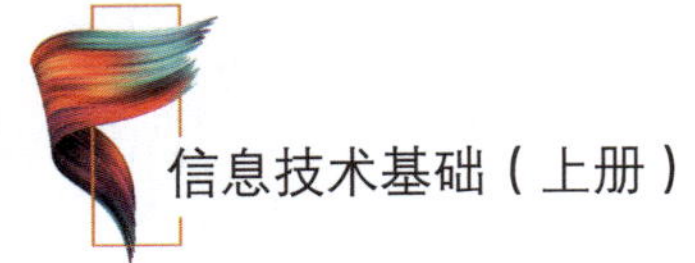

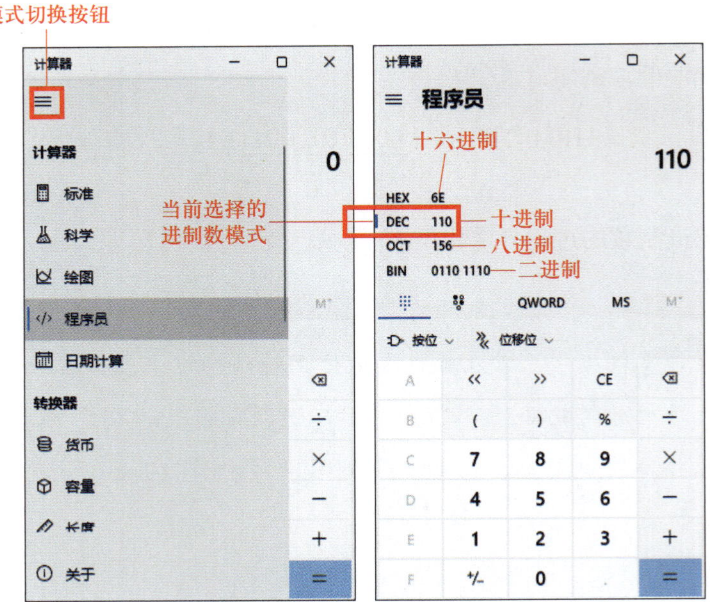

图 1-3-5 Windows 计算器的数制转换功能

二、信息编码

信息编码是一种将信息或数据转换为特定格式符号系统的过程，以便在信息设备中进行存储、处理和传输。例如，将文字、数字或其他对象编成数码，或将信息、数据转换成规则的电脉冲信号。信息编码在计算机、电视、遥控和通信等方面应用广泛。信息编码的意义在于使信息能够被计算机处理、存储和传输，从而满足各种应用场景的需求。

常用的信息编码方式包括 ASCII 编码、UTF-8 编码、条形码、二维码等，见表 1-3-4。不同的编码方式具有不同的特点和应用场景，选择合适的编码方式可以提高信息的处理效率和准确性。

表 1-3-4 常用的信息编码方式及其说明

信息编码方式	说明
ASCII 编码	美国标准信息交换码，是一种将字符映射到数字的编码系统，可以表示 128 个字符，其中包括英文字符、阿拉伯数字、常用符号以及控制字符。当使用英文键盘输入一个英文字母、数字或符号（例如字母“A”）时，计算机内部就是使用 ASCII 编码来表示这个字符的。在 ASCII 编码中，“A”被编码为数字 65。用户按下一个功能键（例如 F1）时，计算机也是通过 ASCII 编码来识别的
UTF-8 编码	UTF-8 编码是一种可变长度的编码方式，可以表示 Unicode 标准中的所有字符。UTF-8 编码包含我国常用的 ASCII、GBK 和 GB2312 中的所有字符，同时还包含其他一些少数民族文字和特殊符号。浏览网页或者阅读电子邮件时，遇到的中文字符、特殊符号（如欧元符号€）、

续表

信息编码方式	说明
UTF-8 编码	表情符号等，都是通过 UTF-8 编码来显示的。在社交媒体上，发送一条包含多种语言文字的消息时，这些文字能够正确显示在接收者的设备上，也是因为使用了 UTF-8 编码
条形码	条形码又称商品条码，是一种用于表示商品信息的图形符号，它由一组规则排列的条纹和空隙组成。在条形码的识读过程中，扫描设备会通过检测条和空的宽度变化来获取信息。条形码通常印在商品的外包装上
二维码	二维码具有高密度、容错率高和读取快速等特点，可以存储大量的信息。相较于传统的条形码，二维码可以存储更丰富的信息，且读取速度更快，现已成为人们生活中使用最为常见的信息编码之一

提示

需要在计算机中传输的数据，有模拟量和数字量两类。对于连续的模拟量，需要通过信息编码将其转换为离散的数字量，如将通过话筒采集到的声音信号转换为音频数据进行存储。对于数字量，为便于传输和进一步处理，也常需要通过信息编码对其进行数据格式转换，如对音频数据进行压缩，生成 MP3 文件。

三、存储容量

信息设备的存储形式伴随科学技术的发展，从诞生到现在经历了多个阶段。初期主要为机械式存储、电子管存储、晶体管存储；现代主要为磁盘存储；近年来半导体存储、网络存储成为主流。每一次技术变革都推动了存储容量、存储速度和可靠性的提升。例如，20 世纪 80 年代，普通台式计算机的硬盘容量通常只有几十 MB，现在，普通笔记本计算机的硬盘容量已经达到了 2 TB，甚至更高；又如，20 世纪末，普通 U 盘的存储容量只有 32 MB，现在，U 盘的存储容量可达 256 GB，甚至更高。

信息设备的基本存储单位有位（b）、字节（B）和字（W）等。位是信息存储的最小单位，表示一个二进制数码，即 0 或 1。字节是数据处理和存储的基本单位，如一个英文字符占用 1 B，1 B=8 b。字是信息设备一次存取、加工和传输的数据长度单位，包含若干字节，具体数量取决于硬件架构。信息设备中常见的存储单位见表 1-3-5。

表 1-3-5　信息设备中常见的存储单位

类型	存储单位	存储单位转换
基本存储单位	b（位，bit）	—
	B（字节，Byte）	1 B=8 b
	W（字，Word）	1 W=2 B（16 位系统） 1 W=4 B（32 位系统） 1 W=8 B（64 位系统）

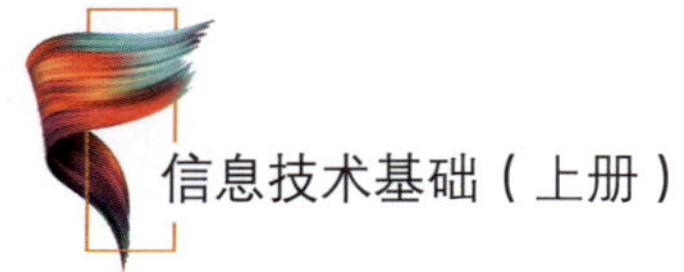

续表

类型	存储单位	存储单位转换
扩展存储单位	KB（千字节）	1 KB=1 024 B
	MB（兆字节）	1 MB=1 024 KB
	GB（吉字节）	1 GB=1 024 MB
	TB（太字节）	1 TB=1 024 GB
	PB（拍字节）	1 PB=1 024 TB

实践活动

查看计算机的存储容量

用户可以通过查看操作系统中的设置功能了解当前信息设备的存储容量及存储使用情况。

以 Windows 11 操作系统为例，使用者可以在“开始”菜单栏中依次单击“设置”→“系统”→“存储”选项查看当前信息设备的存储使用情况，如图 1-3-6 所示。

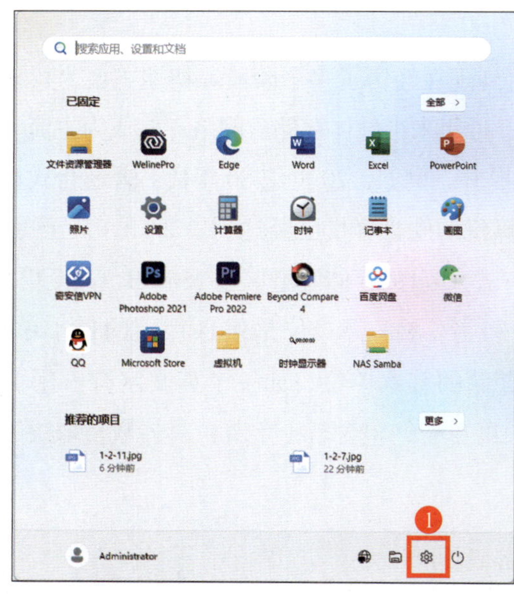

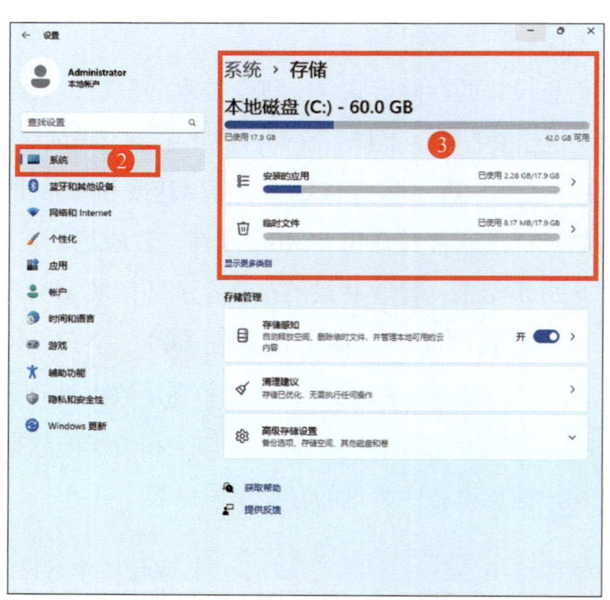

图 1-3-6　Windows 11 操作系统中存储使用情况的查看界面

知识拓展

条形码与二维码

条形码与二维码是按照一定的编码规则排列，用以传递信息的图形符号，如图 1-3-7 所示。

条形码是由反射率不同的“条”和“空”按照一定的编码规则组合起来的一种信息符号。它可以通过光电扫描设备识读，并能快速、准确地把数据录入计算机进行数据处理，从而达到自动管理的目的。目前，条形码被广泛地应用于商品流通、图书管理、邮政管理、银行系统等领域。

a）

b）

图 1-3-7　条形码与二维码示意图

a）条形码　b）二维码

二维码是用某种特定的几何图形按一定规律在平面（二维方向上）分布的、黑白相间的、记录数据符号信息的图形。通过图像输入设备或光电扫描设备自动识读二维码以实现信息自动处理。二维码具有储存量大、保密性高、可追踪性高、抗损性强、备援性大、成本低廉等特性，广泛应用于商品营销、支付结算、身份证明、公共交通等领域，是目前应用最广泛的图形符号编码。

交流与讨论

在电子计算机的发展历史进程中，也曾出现过非二进制的计算机。例如，1945 年诞生的世界上最早的通用计算机之一的 ENIAC 就是一台十进制计算机。在 20 世纪 60 年代和 20 世纪 70 年代，苏联在研究和开发三进制计算机方面领先于世界上其他国家，曾经计划在 20 世纪 80 年代生产一款商用的三进制计算机。查阅资料，通过分组方式讨论并分析现代计算机普遍采用二进制的原因。

巩固与提高

在日常生活中会经常遇到这样一种情况，所购置的移动终端或存储设备（如硬盘、U 盘等），在通过操作系统对相关存储容量进行查询时，总会出现操作系统中显示总存储容量与产品信息所公布容量不一致的情况。出现此情况的原因是什么？购买标称存储容量为 2 TB 的硬盘，在操作系统中能识别出来的可用存储容量是多少？

课题四

使用操作系统

学习目标

1. 了解常见的桌面及移动终端操作系统的种类和特点。
2. 理解主流操作系统界面的类型、元素和功能。
3. 能结合实际场景，使用操作系统中的预设程序。
4. 能在主流操作系统中安装、卸载应用程序和驱动程序。

在日常生活工作中，小到智能手环，大到航天飞机，在其中都能看到各类操作系统的身影。在操作系统的管理和调度下，人们可以根据需要在信息设备上安装或卸载诸如微信、QQ、支付宝、Office、微博、抖音等各种应用程序，同时可以方便地对文件进行管理、对数据进行处理。本课题以主流的操作系统为例，结合实际案例，讲解操作系统的基本使用方法。

任务1 了解操作系统

· 任务引入 ·

操作系统在信息设备中起着不可或缺的作用，它负责管理和控制信息设备的各种资源，为用户提供友好的操作界面，保障系统的安全性和稳定性，并为各种硬件设备、应用软件提供运行环境和支持。没有操作系统，计算机就无法工作；智能手机之所以“智能”，其重要原因就是其中装有操作系统。信息设备中常见的操作系统有哪些？它们能够实现哪些功能？

一、操作系统概述

1. 操作系统的作用

操作系统（operating system，OS）是一组主管并控制计算机硬件、软件资源，以求实现合理地组织、调度计算机的工作与资源的分配，提供公共服务环境和接口来组织用户人机交互的相互关联的软件程序集合。操作系统作为计算机硬件和其他软件之间的桥梁，是计算机中最为核心的系统软件。

2. 操作系统的类别

根据支持信息设备类型的不同，目前主流的操作系统可以分为桌面操作系统、服务器操作系统和移动终端操作系统等。

桌面操作系统中，目前具有代表性的主要有 Windows、macOS 和 Linux 等。其中，Windows 操作系统占市场主流地位，代表系统为 Windows 11；macOS 主要应用于苹果公司的信息设备；Linux 是一个开源操作系统，有众多不同的发行版，包括在国内有代表性的国产操作系统统信 UOS、银河麒麟、红旗 Linux 等。各种主流桌面操作系统的标识如图 1-4-1 所示。

图 1-4-1　主流桌面操作系统的标识

服务器操作系统主要分为 Windows Server、Netware、UNIX 和 Linux 四大流派。近年来，Linux 操作系统因具有出色的稳定性、安全性、性能和可扩展性而被广泛应用，有代表性的发行版有 CentOS、红旗 Linux、银河麒麟等操作系统的服务器版。

移动终端操作系统中，目前主流的有 Android（安卓）、iOS（苹果）、HarmonyOS（鸿蒙）三个操作系统，其标识如图 1-4-2 所示。在 Android 原生系统基础上，各个厂商为了提升用户使用体

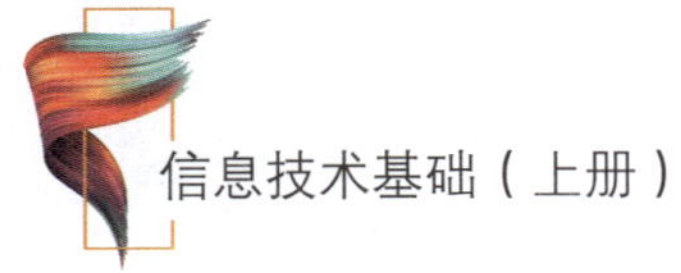

验，提供个性化的功能服务，还推出了不同的定制化产品，如小米的 HyperOS、Vivo 的 OriginOS、荣耀的 MagicOS 等。

图 1-4-2　移动终端操作系统的标识

二、操作系统的用户界面

作为操作系统的核心功能要素之一，操作系统用户界面是最接近用户的一项功能。用户可以通过该界面执行各种操作，管理系统资源，以及与操作系统进行通信。操作系统用户界面可以分为两种类型：命令行界面（command line interface，CLI）和图形用户界面（graphical user interface，GUI）。

1. 命令行界面

命令行界面是一种基于文本的界面，用户通过输入特定的命令来控制操作系统。信息设备发展早期的操作系统，如 UNIX、MS-DOS 等操作系统均采用命令行界面。这种界面要求用户熟悉命令的格式和功能，因此对用户的计算机操作技能要求较高。在网络安全领域，为提高网络的整体安全系数，目前，核心服务器上的操作系统用户界面仍以命令行界面为主。典型的命令行界面如图 1-4-3 和图 1-4-4 所示。

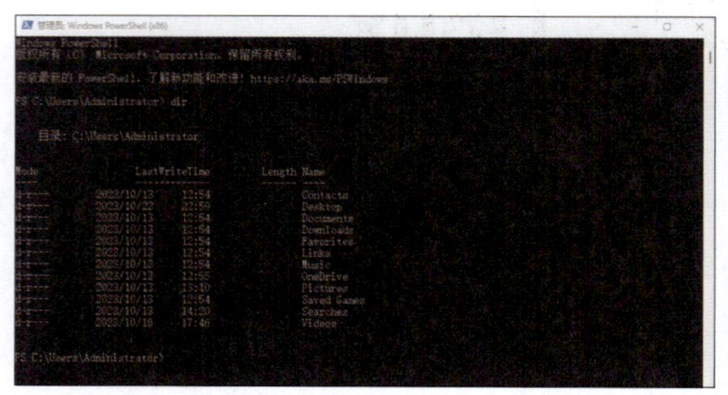

图 1-4-3　Windows PowerShell 命令行界面

```
jj@jj-virtual-machine:/$ ll
总计 2097240
drwxr-xr-x  20 root root       4096  9月 25 22:17 ./
drwxr-xr-x  20 root root       4096  9月 25 22:17 ../
lrwxrwxrwx   1 root root          7  9月 25 22:15 bin -> usr/bin/
drwxr-xr-x   4 root root       4096  9月 25 22:24 boot/
drwxrwxr-x   2 root root       4096  9月 25 22:17 cdrom/
drwxr-xr-x  19 root root       4180 10月 12 01:50 dev/
drwxr-xr-x 129 root root      12288  9月 25 22:24 etc/
drwxr-xr-x   3 root root       4096  9月 25 22:21 home/
lrwxrwxrwx   1 root root          7  9月 25 22:15 lib -> usr/lib/
lrwxrwxrwx   1 root root          9  9月 25 22:15 lib32 -> usr/lib32/
lrwxrwxrwx   1 root root          9  9月 25 22:15 lib64 -> usr/lib64/
lrwxrwxrwx   1 root root         10  9月 25 22:15 libx32 -> usr/libx32/
drwx------   2 root root      16384  9月 25 22:15 lost+found/
drwxr-xr-x   2 root root       4096  4月 19  2022 media/
drwxr-xr-x   2 root root       4096  4月 19  2022 mnt/
drwxr-xr-x   2 root root       4096  4月 19  2022 opt/
dr-xr-xr-x 345 root root          0  9月 25 23:44 proc/
drwx------   4 root root       4096  9月 25 22:43 root/
drwxr-xr-x  34 root root        900 10月 12 01:56 run/
lrwxrwxrwx   1 root root          8  9月 25 22:15 sbin -> usr/sbin/
drwxr-xr-x  13 root root       4096 10月 12 01:54 snap/
drwxr-xr-x   2 root root       4096  4月 19  2022 srv/
-rw-------   1 root root 2147483648  9月 25 22:15 swapfile
```

图 1-4-4　Linux 命令行界面

2. 图形用户界面

图形用户界面是一种基于图标的界面，用户通过单 / 双击图标或拖拽、滚动鼠标等操作来完成任务。这种界面使操作系统的使用变得更加简单和直观，对用户所具备的计算机操作技能要求相对较低，与命令行界面相比，具有良好的人机交互功能，极大提升了信息设备在实际工作生活中的普及和应用。

通过不断的完善和扩展，图形用户界面一般常见的认知和操作对象有桌面、窗口、工具栏、任务栏、状态信息栏、按钮、程序图标、对话框等，图 1-4-5 所示为 Windows 11 操作系统的图形用户界面。

图 1-4-5　Windows 11 操作系统的图形用户界面

实践活动

在 Windows 11 操作系统中快速启动软件程序

在使用计算机操作系统过程中，总会有若干使用频率较高的软件程序。当正在运行的主程序窗口运行在操作系统桌面最前端时，用户通过"开始"菜单逐步查找对应的软件程序并进行启动，效率较低。此时，可以通过将软件程序固定到任务栏的方式来提升软件程序的使用效率。

以在 Windows 11 操作系统中将"截图工具"固定到任务栏为例，操作步骤如下：单击"开始"按钮，选择"全部"找到"截图工具"，在其上单击鼠标右键，在弹出的菜单中选择"更多"，选择"固定到任务栏"，如图 1-4-6 所示。

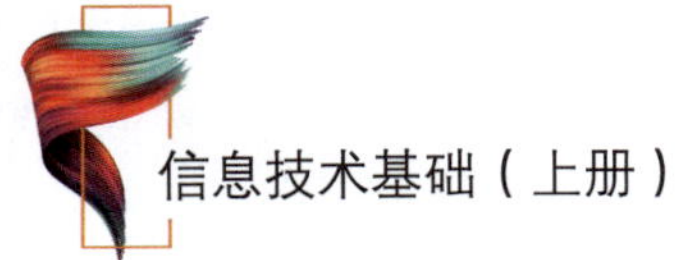

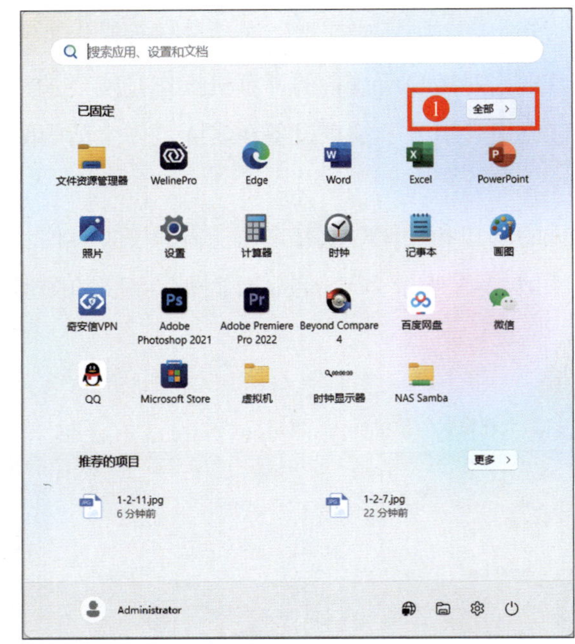

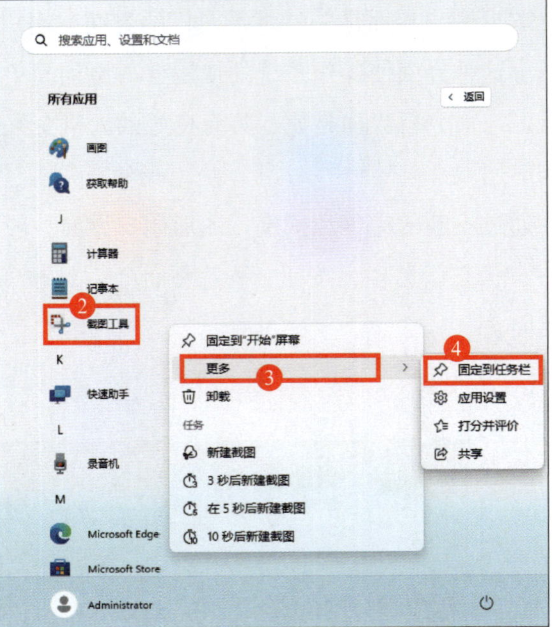

图 1-4-6　在 Windows 11 操作系统中将软件程序固定到任务栏的操作步骤

知识拓展

中国的自主知识产权操作系统

桌面操作系统中，中标麒麟、优麒麟、红旗 Linux、统信 UOS 等国产操作系统在企、事业单位和个人用户中逐步普及。在服务器操作系统中，截至 2023 年，中国自主研发的 openEuler 操作系统在中国服务器操作系统的新增市场份额已达 36.8%，其开源特性、硬件兼容性、高性能与稳定性、安全性，以及对现代工作负载的支持等特点使其成为服务器和云计算环境中的一个灵活且可靠的操作系统选择。在移动终端操作系统中，鸿蒙操作系统“万物互联理念”的推出，为移动互联指引了一个新方向。

这些操作系统的发展都体现了我国在操作系统领域的进步和创新。

交流与讨论

细心的人可能经常会发现，即使现今操作系统图形用户界面人机交互有较高的成熟度，但在现实工作生活以及影视资料中，在涉及军事设备、网络设备、服务器设备的使用环境当中仍然以使用命令行界面为主。请通过网络查询相关资料，分组讨论产生此种情况的原因。

巩固与提高

在操作系统的发展过程中，1991 年，由芬兰赫尔辛基大学的学生林纳斯·托瓦兹所编写的 Linux 操作系统诞生，其发展历程相比 Windows 操作系统更具有传奇色彩。请查阅资料，用逻辑图的方式描述 Linux 操作系统的诞生及从中所衍生的各类操作系统，为 Linux 操作系统制作一本“族谱”。

任务 2　管理和使用应用程序

· 任务引入 ·

操作系统本身为信息设备提供了管理和控制软硬件的能力，而信息设备各种各样的具体功能，则需要由应用程序来完成。通过操作系统中的各类应用程序，用户可以在办公、图像处理、娱乐等各个领域中更方便、更高效地完成各项任务。本任务将主要学习应用软件安装、使用和卸载的基本方法。

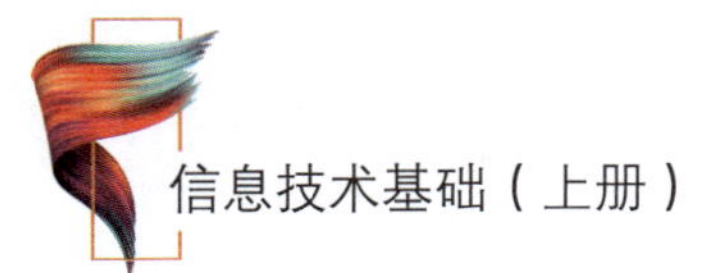

一、计算机软件的安装、卸载和使用

1. 应用软件的安装与卸载

操作系统的设计目标之一是提供灵活性和可扩展性，让信息设备的使用者可以根据自己的需要选择和安装不同的应用软件。在计算机中，各种各样丰富、强大的功能，都是通过各种应用软件来实现的。

下面以在 Windows 11 操作系统中安装和卸载搜狗拼音输入法软件为例，简要说明应用软件的安装和卸载方法。

（1）安装应用软件

双击图标运行已下载的搜狗拼音输入法安装程序，在弹出的安装界面中，单击“立即安装”按钮，按提示操作即可完成安装。安装完成后，单击“定制输入法”按钮可对输入法进行个性化定制，根据个人需要进行相关界面的设定，如图 1–4–7 所示。

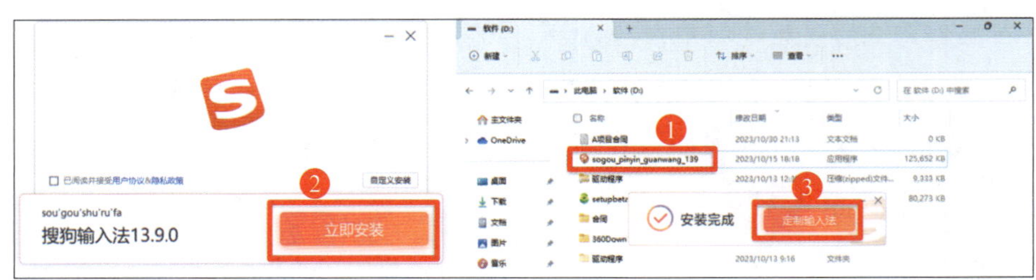

图 1–4–7　搜狗拼音输入法安装界面

（2）卸载应用软件

单击“开始”按钮，在“设置”界面中依次单击“应用”→“安装的应用”，配合筛选，在应用列表中找到“搜狗拼音输入法”，单击右侧的“…”图标，单击“卸载”按钮即可启动卸载程序，如图 1–4–8 所示。

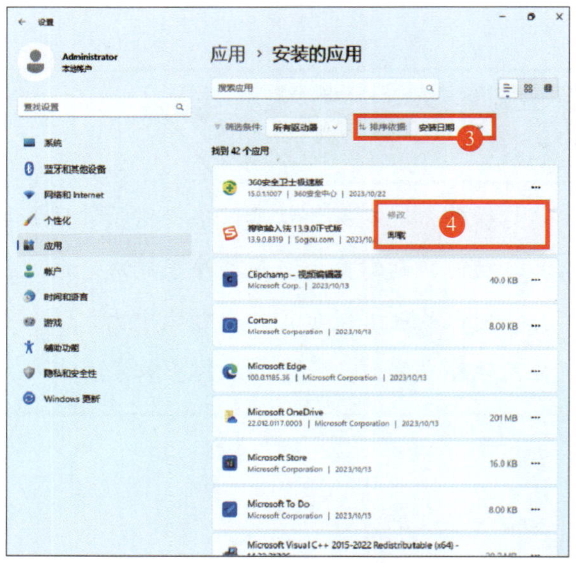

图 1–4–8　Windows 11 操作系统中应用软件的卸载步骤

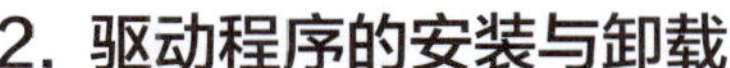

2. 驱动程序的安装与卸载

驱动程序是硬件设备厂商根据操作系统编写的配置文件，用于提供操作系统与硬件设备之间的通信接口。没有驱动程序，硬件设备便无法正常工作。操作系统包含部分主流硬件设备的驱动程序，能自动识别并安装。无法自动识别的硬件设备，需通过安装从厂商或第三方软件（如驱动精灵、鲁大师、驱动人生等）获取的驱动程序。

（1）驱动程序的识别和安装（以使用“驱动精灵”软件为例）

在确保已经接入互联网的情况下运行“驱动精灵”软件，在主界面单击“立即检测”按钮，检测完毕，在“驱动管理”页面中查看所检测到的驱动程序结果，并单击“一键安装”按钮，即可自动完成对应驱动程序的安装操作，如图 1–4–9 所示。

图 1–4–9　使用“驱动精灵”软件安装驱动的步骤

（2）驱动程序的卸载

当遇到部分驱动程序因安装出错导致硬件无法正常使用的情况时，需卸载原驱动程序并重新安装正确的驱动程序。

下面以卸载 Windows 11 操作系统中无法正常使用的 U 盘的驱动程序为例，说明其操作方法。打开“开始”菜单，依次单击“设置”→“系统”→“系统信息”，在“系统信息”界面中单击“高级系统设置”选项（见图 1–4–10）打开“系统属性”界面。依次单击“硬件”→“设备管理器”启动“设备管理器”，在该界面中打开 U 盘驱动程序所在的“通用串行总线控制器”子菜单，右键单击“USB 大容量存储设备”选项，在弹出的菜单中选择“卸载设备”即可将对应的驱动程序卸载，如图 1–4–11 所示。

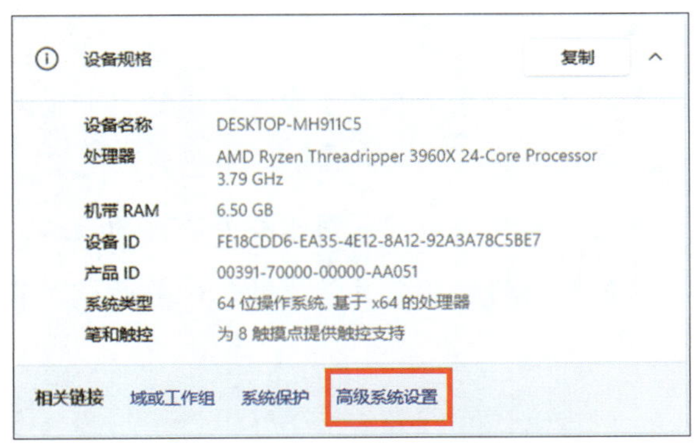

图 1–4–10　高级系统设置选项

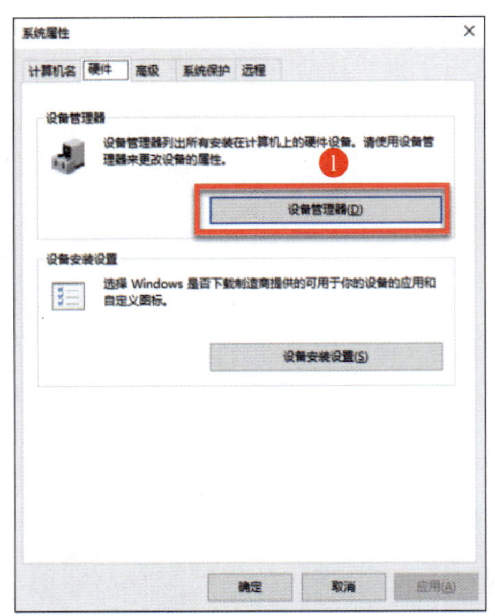

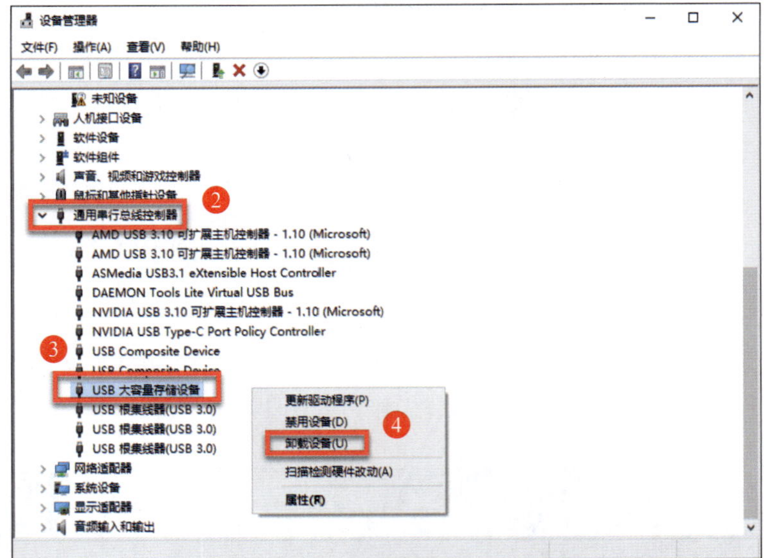

图 1-4-11　在 Windows 11 操作系统中卸载驱动程序

知识拓展

驱动程序的种类

驱动程序与计算机性能的发挥息息相关，驱动程序通常包括官方正式版、微软 WHQL 认证版、第三方版、发烧友修改版、Beta 测试版等不同版本。了解不同版本之间的区别，有助于用户根据个人实际需求选择合适的驱动程序，如解决某硬件因驱动程序功能异常导致的故障、体验硬件厂商新推出的功能、提升硬件运行效率等。

官方正式版：由硬件厂商通过正式渠道发布的驱动版本，也称为公版驱动。这种驱动程序性能稳定、兼容性好、功能缺陷较少。

微软 WHQL 认证版：通过微软 WHQL 认证测试的驱动版本，这种驱动程序与 Windows 操作系统可以 100% 兼容。

第三方版：硬件厂商以外的第三方厂商根据产品特性推出的有别于官方正式版并具有特定相关功能的驱动程序。

发烧友修改版：一些第三方团体或个人出于自身需求和兴趣爱好在官方版本基础上修改而成的驱动版本，功能性、个性化更强，对产品支持面也更广泛。

Beta 测试版：这种版本的驱动程序是厂商用于公开测试的版本，稳定性以及兼容性可能不如前四种，优点是能提前体验新的功能或性能提升，一般是该产品的不成熟版本，不建议初学者使用。

3. 应用软件的使用

应用软件安装到计算机中后即可使用。在操作系统中，为保证用户完成基本的应用需求，通常还会预置若干基础功能软件，一般涵盖文件资源管理类、网页浏览类、文本编辑类、图形图像类、影音播放类等几大类，以满足用户的基本需要。这里以 Windows 操作系统“附件”中自带的程序为例，体验其使用方法。

在 Windows 11 桌面操作系统中，“附件”中自带“画图”软件，下面结合截图并对其进行简单编辑的操作，说明其使用方法。

（1）使用 Windows 11 截图工具快捷键“Win+Shift+S”或按下键盘上的 PrintScreen 键，截取操作系统桌面背景图像。

（2）依次单击“开始”按钮→“全部”，在“H”组中找到并运行操作系统附带的“画图”软件，如图 1-4-12 所示。

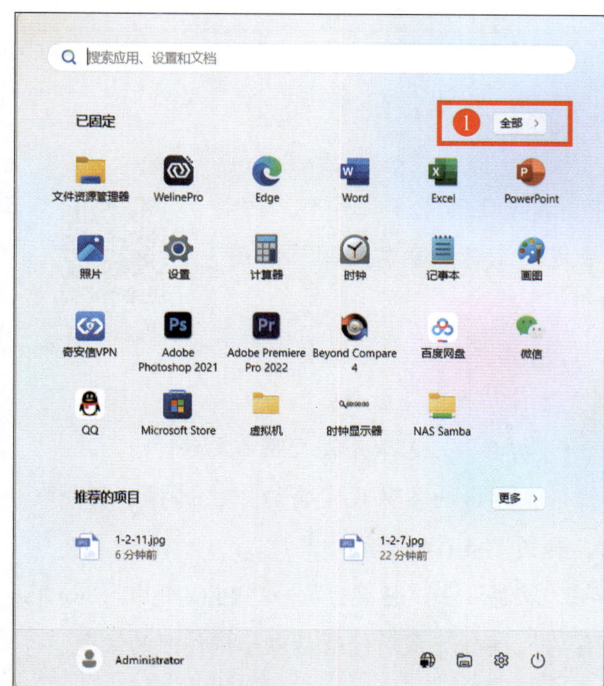

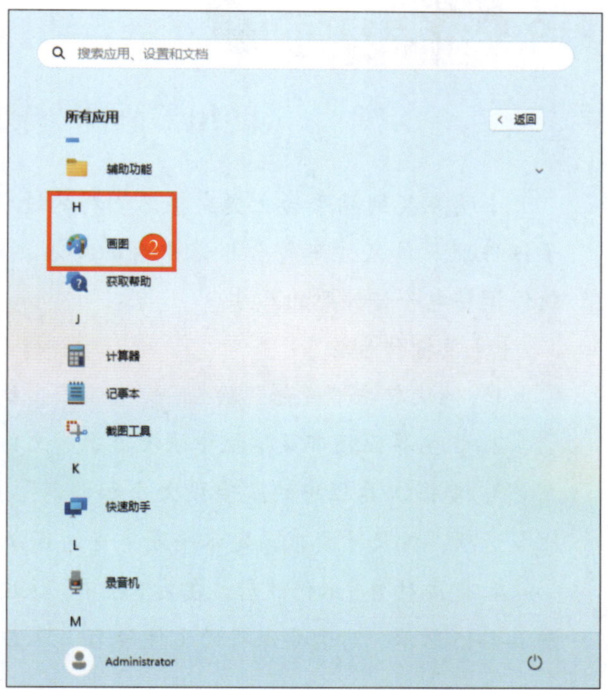

图 1-4-12　Windows 11 应用菜单中的“画图”软件程序

（3）在“画图”软件中，单击工具栏中的“粘贴”按钮，在窗口中载入所截取的图片。在工具栏中的“形状”组中选择合适的图形，在“颜色”组中选择合适的颜色进行创作。如需要增加相关文字，可使用“工具”组中的“文字”工具，单击图形中的适当位置输入相关文字，并进行颜色及字体大小等属性的设置，如图 1-4-13 所示。

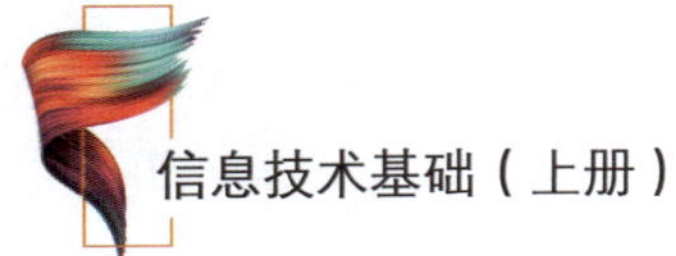

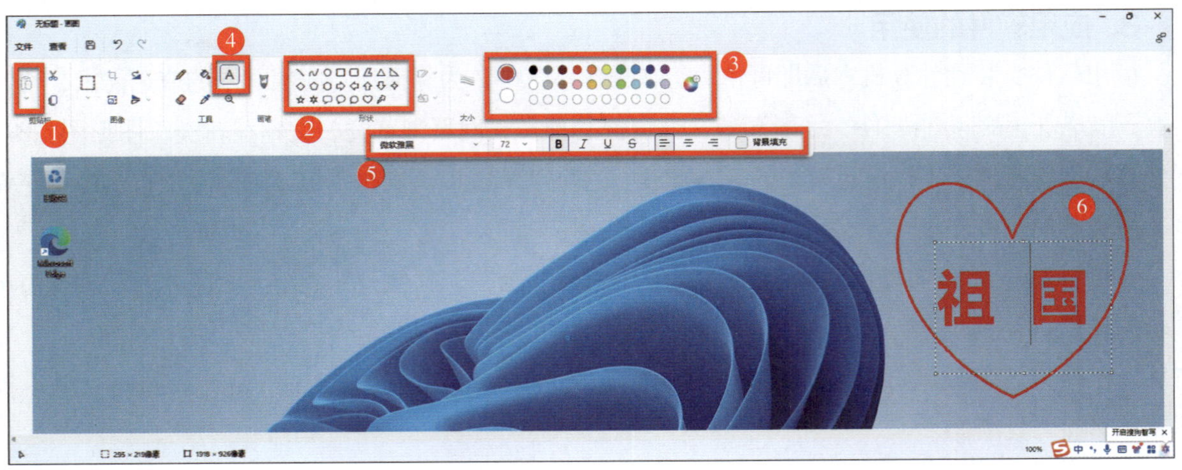

图 1-4-13　Windows 11 “画图”软件的使用步骤

实践活动

使用“画图”软件调整图片大小

操作演示

小明在某网站平台上提交报名资料的过程中，需要上传电子证件照。但电子证件照原件尺寸不符合报名平台的要求，无法成功上传。现需使用“画图”软件调整电子证件照的尺寸。

【主要操作步骤】

1. 依次单击“开始”按钮→“全部”，找到并运行“画图”软件。

2. 在主界面顶部菜单栏中依次单击“文件”→“打开”，选择并载入照片文件。

3. 单击工具栏中的“重设大小和倾斜”按钮，在弹出的参数设定窗口中，选择“百分比”选项，按尺寸要求设定水平或垂直的百分比，如图 1-4-14 所示。

4. 完成对图片的修改后，在菜单栏中，依次单击“文件”→“另存为”→“JPEG 图片”，如图 1-4-15 所示，对需要保存的文件命名，单击“保存”按钮完成对修改后电子证件照的保存。

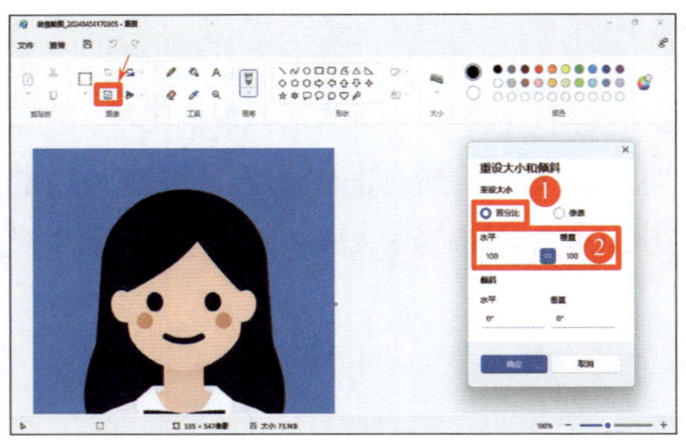

图 1-4-14　重设图片大小和倾斜

图 1-4-15　保存已经修改完毕的电子证件照

二、移动终端 App 的安装、管理和使用

移动终端的各项功能扩展同样是通过各种应用软件完成的，习惯上，移动终端上的应用软件被称为“App”（application 的缩写）。

1. 移动终端 App 的安装与卸载

由于桌面操作系统和移动终端操作系统在架构上的差异，安装和卸载过程有所不同。下面以鸿蒙操作系统中两个 App 为例，说明在移动终端安装和卸载 App 的过程。

（1）安装“淘宝”App

在桌面应用程序图标中找到“应用市场”App 图标，并点击进入。在“应用市场”App 程序界面右上角的搜索栏中输入关键字“淘宝”，在搜索结果列表中点击对应程序右侧的“安装”按钮，即可在操作系统中安装“淘宝”App，如图 1-4-16 所示。

图 1-4-16 “淘宝”App 安装步骤

（2）卸载“企业微信”App

在桌面找到“企业微信”App 图标，长按图标，在弹出的快捷菜单中选择“卸载”按钮，即可完成 App 的卸载，如图 1-4-17 所示。

图 1-4-17 卸载“企业微信”App 的快捷菜单

2. 移动终端 App 的使用

App 安装完毕，点击桌面上的图标即可运行使用。当设备中安装的 App 较多而不易找到时，还可以调出快速搜索栏（通常在桌面中部向下滑动可调出），直接搜索名称找到相应的 App。

下面以鸿蒙操作系统为例，体验操作系统自带“备忘录”App 的使用方法。

首先，在桌面找到并点击“备忘录”App。然后，在打开的主界面中，依次点击“待办”→“+”图标，即可创建新的待办项目，在下方弹出的文本框中可输入自定义的提醒事项内容。点击界面左下角的“闹钟”图标，可在弹出的时间选择窗口中设定提醒的日期和时间，点击“确定”按钮即可完成提醒时间的设定工作，如图 1-4-18 所示。

如需要让提醒事项在每月指定的时间重复提醒，可以在“全部待办”界面中点击“！”图标，在弹出的“重复”对话框中选择“每月”。在全部设定完成后，点击界面右下方的“保存”按钮即可完成整个提醒事项的设定。

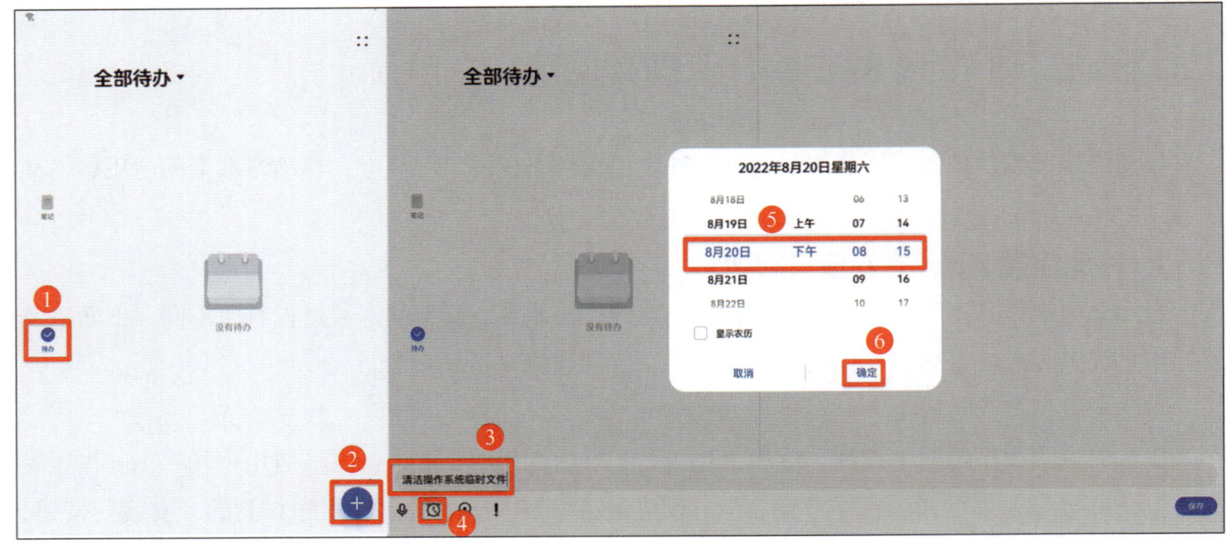

图 1-4-18 鸿蒙操作系统中的“待办事项”程序界面

交流与讨论

近些年来，智能手机在国内的普及率越来越高，各种品牌和型号百花齐放、百家争鸣，通过互联网查询，并结合自身使用智能手机的经验，分组讨论和分享在生活中使用不同品牌智能手机在操作方法、软件功能等方面的感受，以及使用常用 App 的心得体会。

巩固与提高

访问“微信”官方网站，下载适配 Windows 操作系统的微信客户端，并完成安装。安装完毕，进行以下设置：

1. 关闭微信客户端随操作系统启动而自动运行的功能。
2. 设置为不在临时客户端主机上保存聊天记录，避免信息泄露。

课题五 管理信息资源

学习目标

1. 了解常用的文字录入方法。
2. 掌握中、英文字符的录入方法。
3. 理解常用操作系统中的文件类型与文件夹的目录结构组成。
4. 能完成文件与文件夹的基本操作。
5. 能完成文件与文件夹的压缩与备份。

日常生活学习中，我们需要接触大量的信息资源，以及对信息进行有效的管理。通过学习信息资源管理，可以提升信息获取、筛选、利用和评价能力。本课题主要学习文字和符号的录入，以及文件与文件夹的管理等信息资源管理最基础的方法和工具。

任务1 录入文字

• 任务引入 •

文字录入是信息管理过程中的一个重要环节，它为信息管理提供了基础数据支持，是企业、组织和个人在当今信息社会中必备的一项技能。文字录入和信息管理是相互依

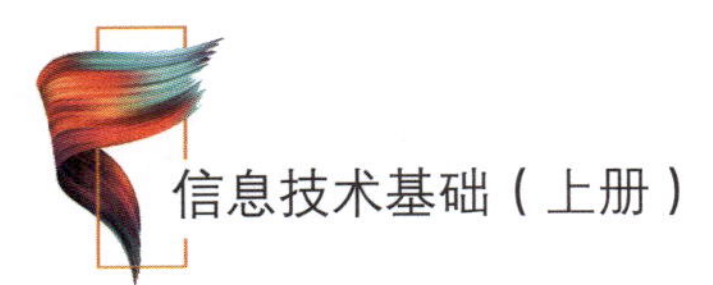

存、相互促进的关系，文字录入是信息管理的基础，信息管理是文字录入的最终目标。在信息设备中，如何快速地进行文字录入呢？

在信息系统中录入文字一般有键盘输入、扫描输入、语音输入、手写输入等多种方式，见表 1–5–1。

表 1–5–1　文字录入的常见方式

方式	说明	使用场景
键盘输入	通过键盘将文字输入到信息系统中，是最常见的文字录入方式	适用于各种文本录入场景，如电子邮件、文本处理和数据输入等
扫描输入	使用扫描仪或拍照的方式将纸质文档转换为数字格式，然后使用专用工具进行文字识别（OCR），将图片转换为字符	常用于需要将已有的纸质文字内容快速录入信息设备的情况，以及文档管理和电子存档等场合
语音输入	通过语音识别技术将语音内容转换为数据文本，并录入信息设备	在装有语音助手或语音识别 App 的智能移动终端中应用广泛
手写输入	使用手写输入设备（如数位板、手写输入板、鼠标等）将手写的文字转化为电子格式，并录入信息设备	适用于遇到不了解如何发音的生僻字或需要大量手写文字输入的场景

一、英文字符输入

1. 英文字符键盘的布局

国内计算机键盘的布局一般使用英文字符键盘的 QWERTY 布局，标准键盘可分为功能键区、主键盘区、主控制区、数字键盘区（也称小键盘区）和指示灯区五个区域，如图 1–5–1 所示。在实际产品中，厂商还会提供在标准键盘基础上加以变化的键盘形态，以满足不同的使用需求，如有些键盘为了使其尺寸小巧、紧凑，去掉了主控制区和指示灯区，有些键盘增加了若干多功能键，以实现更多的快捷功能，如图 1–5–2 所示。

2. 打字指法

正确的打字指法对提高打字速度、保证准确性和保护手部健康等起着关键作用。正确的打字指法主要包括正确的坐姿、正确的手指摆放和正确的手指移动方式三部分。

（1）坐姿

保持头部、颈部及躯干挺直，双脚平踏在地上，身体正对屏幕，调整屏幕亮度和对比度，以自然舒适为原则。眼睛尽量平视屏幕，保持与屏幕 40 ~ 50 cm 的距离。使用中应注意，注视屏幕一段时间后建议把视线移开做短暂休息，减缓眼睛疲劳。手肘的高度要与键盘平齐，手腕不要

图 1-5-1　标准键盘的分区

图 1-5-2　不同键位数量的英文字符键盘布局

靠桌子支撑，双手应自然垂直轻放在键盘上。键盘在桌面上的高度以使打字者肩部放松、无压力为原则，如图 1-5-3 所示。

（2）指法

准备开始打字时，将两个大拇指放在空格（Space）键上，左手食指放在“F”键上，右手食指放在“J”键上，其余手指依次放在相邻键位上，如图 1-5-4 所示。一般键盘上“F”和“J”两键的键帽上设有凸起物，以便使用者快速定位。

打字时，每个手指负责控制键盘上的一个区域，如图 1-5-5 所示。应注意务必使各个手指各司其职，才能实现更快的打字速度。

图 1-5-3　文字录入正确坐姿

图 1-5-4　文字录入指法

图 1-5-5　文字录入指法区域

提示

想要提高打字的速度和准确度，必须按照正确的指法长期练习。在日常生活中使用键盘时，应注意有意识地规范指法，形成习惯，熟练之后，逐渐实现“盲打”，即不看键盘便可快速、准确地敲击按键。

二、中文字符输入

1. 中文输入法概述

中文输入法是将中文字符输入信息设备的方法。它的发展可以追溯到二十世纪七八十年代。当时，个人计算机的发展迅速，我国也开始积极推进个人计算机的普及，以便更好地进入信息时代。然而，如何高效地输入汉字成了一个亟待解决的问题。当时计算机技术领先的西方国家，使用的是以拉丁字母为主的拼音文字，字符数量较少，直接在键盘上设置相应按键即可。相比之下，汉字是表意文字，数量庞大、结构形态各异，无法套用拼音文字的方法解决存储和输入问题。

为应对这些困难，我国科研人员通过不断的探索和创新，开发了新的编码方案，解决了汉字存储问题，从读音、字形等不同角度编制的编码方案，实现了使用有限的按键输入众多的汉字。

1984 年，王永民发明了五笔字型输入法，他从字形入手，将每个汉字都拆分成若干基本构成部件（称为“字根”）进行编码。这百余种字根科学地分布在键盘各个字母按键上，每组字根对应一个字母，按规则顺序按下字根对应的字母按键，就完成了一个汉字的录入。例如，“照”字可以拆分为“日”“刀”“口”“灬”四个字根，分别对应“J”“V”“K”“O”四个按键，依次按下这四个按键，即可输入“照”字。

除依据字形编码外，另一个思路是依据汉字的读音编码。这一方式较为简单，一个汉字的编码就是它的汉语拼音，对使用者来说，会读即会打，无须进行专门的学习，使用起来更为便捷。但由于汉字同音字众多，重码率较高，早期的拼音输入法输入速度较慢。相比之下，五笔字型输入法等基于字形的输入法重码率低，可实现快速输入，因此在各类中文输入法中占据了优势。

随着信息设备硬件和软件的快速发展，性能不断提升，存储空间不断增大，各种拼音输入法逐渐增加了按词按句输入、自动联想、动态调整候选字词顺序等功能，并借助庞大的本地词库及网络词库，大大降低了重码率。目前，拼音输入法已成了市场主流。

主流的支持中文的操作系统中，都预装了不同类型的中文输入法，此外，用户也可根据个人喜好自行安装。目前常用的各类输入法软件中，主流的拼音输入法有 QQ 拼音输入法、搜狗拼音输入法、微软拼音输入法等，主流的五笔字型输入法有搜狗五笔输入法、极品五笔输入法、万能五笔输入法等。在使用繁体字的地区，使用较多的有基于注音符号的注音输入法和基于字形的仓颉输入法等。

2. 中文字符输入技巧

在进行中文字符输入时，掌握一定的使用技巧，能较大提升输入效率。

（1）按“Ctrl+Shift”组合键可以快速切换已安装的不同输入法；按“Ctrl+ 空格”组合键可以快速切换中英文输入法。

（2）尽量不要一个字一个字地输入，而是按词或按短语输入，以减少重码率。

（3）输入词语的拼音可能存在歧义时可使用隔音符“’”，例如，输入“西安”二字时可输入“xi’an”，避免与“现”等汉字混淆。

（4）善用输入法软件提供的特色功能。为进一步提高打字效率，目前很多主流的输入法都提供了丰富的辅助功能，应通过阅读帮助文档或通过互联网查询了解，灵活运用。这里列举几个搜狗拼音输入法中的辅助功能。

1）拆字辅助。一些不常用的汉字在候选词中排位较为靠后，选择起来比较麻烦。此时可使用

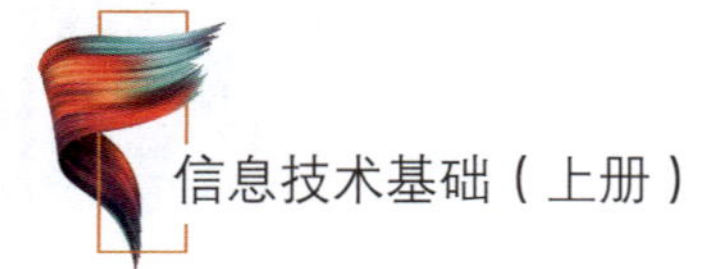

拆字辅助功能对候选词进行筛选。如想要输入“娴”字，按常规方法可能需要翻页多次才能找到，此时可在输入拼音“xian”后按下 Tab 键，再输入“娴”的两部分“女”“闲”的首字母“nx”，即可将“娴”字快速筛选出来。

2）笔画筛选。除拆字外，还可以用笔画来快速定位选字。其使用方法是，输入拼音后按下 Tab 键，然后按照笔顺输入笔画的相应代码（横 h、竖 s、撇 p、捺 n、折 z、点 d）。例如，输入“娴”字时，输入拼音“xian”后，按下 Tab 键，依次输入其笔画代码 zphds……，在候选词框中即可见到该字被筛选出来。输入笔画时需要注意笔顺正确，例如，竖心旁的笔顺是“点点竖”，而不是“竖点点”。

3）笔画输入。遇到不知道读音的汉字时，除使用手写输入外，还可使用笔画输入模式，按照该字的笔画进行输入，其使用方法是，先输入“u”，然后依次输入该字的笔画。例如，要输入“画”字可输入“uhszhshzs”。

4）模糊音。对于部分方言使用者，普通话中的部分声母或韵母容易混淆，如不易分清 s 和 sh、an 和 ang 等，为方便使用，可开启软件的模糊音功能，启用模糊音功能后，不再区分容易混淆的声母或韵母。例如，输入“si”时，会将“十”列入候选框；输入“shi”时，会将“四”列入候选框。

5）其他快速输入方式。对于一些常用的特殊字母、符号以及特定内容，可以使用其名称或名称的首字母实现快速输入。例如输入“pai”，在候选词中可显示 π；输入“wjx”，在候选词中可显示☆和★（五角星）；输入“rq”，在候选框中可显示系统当前的日期等。

三、符号输入

在计算机中，字符有半角和全角之分。半角字符是指占用一个标准字符位置的字符，英文状态下输入的字母和数字一般都是半角字符。全角字符是指占用两个标准字符位置的字符，汉字一般都是全角字符。

需要注意的是，字母、数字和一些标点符号，往往既有半角字符也有全角字符。在中文输入法中，切换至全角模式时，输入的字母、数字、符号等就是全角字符。它们形态相似，但本质上是两个不同的符号，应注意区分。例如，在进行程序设计时，如将本应该使用半角符号的误用为全角符号，往往会造成程序错误。

全角字符和半角字符的输出效果对比示例如图 1-5-6 所示。

（＂１＼２＼３＼Ｘ＼Ｙ＂）
全角字符

（“1\2\3\X\Y”）
半角字符

图 1-5-6　全角字符和半角字符的输出效果对比示例

知识拓展

光学字符识别技术

光学字符识别技术，即OCR技术，英文全称为optical character recognition，是一种将图像中的文字转换成可编辑文本格式的技术。

OCR技术通过扫描等光学输入方式将各种纸质文稿中的文字转化为图像信息，再利用文字识别技术对图像信息进行加工处理，最终将其转化成计算机可识别的字符。

OCR技术可以自动、快速地将纸质文档中的文字转换成电子文本，大大提高了工作效率。随着技术的发展，OCR技术的识别准确率不断提高，除了印刷体外，对手写的文字也能正确地识别，目前已经能够满足大多数应用场景的需求。

OCR技术目前广泛应用于数字化文档管理、自动化数据录入、智能识别等多个领域。例如，在银行、税务等行业，利用OCR技术可以自动扫描识别大量票据表格，减轻操作员的工作量；在档案领域，利用OCR技术可以实现档案扫描成果全文可识别，提升档案数字化发展水平；在日常生活中，用户可以在移动终端中利用OCR技术快速识别、提取图片中的文字信息，使设备的使用更加便捷。

随着人工智能和计算机视觉等技术的快速发展，OCR技术也正经历着快速的变革和发展。未来，OCR技术将进一步提高识别性能和效率，同时，智能OCR的发展也将成为研究热点，通过与自然语言处理等技术领域交叉融合，提升文字识别的性能和应用范围。

实践活动

使用OCR技术录入文字信息

现有一份几十页篇幅的纸质合同，需将其中“质保期及售后服务要求”条款的文本内容通过微信发送给同事，然后将整个合同文字内容录入计算机，以备未来再次编制类似合同时使用。合同只有纸质版本，没有电子文档，如使用常规的人工逐字输入的方式，费时费力，效率较低，且容易出错，这时可使用OCR技术快速、准确地完成该项工作。

【主要操作步骤】

1. 使用扫描仪将纸质合同扫描成图片。如无扫描仪，也可使用智能手机拍照完成。需要注意的是，目前智能手机的相机App中往往自带文档扫描优化功能，也可安装专用的第三方软件来实现，使用该功能可以得到显示效果更好的图片。

2. 将图片导入计算机。“质保期及售后服务要求”条款文字量较少，可以直接使用“微信”软件截图功能中的“文字识别”模块对照片文字内容进行识别，将识别出的文字复制后直接发送即可。使用“微信”软件进行文字识别的操作示例如图 1-5-7 所示。

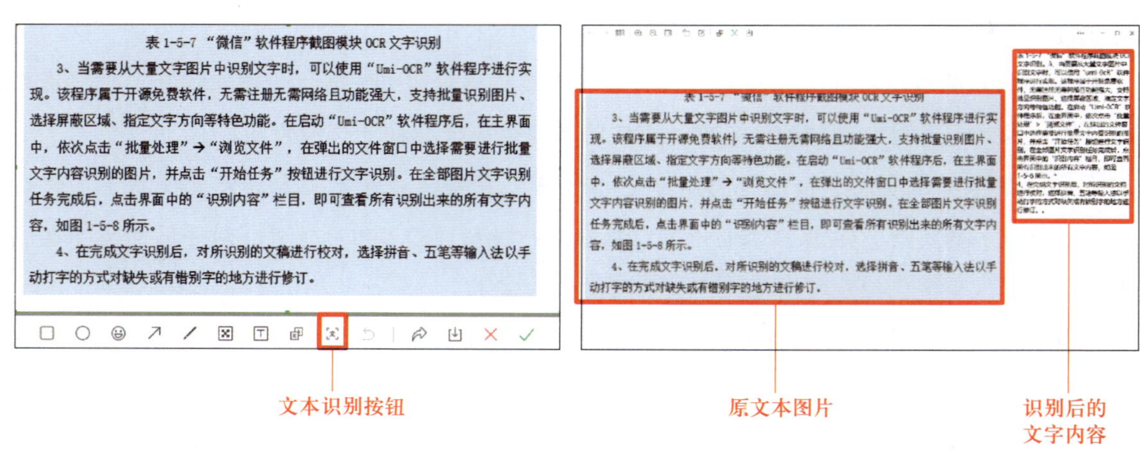

图 1-5-7　使用“微信”软件进行文字识别的操作示例

3. 整篇合同文档页数较多、文字量大，此时，可以使用“Umi-OCR”等专用的文字识别软件完成该任务。启动“Umi-OCR”软件程序后，在主界面中，依次单击“批量处理”→“浏览文件”按钮，在弹出的对话框中选择需要进行批量文字内容识别的图片，单击“开始任务”按钮进行文字识别，如需中途停止，可单击“停止任务”按钮。文字识别完成后，单击软件界面中的“识别内容”标签，即可查看所有识别出来的文字内容，如图 1-5-8 所示。

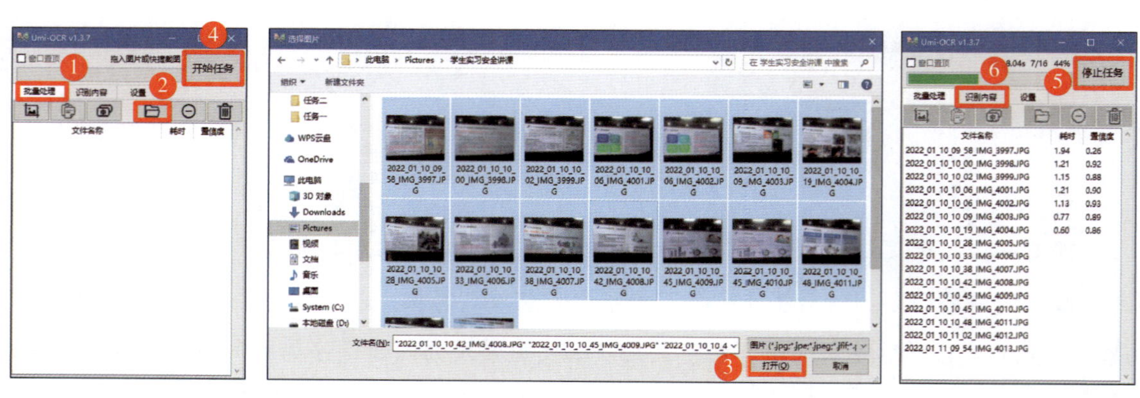

图 1-5-8　使用“Umi-OCR”软件进行文字识别

4. 完成文字识别后，对所识别的文稿进行认真校对，对缺失或有错误的地方进行修订。校对过程中应特别注意文字被误识别为形近字的情况，以免为工作带来损失。

交流与讨论

随着移动终端的普及，文字录入的方式较传统的计算机键盘录入有了较大的不同。通过互联网查询相关资料，并根据自身使用经验，分组讨论移动终端设备有哪些键盘布局、文字录入方式及文字录入技巧。

巩固与提高

根据所掌握的打字技巧，使用正确指法，利用“金山打字通”或同类软件进行打字训练。第一阶段实现以每分钟 40 ~ 50 字的速度进行英文盲打，以达到大部分日常工作、学习和交流的需求。第二阶段实现以每分钟 60 ~ 80 字的速度进行英文盲打，以达到计算机领域从业人员的基本文字录入速度需求。第三阶段根据自身情况选择合适的输入法，实现以每分钟 50 ~ 80 字的速度进行中文盲打，以达到中文文字录入的基础速度需求。

任务 2　管理文件与文件夹

· 任务引入 ·

在操作系统中，各类文档、图片、视频等信息资源通常以文件形式存在，以文件夹形式有条理地存储。文件和文件夹的管理是操作系统的基础功能，用于实现对文件的存储、检索、共享和保护。通过合理分类、命名和存储文件，用户可以快速找到所需信息，避免数据丢失或混乱，促进协作，并提高数据处理的效率。正确的文件与文件夹管理对于任何使用计算机的用户和组织来说都是至关重要的。

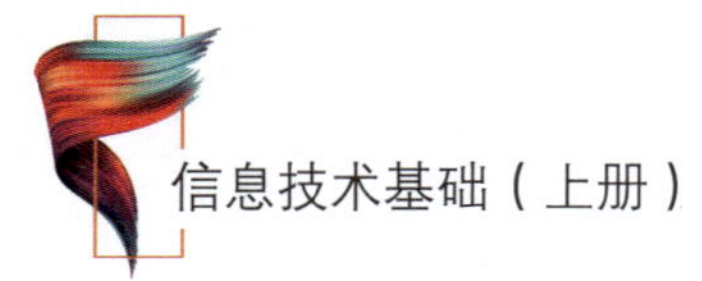

一、文件与文件夹的基本知识

1. 文件“文件名”的构成

每个文件都有标识名，通常由主文件名和扩展名组成。文件命名的规则因操作系统而异，一般遵循以下规范：

（1）文件名长度：1 ~ 255 个英文字符或 128 个汉字（含空格），实际可用字符数小于 255。

（2）大小写：Windows、Android 等操作系统不区分大小写，Linux 操作系统通常需要区分大小写。

（3）特殊符号：Windows 操作系统允许使用特殊符号，但不包括“/”“:”“*”“?”“#”“"”“<”“>”和“|”等半角字符。

（4）空格：Windows 操作系统允许文件名含空格，Linux 操作系统通常不允许。

扩展名作为文件名的一部分，通常位于文件名的最后，用于表示文件的类型或格式，例如“txt”表示一种文本文件，“jpg”表示一种图像文件，“doc”表示 Word 文档等，常见的文件类型与扩展名的对应关系见表 1–5–2。主文件名与扩展名之间用“.”分隔。在 Linux 和类 UNIX 操作系统中，文件的扩展名并不常见，系统主要通过文件的内容和权限等其他方式来判断文件的类型。

表 1–5–2　常见的文件类型与扩展名的对应关系

文件类型	扩展名
文档文件	docx、doc、rtf、txt、pdf、wps
图片文件	jpg、png、gif、bmp、tiff、jpeg
视频文件	mp4、avi、mov、wmv、mkv、flv
音频文件	wav、mp3、aac、wma、flac、m4a、aiff、ogg、au
压缩文件	zip、rar、tar、gz、7z
数据库文件	accdb、dbf、mysql
电子表格文件	xlsx、xls、et
演示文稿文件	pptx、ppt、dps
系统配置文件	cfg、ini

提示

在 Linux 操作系统中，文件通常是没有扩展名的，但使用者可以人为地为文件添加扩展名，以方便识别和管理。

2. 文件夹和目录结构

文件夹是计算机中文件的一种组织形式，用于在计算机中分类、整理、存储文件或程序等信息的目录结构。文件夹中还可以包含其他文件夹，能够嵌套建立多级目录结构，使文件按照不同分类和层级进行有序管理。用户可以对文件夹进行创建、命名、删除、移动、复制等操作，以方便文件的管理和使用。

文件夹也称目录，最高一级目录称为根目录。例如，在 Windows 操作系统中，双击盘符图标打开的就是该磁盘的根目录。根目录用“盘符 :\”的形式表示，例如 C 盘根目录表示为“C:\”。

在 Windows 操作系统中，描述文件或文件夹位置时，不同层级的文件之间用“\”隔开，例如“C:\Program Files\Microsoft”表示 C 盘根目录下“Program Files”下的“Microsoft”文件夹。

提示

需要注意的是，不同操作系统中，文件夹层级的表示方式有所不同。在 Linux 操作系统中，使用“/”而不是“\”，例如，其根目录表示为“/”，又如某文件夹的位置表示为“/home/username/Documents/”。

二、文件与文件夹的基本操作

1. 新建文件与文件夹

下面以在 Windows 11 操作系统中，在 D 盘根目录下创建名称为“驱动程序”的文件夹为例，说明新建文件与文件夹的方法。

（1）双击桌面“此电脑”图标或通过“资源管理器”打开“此电脑”窗口，在主窗口中双击 D 盘图标或在左侧任务栏中单击 D 盘图标将其打开，如图 1-5-9 所示。

（2）在窗口空白处单击鼠标右键，在弹出的菜单中依次单击“新建”→“文件夹”选项，如图 1-5-10 所示。新创建的文件即可出现在 D 盘根目录中，并且文件名处于可编辑状态，此时可直接为其命名。新建文件的操作过程与新建文件夹的操作过程相似。

2. 选择文件与文件夹

选择文件与文件夹的方法主要有以下几种：

（1）直接单击某个文件或文件夹的图标将其选中。

（2）按住鼠标左键拖动并框选，可以快速地同时选中多个文件或文件夹。

（3）按住“Ctrl”键的同时依次单击若干文件或文件夹，可将这些文件或文件夹同时选中。

（4）按住“Shift”键的同时依次单击两个文件或文件夹，可将列表中显示在它们之间的所有文件和文件夹选中。

（5）按“Ctrl+A”组合键可以同时选中当前窗口中的全部文件或文件夹。

再次单击已选中的文件或文件夹可取消选中，直接在窗口空白区域单击可取消所有选择。

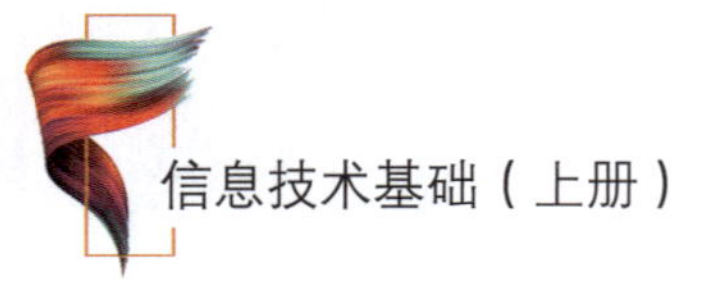

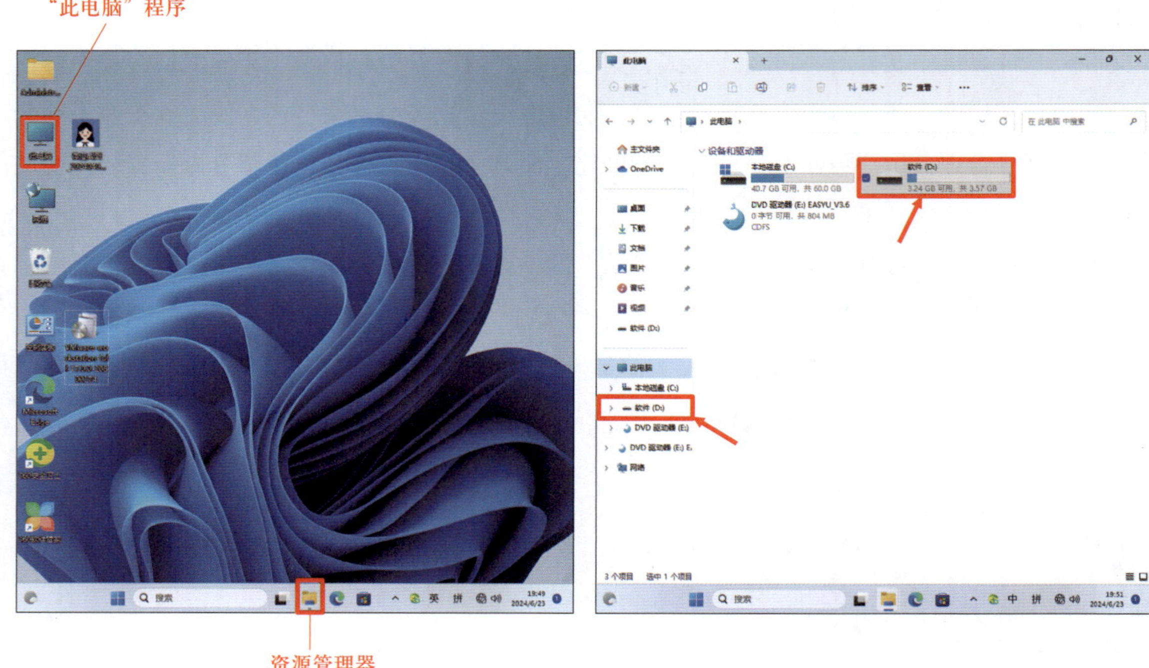

图 1-5-9　进入 D 盘根目录的步骤

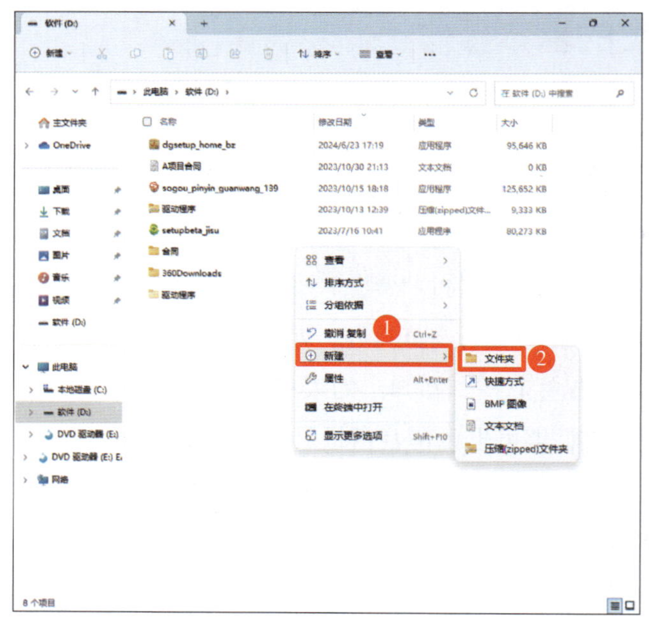

图 1-5-10　新建文件夹的步骤

3. 复制、移动、重命名和删除文件与文件夹

下面以在 Windows 11 操作系统中复制、移动、重命名和删除名称为“驱动程序”的文件夹为例说明操作方法，对文件的操作方法与之相同。这些操作均可通过资源管理器工具栏中或右键快捷菜单中的相关按钮或命令来实现，如图 1-5-11 所示。

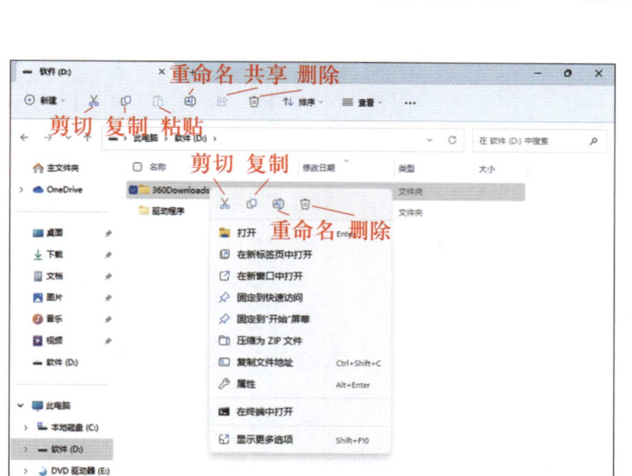

图 1-5-11　资源管理器工具栏和右键快捷菜单中的相关命令

（1）复制“驱动程序”文件夹

选中该文件夹，在工具栏中单击“复制”按钮，将资源管理器切换到目标文件夹，然后单击“粘贴”按钮，即可完成复制操作。“复制”命令的快捷键是“Ctrl+C”，“粘贴”命令的快捷键是“Ctrl+V”。

（2）移动“驱动程序”文件夹

移动文件夹的操作方法与复制文件夹相似，只是将“复制”命令更换为“剪切”命令。“剪切”命令的快捷键是“Ctrl+X”。

提示

如果目标文件夹中已存在同名文件，会弹出“替换或跳过文件”对话框，选择相应选项可完成复制或终止复制。如果在目标文件夹中已存在同名的文件夹，复制和移动时会自动将两个同名文件夹内保存的文件进行合并。

复制、移动文件或文件夹时，文件或文件夹应处于关闭状态，否则无法进行移动操作，复制操作虽能进行，但复制的是文件之前保存的状态，而不是当前编辑的最新状态。

（3）重命名“驱动程序”文件夹

单击该文件夹，在工具栏中单击“重命名”按钮（或在文件夹上单击右键，在弹出的快捷菜单中单击“重命名”按钮，也可单击两次文件夹图标），文件夹名称变成可编辑状态，即可对文件名进行修改，如图 1-5-12 所示，修改完成后按回车键生效。进行重命名操作时，需要保证文件或文件夹处于关闭状态，否则无法完成操作。需要注意的是，当前文件夹如有同名的文件（主文件名和文件扩展名均相同）或文件夹，直接重命名也不会成功。

（4）删除“驱动程序”文件夹

单击该文件夹，在工具栏中单击“删除”按钮，即可将所选文件夹删除到回收站中。“删除”命令的快捷键是“Delete”。

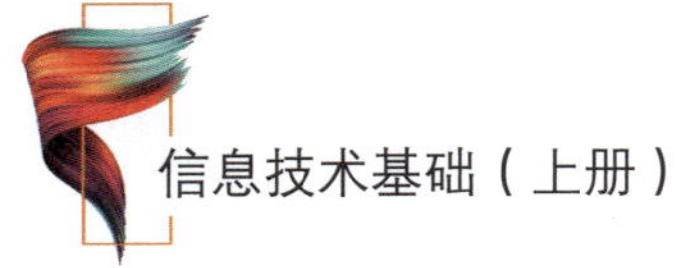

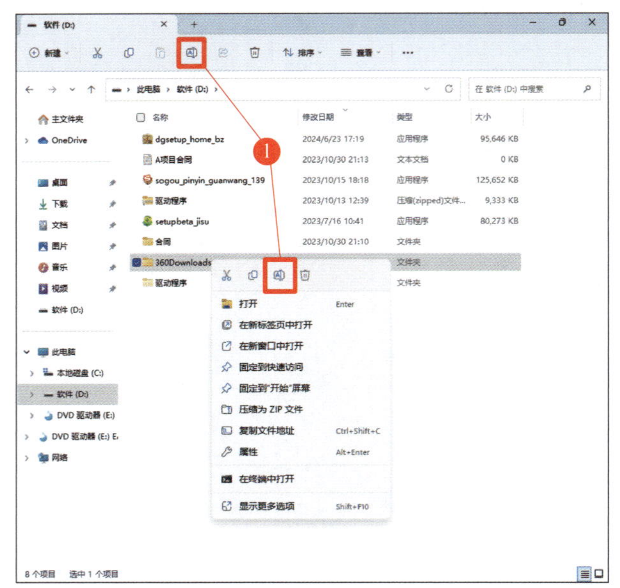

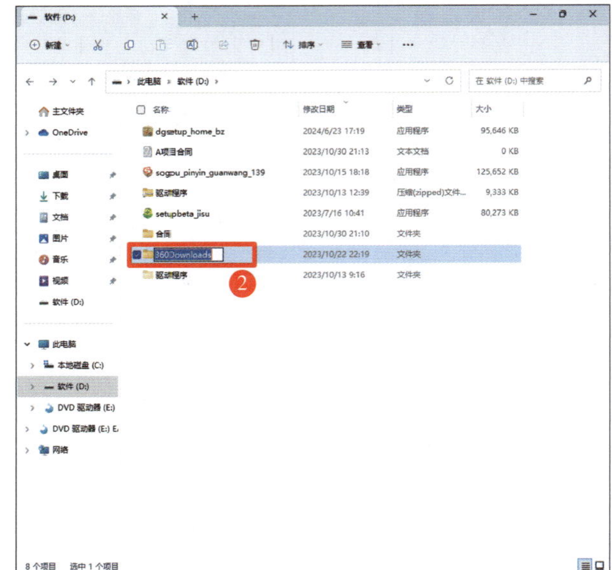

图 1-5-12　重命名文件夹的操作步骤

提示

在 Windows 操作系统中，直接使用“删除”命令实际是将文件或文件夹移动到回收站中，并未真正将其删除，且仍然占用存储空间。如需恢复，可到回收站中将其还原。如不再保留，可到回收站中将其彻底删除，释放存储空间。

在执行“删除”命令时同时按下“Shift”键（如按“Shift+Delete”组合键），可以直接将文件或文件夹彻底删除，此时使用常规方法已无法将其恢复，应谨慎操作。

4. 隐藏和恢复文件与文件夹

有时出于使重要的文件不被误打开或误删除、使资源管理器的显示更简洁、保护个人隐私等目的，可以将指定的文件或文件夹隐藏。被隐藏起来的文件或文件夹还可以再恢复成正常状态。

下面以在 Windows 11 操作系统中隐藏和恢复名称为“驱动程序”的文件夹为例说明操作方法。

（1）隐藏“驱动程序”文件夹

选中该文件夹，单击鼠标右键，在弹出的快捷菜单中选择“属性”选项，在弹出的对话框中即可进行相关设置，设置时注意选择“隐藏”命令是仅作用于当前文件夹，还是同时作用于其子文件夹及其中保存的文件，具体步骤如图 1-5-13 所示。

（2）恢复被隐藏的“驱动程序”文件夹

单击资源管理器菜单栏中的“查看”按钮，将鼠标指针指向列表中的“显示”，在展开的次级菜单中勾选“隐藏的项目”，即可在资源管理器窗口中看到被隐藏的文件夹，其图标显示为半透明状态，以和正常文件或文件夹相区别。然后按照与隐藏文件夹类似的操作，将隐藏状态取消即可，具体操作步骤如图 1-5-14 所示。

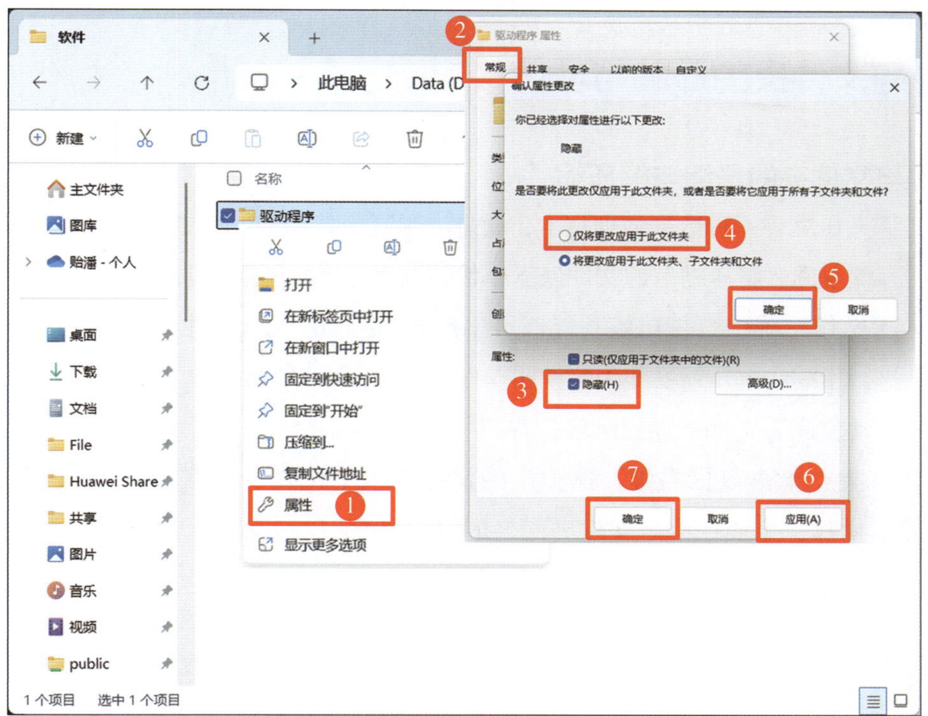

图 1-5-13 Windows 11 操作系统中隐藏文件夹的步骤

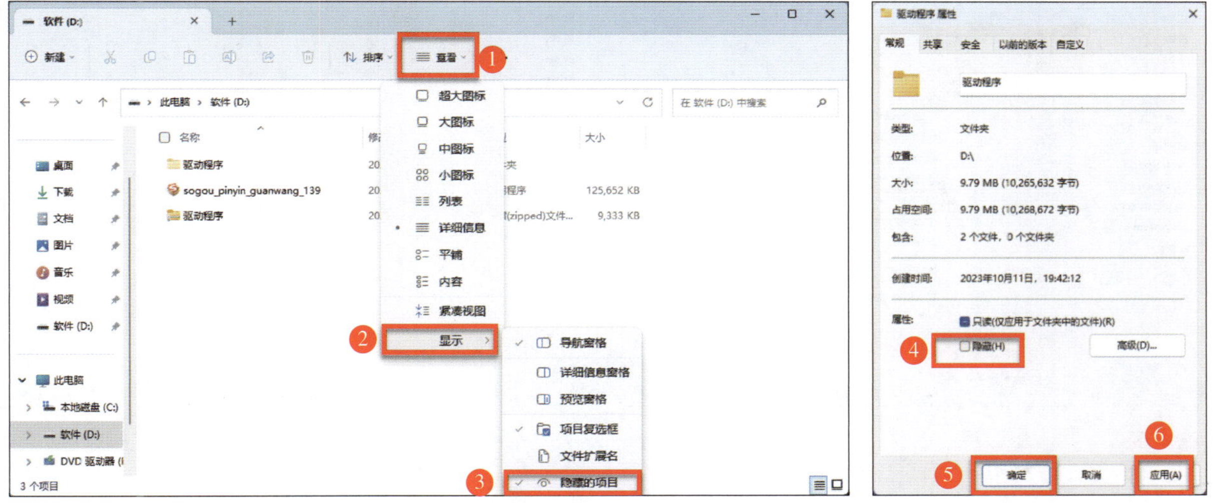

图 1-5-14 Windows 11 操作系统中恢复被隐藏的文件夹的步骤

提示

由以上操作可以看出，“隐藏”不是“删除”，仅仅是显示状态的变化，而且被隐藏的文件可以轻易地被显示出来或恢复为正常状态，因此一般不适用于保密等目的。

三、文件与文件夹的压缩与备份

1. 文件与文件夹的压缩与解压缩

文件与文件夹压缩是一种数据处理技术，通过去除冗余数据、使用更高效的编码方式等，减少文件所占用的存储空间。将压缩后的文件恢复原状的过程称为解压缩。

Windows 11 操作系统中自带压缩功能，可生成 zip 格式的压缩文件。下面以对名为“驱动程序”的文件夹进行压缩和解压缩操作为例说明操作方法。

（1）对“驱动程序”文件夹进行压缩

选中该文件夹，单击鼠标右键，在弹出的快捷菜单中选择“压缩为 ZIP 文件”选项，即可完成文件的压缩操作，生成一个与文件夹同名的 zip 格式的压缩文件（常被称为“压缩包”），如图 1-5-15 所示。

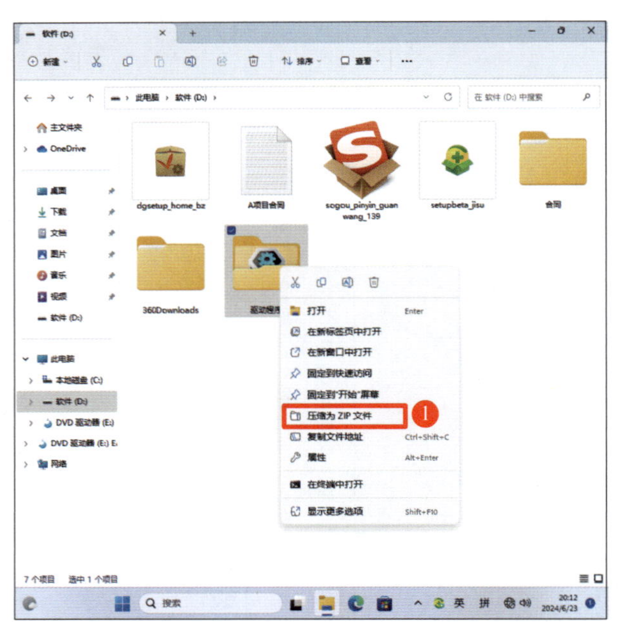

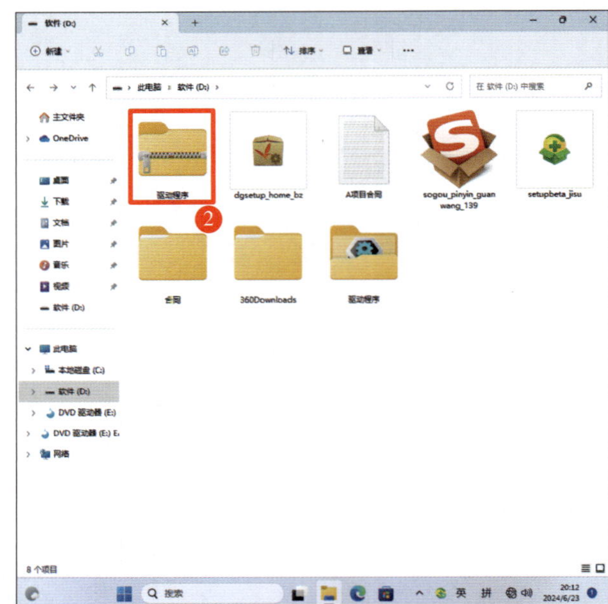

图 1-5-15 压缩文件夹的步骤

（2）对“驱动程序”压缩文件进行解压缩

选中“驱动程序”压缩文件，在资源管理器工具栏或单击右键弹出的快捷菜单中执行“全部解压缩...”命令，如图 1-5-16 所示，即可完成解压缩操作，重新生成名为“驱动程序”的文件夹。

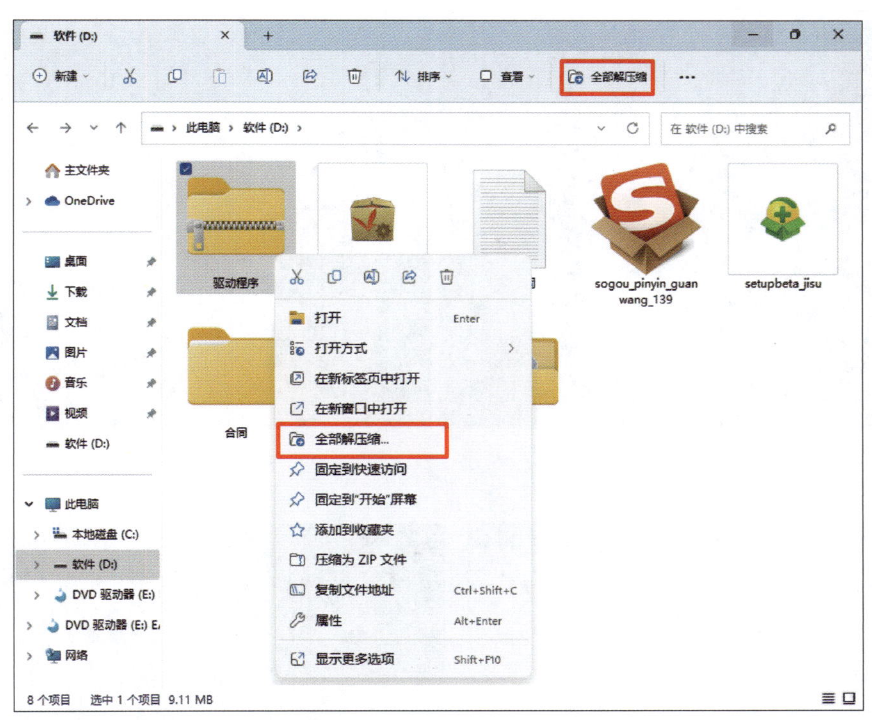

图 1-5-16 解压缩文件夹的步骤

提示

对文件进行压缩操作，除可减小空间占用外，还有很多其他作用。如压缩软件可以将多个文件或文件夹压缩成一个单独的文件（常被形象地称为“打包”），从而使文件传递更为便捷；利用压缩软件提供的加密功能，可对压缩文件设置密码，保护数据安全；若传递过程中对单个文件的大小有限制（如某些邮箱的附件），还可利用压缩软件将一个大文件按指定大小压缩为多个小压缩包，分别传递，接收方汇总后再解压缩即可将其还原。

2. 文件与文件夹的备份

定期对信息文件进行备份可以确保数据的安全性。一旦原始文件因为某种原因丢失或损坏，使用者可以使用备份文件迅速将其恢复，避免宝贵的数据丢失造成的损失。

下面以使用“傲梅轻松备份”软件对位于 D 盘的“我的文档”文件夹进行定时同步备份为例说明操作方法。

（1）启动“傲梅轻松备份”软件后，选择“同步”选项卡下的“基本同步”选项。

（2）在“基本同步”界面中，单击“添加目录”按钮，选择“我的文档”文件夹作为同步源目录，在下方目录中选择文件夹作为目标目录，如图 1–5–17 所示。确认源目录和目标目录后，单击下方的“计划任务”按钮对同步时间进行相应的设置。

（3）在“计划任务”界面中，根据实际需求设定定期同步备份的执行频率与时间，如图 1–5–18 所示，单击“确定”按钮后返回“基本同步”界面。单击“开始同步”按钮可以立即开始。

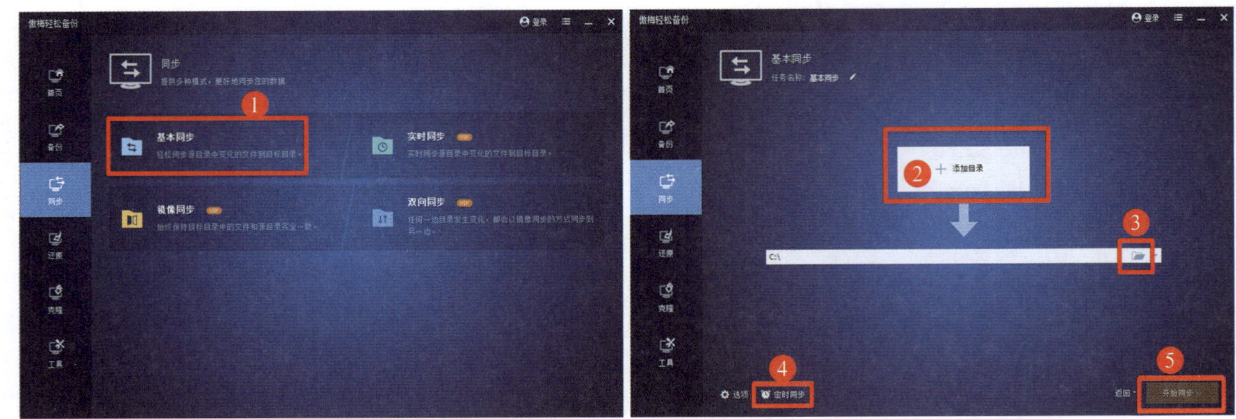

图 1-5-17　使用“傲梅轻松备份”软件进行文件备份的步骤

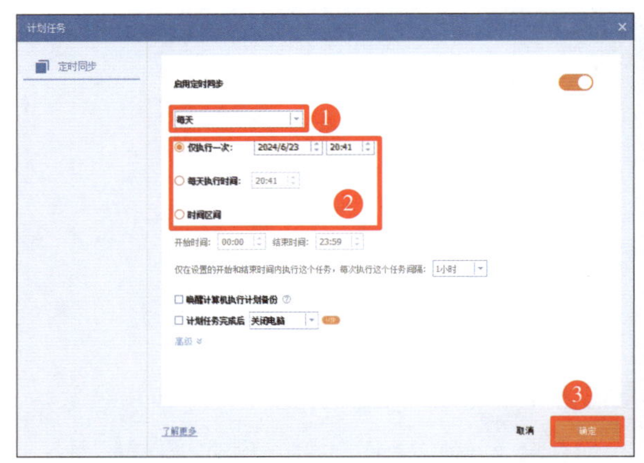

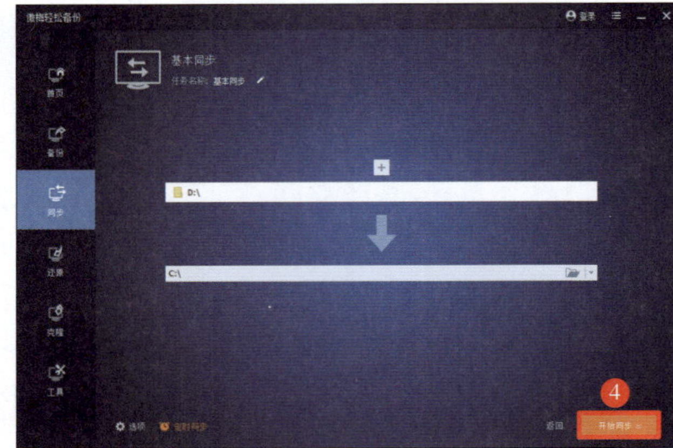

图 1-5-18　设定备份频率与时间的步骤

实践活动

整理文件并使用云存储功能进行备份

随着技术的发展，人们已实现了随时随地办公，常常在公司办公用计算机、个人用计算机和移动终端中，均存储了较多珍贵的公司、个人及家庭的照片、视频等文件。一方面，这些文件需要规则、有序地进行整理，以便查找使用；另一方面，硬件有价而数据无价，为避免因计算机硬盘故障导致上述宝贵的数据丢失，用户希望能有更为安全且性价比更高的方式，跨终端和跨平台对相关数据进行备份。

操作演示

【主要操作步骤】

1. 文件的整理

针对现有各类文件资料，通过创建、复制、移动、重命名等操作，按照一定的规则对其进行有序地整理。应注意按照一定逻辑规律，合理确定文件夹设置及其层次关系，根据文件或文件夹的内涵准确命名，以便未来查找使用。

2. 文件的备份

近些年来新兴的百度网盘、阿里网盘、夸克盘、微云等云存储平台所带来的网络备份与同步功能正适合本任务所提出的跨操作系统、跨设备平台、跨终端类型的情景需求。

下面使用百度网盘进行计算机数据文件的备份与同步。

（1）登录百度网盘官网，根据操作指引注册账号。

（2）下载并安装“百度网盘”软件。

（3）运行“百度网盘”软件，登录所注册账号，进入主界面。

（4）单击主界面左下方的“工具”图标，单击“数据备份”选项，在右侧界面中按实际需求选择所需备份模式后，根据指引导入所需备份的文件，如图 1-5-19 所示。

图 1-5-19　使用百度网盘进行数据备份

知识拓展

主流压缩软件及其选择

常用的压缩软件品种众多，有成名已久的 WinRAR、7-zip 等软件，也有好压、快压、360 压缩等近年来流行起来的国产压缩软件。

不同压缩软件的功能特点、使用效果各有不同，可安装后从以下几个方面对比试用，选择最适合自己的软件。

1. 压缩率高低

压缩率是指压缩后文件大小与原始文件大小的比值，压缩率越高，文件占用的存储空间就越小，但通常高压缩率的软件在压缩速度上会更慢一些。

2. 压缩速度快慢

压缩速度是指压缩算法处理文件所需的时间。应综合考虑压缩率和压缩速度。

3. 资源占用多少

压缩和解压缩过程中占用的系统资源（如 CPU、内存等）也是评价压缩文件好坏的一个因素。较低的资源占用意味着可以在不显著降低系统性能的情况下进行压缩和解压缩操作。

4. 兼容性强弱

压缩软件生成的压缩文件格式应具有良好的兼容性，能够在不同的操作系统、硬件平台和软件环境中顺利打开和使用。

5. 易用性高低

压缩文件的操作界面应简洁明了，易于理解和使用。同时，压缩软件应提供尽量丰富的功能和选项（如设置密码等），以满足不同场合的需求。

交流与讨论

在操作系统和各类应用软件中，针对常用功能通常都设有快捷键，使用快捷键可以大大简化操作步骤，有效提高工作效率。不同的操作系统和应用软件往往遵循相同的使用习惯，提高了快捷键的通用性，如前面提及的复制（Ctrl+C）、粘贴（Ctrl+V）、剪切（Ctrl+X）等，实际上不仅适用于操作系统，在大多数软件中也都是通用的。通过互联网查询相关资料，结合自身使用经验，分组讨论日常使用操作系统过程中，还有哪些好用的快捷键。

巩固与提高

在实际工作中，为避免商业机密意外泄露或被非法访问的用户窃取，需要对涉及商业机密的部分数据文件进行压缩和加密，压缩和加密后的数据文件必须经过正确验证密码后才能被打开。

1. 尝试使用 Windows 11 操作系统自带的压缩和加密功能实现对文件或文件夹的压缩和加密。

2. 尝试使用第三方压缩软件实现上述目标，并对比第三方软件和 Windows 11 操作系统自带功能的异同。

课题六
维护信息系统

学习目标

1. 了解计算机用户账户的作用及权限种类。
2. 能根据实际场景需要设置桌面及移动终端的用户账户。
3. 了解对操作系统进行更新、修复和维护的作用。
4. 能根据实际场景利用软件程序对操作系统进行更新、修复及日常维护。

信息系统中，无可避免地会产生代码安全漏洞、新设备兼容性不足以及长期使用后响应速度下降等问题。通过合理分配用户系统权限、实施日常更新和维护，可以最大限度地优化系统性能状态，确保信息系统的安全且稳定运行，减少系统崩溃的可能性。本课题主要以信息设备的用户账户权限设置、操作系统的更新与修复为例，初步介绍信息系统的维护过程。

任务 1　设置用户权限

• 任务引入 •

操作系统用户权限的设置是信息设备管理中的重要环节。它可以帮助我们控制和管理用户对系统资源的访问权限，以保护系统的安全和个人隐私。通过合理设置用户权限

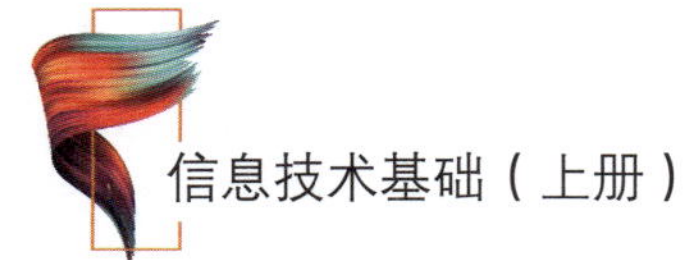

可以保护系统和数据的安全，防止未经授权的访问和操作。在不同的操作系统环境中，用户权限的设置方法和选项可能会有所不同，但核心目的都是确保只有授权用户才能访问和修改特定的系统资源。那么，如何设置用户权限呢？

通过对用户账户权限的设置，合理控制不同等级用户的行为，可以避免因权限控制缺失或操作不当引发的风险问题，如操作错误、隐私数据泄露等，得以保护信息系统和相关数据的安全。在工作场景中，正确设置权限也可以提高工作效率和管理水平。

一、创建计算机用户账户

在 Windows 11 操作系统中，用户账户包括线上注册的在线用户账户和存储在本地的本地用户账户两类。在线用户账户的优势在于多个设备可共用同一个用户账户，可共享用户账户设置，但必须在联网的状态下方可登录和使用。本地用户账户则仅限本设备使用，便于进行统一的管理与维护。

下面以在 Windows 11 操作系统中创建本地用户账户为例说明设置方法。

1. 依次单击“开始”按钮→“设置”→“账户”→“其他用户”，在右侧“其他用户”主界面中，单击“添加用户”按钮，如图 1-6-1 所示。

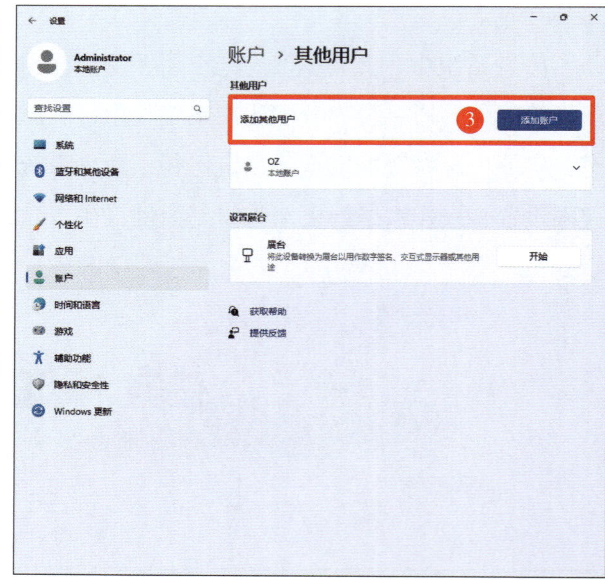

图 1-6-1　Windows 11 操作系统中添加用户的操作步骤

2. 在弹出的“本地用户和组（本地）”界面中，单击左侧的“用户”图标，在右侧即可显示本设备上已存在的本地用户账户。在空白处单击鼠标右键，在弹出的快捷菜单中选择“新用户”选项。

3. 在弹出的“新用户”对话框中，依次输入“用户名”“全名”“描述”以及“密码”，其中“用户名”为必填项，其他为选填项。根据实际应用情景需求在主窗口下方勾选相应的密码策略，如图 1-6-2 所示。最后单击“创建”按钮即可完成新的本地用户账户的创建。

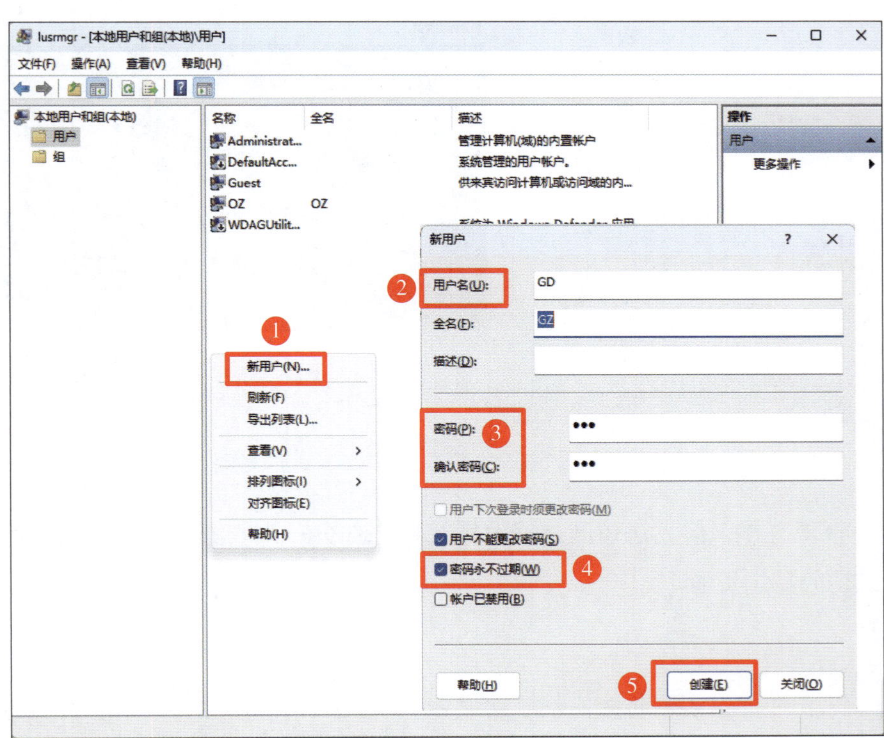

图 1-6-2　Windows 11 操作系统中本地用户账户的创建步骤

二、设置计算机用户账户权限

计算机用户账户权限是指用户在计算机系统中所拥有的访问和操作资源的权限，这些权限包括读取、写入、执行等操作，以及访问特定文件、目录、打印机等资源的权利。计算机用户账户权限的设置可以控制用户对系统的访问和操作，防止未经授权的用户访问和操作敏感数据和资源，保护机密和隐私数据，保证系统的安全性和稳定性。

下面以在 Windows 11 操作系统中将本地用户账户“A”的权限设为普通用户为例说明其操作方法。

1. 依次单击“开始”按钮→“设置”→“账户”→“其他用户”。

2. 单击需要更改权限的用户账户“A”下方的“更改账户类型”按钮，在弹出的“更改账户类型”对话框中单击“账户类型”下拉菜单，将“管理员”改为“标准用户”，单击“确定”按钮，即可完成用户账户权限的调整，如图 1-6-3 所示。

用户账户通常分为管理员账户、标准用户账户和来宾账户等不同类型。管理员账户拥有对系统的完全控制权限，可以执行系统级别的操作和管理任务；标准用户账户拥有受限的权限，可以执行

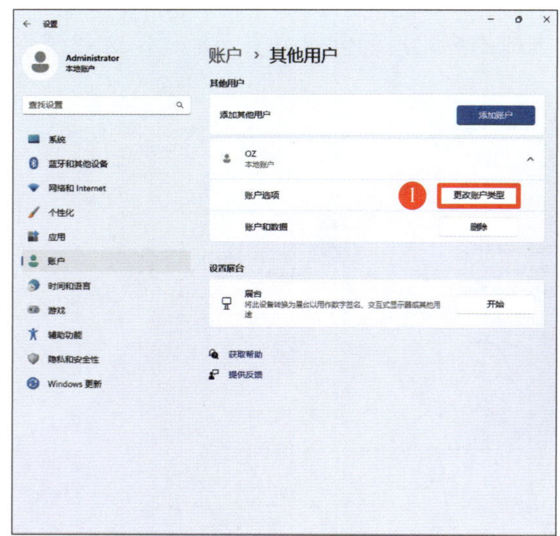

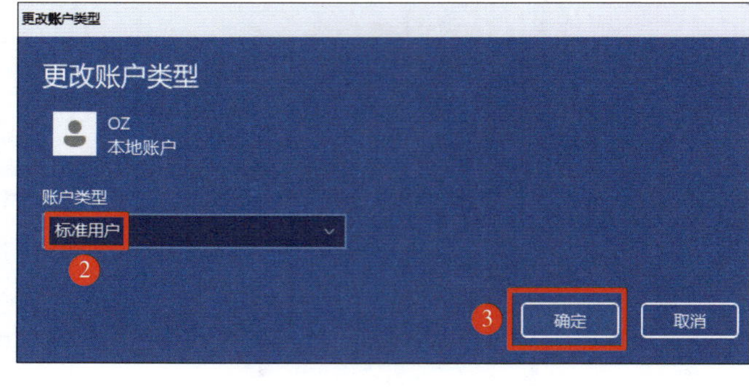

图 1-6-3　Windows 11 操作系统中更改用户账户类型的操作步骤

一些日常操作和管理工作，但无法访问或修改系统核心部分；来宾账户通常只有有限的访问权限，用于临时使用或访问特定资源。

提示

不同操作系统的最高权限用户账户有所不同。在 Windows 操作系统的最高权限用户账户通常是默认创建的超级管理员用户账户 Administrator 及 Administrators 组所属用户账户成员。在 Linux、macOS、iOS、Android 等操作系统中，默认创建的 root 用户账户具有最高权限。如遇陌生人或软件要求获取此类账户的权限，应加以注意。

实践活动

在 Windows 操作系统中启用来宾账户

小明的弟弟在放学后，经常需要使用小明的计算机上网查阅资料、提交作业等。小明希望能限制弟弟登录计算机时所用的用户账户权限，避免因为大意或操作失误导致误删计算机内的数据，或随意安装各类未经安全性验证的软件而带来安全隐患。

操作演示

可以通过启用 Windows 操作系统中的来宾账户（Guest）并将账户提供给特定用户使用，或将对应用户账户所属组修改为来宾用户组，来实现限制所登录账户相关操作权限的目的。

【主要操作步骤】

1. 按前文所述方法打开“本地用户和组（本地）”界面。

2. 在“本地用户和组（本地）”界面中启用 Guest 账户，步骤如图 1–6–4 所示。

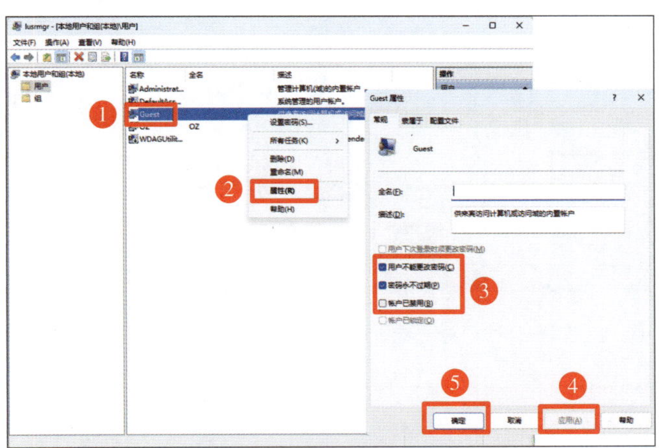

图 1–6–4　启用 Guest 账户的步骤

3. 使用快捷键“Ctrl + R”打开“运行”对话框，执行命令“gpedit.msc”，打开“本地组策略编辑器”，依次单击“计算机配置”→“Windows 设置”→“安全设置”→“本地策略”→“安全选项”，在右侧窗口中查看“账户：来宾账户状态”是否处于启用状态，如图 1–6–5 所示，如未启动，可单击右键修改设置。

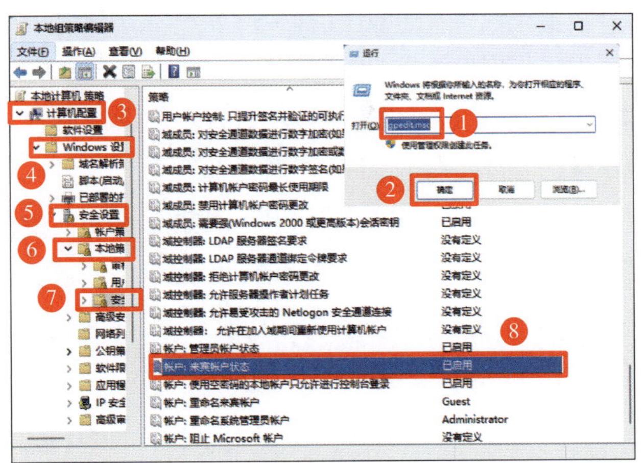

图 1–6–5　查看来宾账户状态的步骤

4. 返回“本地用户和组（本地）”界面，选中需要限制权限的用户账户并单击鼠标右键，在弹出的快捷菜单中选择“属性”选项，将需要变更权限的目标用户账户加入 Guests 用户组，具体步骤如图 1–6–6 所示。

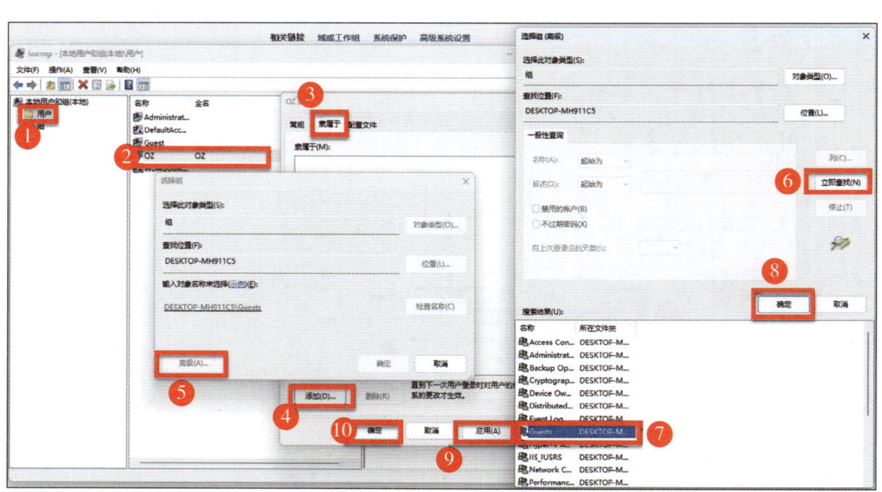

图 1-6-6　将来宾账户添加至 Guests 组的步骤

三、设置移动终端账户

移动终端中通常存储了大量的个人信息，如通讯录、短信、照片、视频等，这些信息如果被他人获取，可能会被恶意使用，因此在某种意义上，对于账户安全防范的需求比台式计算机或笔记本计算机更高。

通过设置密码、指纹识别等安全措施，可以保护移动终端账户的安全，防止个人信息被窃取或滥用，保护个人隐私和信息安全。移动终端的操作系统一般均使用在线用户账户。

下面以在鸿蒙操作系统中强化用户账户的安全性为例说明操作方法。

1. 在鸿蒙操作系统桌面找到并点击“设置”图标进入系统设置页面，在左侧顶部栏中点击账号区域，在右侧的“华为账号”窗口处点击“账号安全”选项。

2. 在“账号安全”页面中，点击“更多安全设置”，在弹出的页面中根据实际情况绑定“安全手机号”“安全邮件地址”“第三方账号”，可以有效辅助账号身份的确认，确保账号密码遗失后能顺利找回，还可以在账号安全界面启用“双重验证”功能，防止移动终端被未授权用户非法入侵，如图 1-6-7 所示。

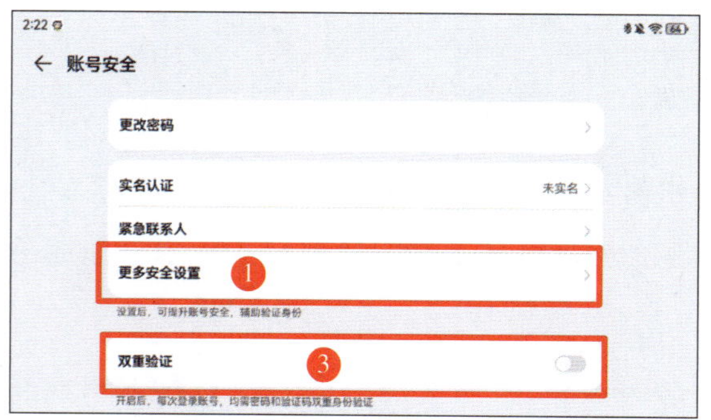

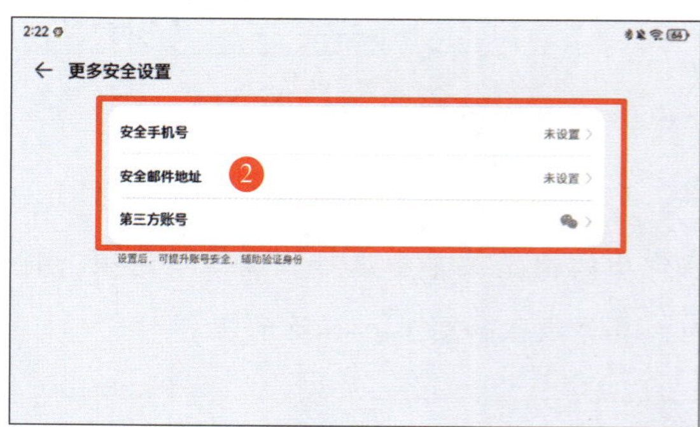

图 1-6-7　账号安全设置的操作步骤

交流与讨论

在主流的移动设备中，使用在线账户绑定设备已成为常态。各大厂商依据《中华人民共和国网络安全法》《中华人民共和国个人信息保护法》《互联网信息服务管理办法》等法律法规，为用户账户和设备设定了多重安全措施。通过互联网查询相关资料，并根据自身使用经验，分组讨论，分享日常使用移动设备过程中用到的有关用户账户设置和设备安全设置的相关功能。

巩固与提高

公司因工作需要，需部署一台临时公共计算机用于连接打印机进行公共资料打印。现需为该计算机统一添加指定的用户，并配置好相应的密码策略。

1. 在 Windows 操作系统中添加新用户“张三”（属于超级管理员组）、“打印机用户”（属于来宾用户组）。

2. 设定密码策略，张三的密码长期有效，打印机用户的密码有效期为 1 个月。

任务 2　测试与维护系统

· 任务引入 ·

测试与维护系统是信息设备管理中的重要环节。通过定期进行系统测试和维护可以确保操作系统的稳定性和安全性，发现问题并及时修复，以确保系统的正常运行，最终提高系统的可靠性和性能。那么，如何测试和维护操作系统呢？

随着技术的迅速发展，新操作系统和现有操作系统的新版本不断推出，外部设备和其他系统部件也经常需要更新。因此需要对操作系统进行定期维护，以确保系统和设备始终运行在最佳状态。

一、更新操作系统

在计算机领域，黑客和恶意软件开发者经常会寻找操作系统中的漏洞，以便利用它们来实施攻击。为应对这些威胁，操作系统厂商会定期发布操作系统更新包，修复系统漏洞，确保计算机免受威胁，提高计算机的安全性。此外，厂商往往还通过系统更新对驱动程序和应用软件进行升级，进一步优化性能、提高稳定性和兼容性，并会定期引入新的功能和改进，以增强用户体验。因此，及时更新操作系统是对计算机操作系统进行日常维护的重要工作之一。

目前，主流的操作系统都借助互联网提供便利的更新方式。对于 Windows 11 操作系统，连接互联网后，可在“设置”中选择“Windows 更新”，单击“检查更新”按钮进行系统更新，如图 1-6-8 所示。在这一界面中，还可以根据需要对系统更新的时间等条件进行设置。

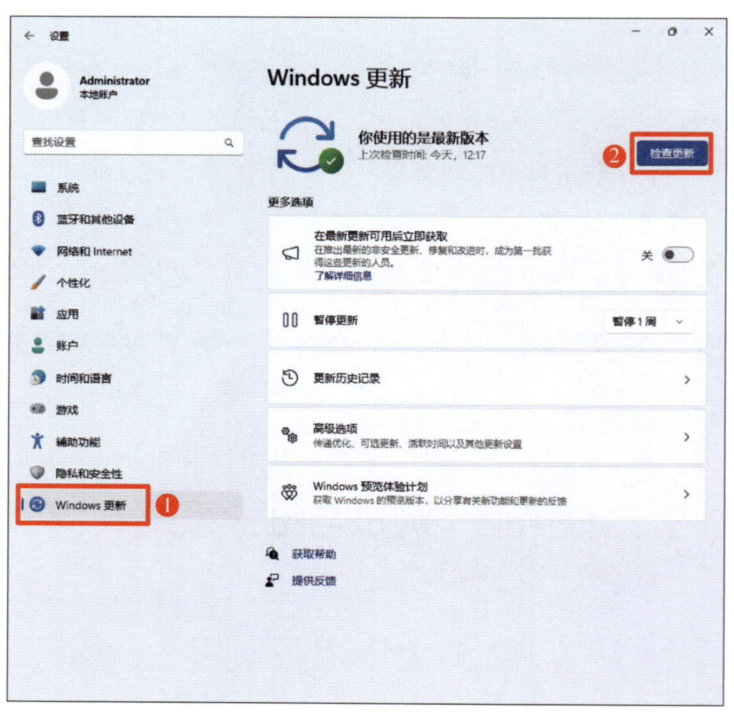

图 1-6-8　Windows 11 操作系统中启动系统更新的步骤

系统更新一般均为自动完成，无须用户干预，在系统更新过程中，应注意避免意外断电，以免损坏操作系统文件，造成无法进入系统等故障。此外，虽然在正常情况下，系统更新不会对计算机的数据造成影响，但为避免意外情况，更新前应对重要数据做好备份。

当操作系统因某些原因无法直接获取更新时，还可以使用“360 安全卫士”“电脑管家”等第三方软件修复操作系统漏洞和故障、更新硬件驱动等。图 1-6-9 所示为使用 360 安全卫士进行操作系统漏洞检查与修复的步骤。

图 1-6-9　使用 360 安全卫士进行操作系统漏洞检查与修复的步骤

二、修复操作系统

当操作系统的关键运行文件丢失、被破坏，导致功能缺失或运行稳定性严重下降时，可通过对操作系统状态进行初始化，恢复受损的操作系统文件，让操作系统恢复到可正常使用的状态。

一般可使用 Windows 操作系统自带的系统恢复程序进行恢复操作，具体步骤如图 1-6-10 所示。这一操作将删除系统盘中的应用软件、设置等，应谨慎使用。

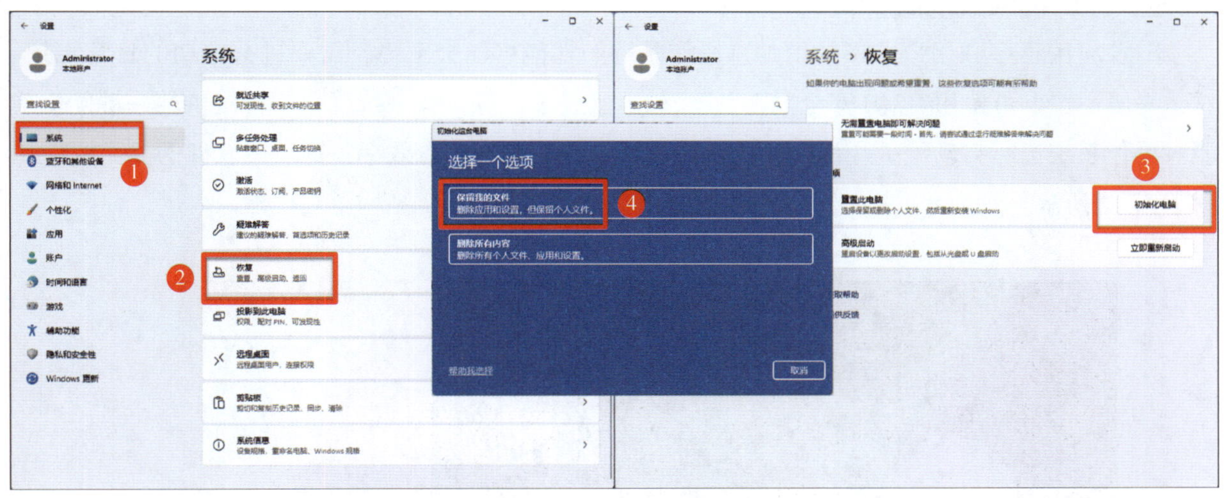

图 1-6-10　Windows 11 操作系统恢复的步骤

三、使用工具软件测试与维护系统

1. 计算机系统的性能测试

信息设备的性能与硬件的规格、操作系统的性能等因素都有密切关系，是可以量化评价的指标。目前，有很多测试软件可以对信息设备的性能进行检查、评价。Windows 操作系统中常用的计算机性能测试软件有 CPU-Z、HDDTune、3DMARK、鲁大师、AIDA64 等，3DMARK 和鲁大师软件界面示例如图 1-6-11 所示。

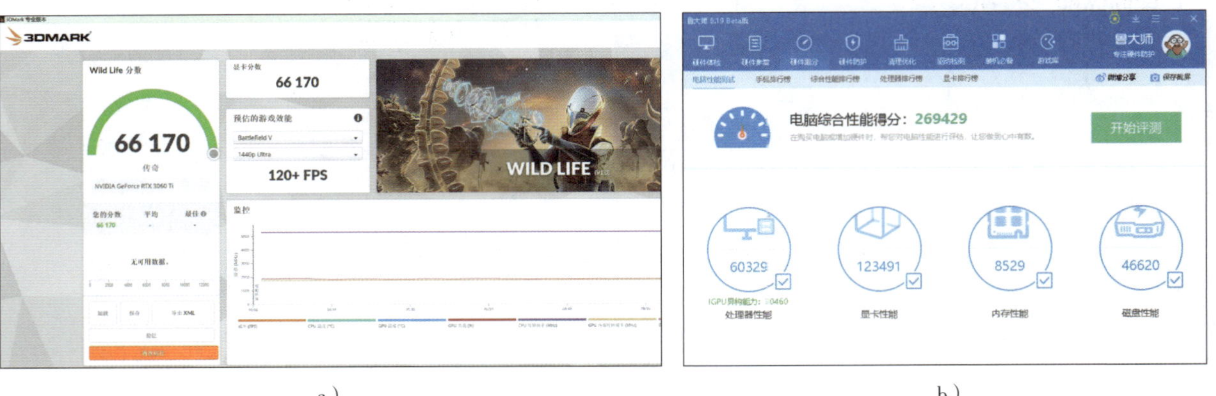

a） b）

图 1-6-11　计算机性能测试软件界面示例

a）3DMARK 软件界面　b）鲁大师软件界面

这些测试软件的界面设计较为人性化，使用起来十分简单。通过对计算机进行性能测试，可以了解当前计算机的状态和性能水平。如发现异常，应进行有针对性的检查处理，如可尝试通过更新或修复操作系统，或更新硬件驱动程序，解决软件方面引起的问题。若为硬件本身出现损坏或其规格已过时，则需考虑更换新的硬件。

2. 计算机系统的维护优化

随着应用程序和用户需求的增加，操作系统的性能可能会下降，需要进行定期的日常维护。对于一般用户，可使用“360 安全卫士”“微软电脑管家”等操作系统优化软件提供的一键优化功能对操作系统进行自动维护，优化系统性能，提高计算机的运行效率，这三个软件的界面示例如图 1-6-12 所示。

a） b）

图 1-6-12　操作系统优化软件界面示例

a）360 安全卫士软件界面　b）微软电脑管家软件界面

实践活动

查杀顽固木马和病毒

操作演示

随着使用年限的增加，小明发现家中计算机的操作系统经常出现响应速度缓慢、常用软件出现异常、杀毒软件无法正常启动的情况。

一般情况下，当以上情况同时发生，在排除了硬件故障的可能性后，可以判断计算机受木马程序或病毒程序感染的可能性较大。由于杀毒软件已被破坏，此时可用“360 系统急救箱”对顽固木马和病毒进行查杀。

【主要操作步骤】

1. 登录 360 官方网站，下载“360 系统急救箱”软件。如计算机已无法上网，可使用其他计算机下载后使用 U 盘传输。

2. 解压缩“360 系统急救箱”软件压缩包，运行“Superkiller.exe”文件启动软件。如运行失败，可仔细阅读文件夹内的文件名称，采取相应措施，如图 1-6-13 所示。

3. “360 系统急救箱”软件的操作界面如图 1-6-14 所示。对于一般用户，单击“开始急救”按钮，软件即可开始对系统进行全面检查，并修复异常问题。

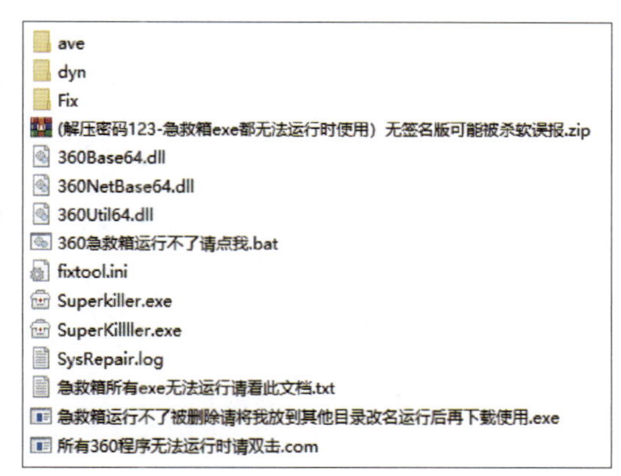

图 1-6-13 “360 系统急救箱”文件夹

图 1-6-14 “360 系统急救箱”软件的操作界面

交流与讨论

操作系统维护软件种类繁多，以小组形式通过网络收集相关信息，并下载相应的安装包进行实际操作体验，简述除了“360 安全卫士”“电脑管家”“微软电脑管家”外，还有哪些具有特色的操作系统维护和优化软件？使用相关软件时应注意哪些问题？

巩固与提高

作为信息的重要载体，智能手机及平板计算机已成为人们日常生活中经常使用的信息设备。某公司采购了若干智能手机及平板计算机，配备给各部门使用。使用一段时间后，部分使用者反馈相关设备出现使用时卡顿、设备运行缓慢等问题。作为公司的 IT 管理员，应从哪些方面着手优化这些设备？

模块二

走进网络世界

——网络配置与应用

生活

生活中，我们每天通过网络获取海量的新闻资讯，随时了解世界的发展变化；通过语音、视频与家人朋友实时交流，分享生活中的点点滴滴；通过网上购物从全国各地乃至世界各地买到心仪的商品。网络已与我们的生活密不可分，成为连接我们与他人、与世界的纽带，让生活变得更加便捷、多彩。

学习

学习中，网络已成为我们必不可少的得力助手，我们可以通过网络查询到丰富的学习资料，可以与老师、同学实时在线交流，可以参与线上课程，足不出户聆听名师、专家授课。网络为我们提供了高效的学习手段、便捷的学习渠道、丰富的学习内容，让学习效率得到了极大提升。

工作

工作中，网络使我们能随时便捷地与客户沟通、传输文件；线上会议、远程协作打破了空间的限制，使我们能高效及时地完成工作；移动互联网的高速发展更使我们可以随时随地处理重要的工作信息。网络使工作的效率更高、成本更低、质量更好，为社会创造更多价值。

动画小剧场

扫描二维码观看

互联网的飞速发展彻底改变了人们的生活方式，拉近了人与人之间的距离。

工作中，我们利用视频会议，可以随时随地与千里之外的专家同仁共聚一堂，探讨研究；旅途中，发达的无线通信网络使我们即使在山间田野也能随时与世界保持联系；闲暇时，我们足不出户，就可以了解国家大事、新鲜资讯，与家人朋友交流沟通。

掌握网络的知识，熟悉网络的使用，我们不仅可以让自己的生活、学习、工作更加精彩、高效，还可以教会长辈们，让他们也能享受科技带来的便利。

课题一
认识和体验互联网

学习目标

1. 了解互联网的发展历程及其在当代社会的重要性。
2. 了解互联网历史上的重大事件和关键技术的发展应用。
3. 能合理合法地使用互联网来获取、提炼有效信息。
4. 能使用电子邮件、微信、微博等常见的网络通信工具。

任务1　认识互联网

· 任务引入 ·

过去，人们通常需要通过阅读书籍、报纸或收听电视新闻来获取信息。随着互联网的快速发展，现在人们可以轻松地通过在线新闻网站、社交媒体和各种网络应用获取最新的资讯。这种变革深刻地影响着我们的学习、生活和工作方式。什么是互联网？互联网又是如何实现这些功能的呢？

在古代，信息传递依靠烽火、飞鸽，依靠人力传递书信；到了近代，电报、电话等成为远距离信息传递的重要方式；而现在，随着科技的飞速发展，互联网、移动互联网和物联网等技术已经彻底改变了人们获取和传递信息的方式。信息传播的速度越来越快，范围越来越广，人们获取信息也越来越便捷。

现在所使用的互联网是一个复杂而庞大的网络，是将众多设备通过专用设备和线路连接起来而形成的。全世界最大、接入设备最多的互联网络是因特网（Internet）。

一、互联网的发展

1. 互联网发展的重要阶段

互联网的雏形 ARPANET 是由美国国防部高级研究计划署（ARPA）发明并建立的。ARPANET 是第一个使用 TCP/IP 协议的网络，为后来的互联网发展奠定了基础。

互联网的发展经历了几个重要的阶段。

（1）诞生阶段（二十世纪六十年代末及七十年代）

以 ARPANET 为代表，出现计算机网络的雏形。早期主要为远程终端连接服务，主机是网络的中心和控制者，终端（键盘和显示器）分布在各处，并与主机相连，用户可以通过本地的终端使用远程的主机。

（2）形成阶段（二十世纪八十年代）

标准化的 TCP/IP 协议体系确立，实现了不同计算机和局域网之间的互联互通，使互联网初具规模，但尚未大规模公众化。

（3）互联阶段（二十世纪九十年代）

万维网（WWW）的推广使互联网进入公众生活，互联网从专业领域扩展到商业和日常应用，形成全球化网络生态。

（4）高速网络阶段（2000 年至今）

宽带、移动互联网和智能化技术驱动高速发展。网络可以支持大量数据快速传输，支持多媒体和各种在线服务。人们可以享受到高速的信息服务，如视频直播、电视会议、可视电话、网上购物、网上银行等。人工智能、物联网等新技术的出现更实现了从“人人互联”向“万物互联”的升级。

2. 中国互联网发展的重要阶段

1993 年，中国开始接入互联网，与世界信息网络首次直接连接。1994 年，中国科学院计算机网络信息中心成立，中国互联网基础设施建设初步完成。1995 年至 1996 年间，新浪、搜狐、网易等中国知名门户网站相继成立。2000 年，中国搜索引擎巨头百度公司成立。2004 年以来，以京东、淘宝等为代表的电子商务网站迅速崛起，给产品销售领域带来了翻天覆地的变化。近十年来，除了传统的家用宽带网络，移动互联网也发展迅速，到 2020 年，中国互联网用户数超过 14 亿，迈入了“14 亿时代”。2021 年，随着 5G 网络的正式商用，移动互联网进入了高速的 5G 时代。

二、OSI 参考模型

OSI 参考模型全称开放系统互联参考模型（open system interconnection reference model），由国际标准化组织（ISO）在 1985 年提出，为各种计算机互联构成网络提供了一个标准框架。它将网络通信的工作分为 7 个层级，从底层到顶层分别是物理层、数据链路层、网络层、传输层、会话层、表示层和应用层。各层通过协议工作，向下一层级请求服务，并向上一层级提供服务。OSI 参考模型的组成层级和功能见表 2–1–1。

表 2–1–1　OSI 参考模型的组成层级和功能

层级	功能
应用层	直接为用户的应用程序提供网络服务
表示层	确保一方发出的信息能被另一方正确识别
会话层	建立、管理和终止应用程序之间的会话和数据交换
传输层	为设备间的通信提供可靠的传输服务
网络层	将数据从源端经过若干中间节点传送到目的端
数据链路层	在物理层提供的服务基础上，建立可靠的数据链路连接
物理层	利用物理传输介质为数据链路层提供物理连接

实现物理层功能的典型硬件有网线、光纤等，实现数据链路层功能的典型硬件有网卡、交换机等，实现网络层功能的典型硬件有路由器、网关等，传输层、会话层、表示层、应用层的功能主要通过各个硬件设备中相应的软件功能实现，其中提供应用层功能的就是我们最熟悉的各种应用软件。

不同网络设备之间是如何利用这些层级实现通信的呢？下面以一个具体的例子加以说明。李同学登录微信的计算机客户端，向张同学发送了一条消息“你要去吃饭吗？”，这条消息的传输过程如图 2–1–1 所示。

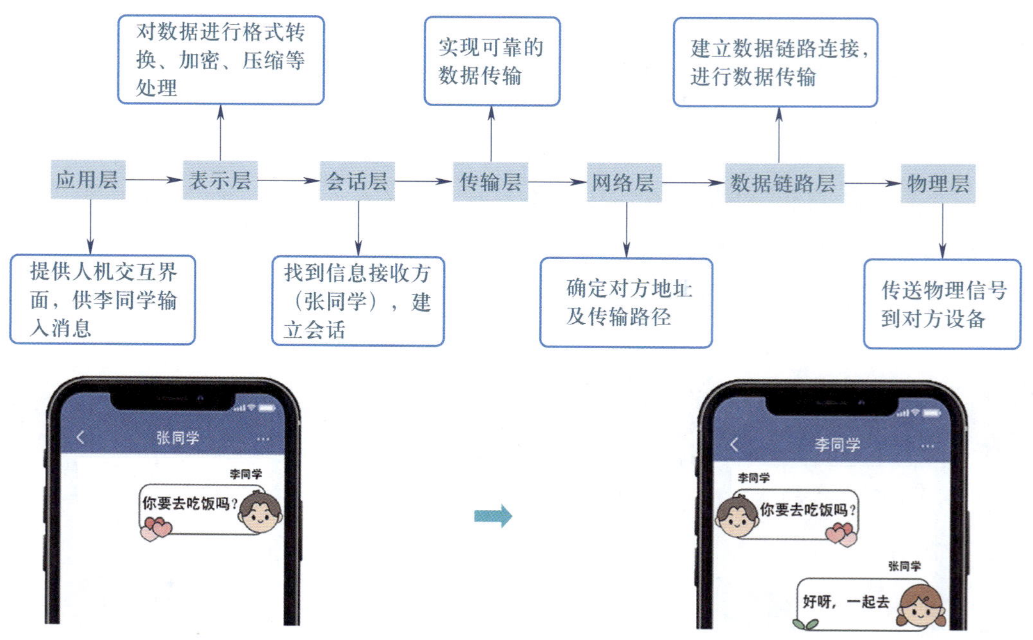

图 2–1–1　消息传输过程示意图

在以上信息传输过程中，七层协议的每一层都发挥了重要作用，共同完成了信息传输的任务，将消息成功地从李同学的微信客户端发送至张同学的微信客户端。

三、IP 地址和域名

在网络相关的诸多概念中，生活中接触最多也最为重要的，就是 IP 地址和域名。

1. IP 地址

在 OSI 参考模型中，网络层中的 IP 地址对于整个通信过程起到了关键作用。IP 地址就相当于寄信时的收信人地址，有了收信人地址，发信人才能寻址发信。每个接入网络的主机都必须有一个 IP 地址，代表自己在网络中的身份。IP 地址即互联网协议地址，是一种由互联网协议（IP）规定的标准地址格式。IP 地址就像给互联网上每台设备分配的一个独特的数字标签，如同我们的家庭住址一样，用于帮助数据在网络世界中找到正确的目的地。

目前，最为常用的 IP 地址，也是生活中最常见的，是 IPv4 地址。IPv4 地址由四段十进数表示，每一段是一个 0 ~ 255 范围内的数字，四段数字之间用符号“.”分隔开。每段数字又可表示为八位二进制数，共 32 位。例如，家中路由器的登录地址常使用 192.168.1.1。

随着互联网的快速发展，原有的 IPv4 地址由于其地址数量有限，已经无法满足全球日益增长的网络需求。为了解决这个问题，人们提出了新一代的互联网协议——IPv6。

IPv6 是“互联网协议第 6 版”的英文缩写，它提供了更加广阔的地址空间，理论上甚至可以为地球上每一粒沙子都分配一个 IP 地址。IPv6 地址由八段四位十六进制数表示，各段数字之间用符号“:”隔开。每段数字又可表示为十六位二进制数，共 128 位。故 IPv6 地址的长度是 IPv4 地址的四倍。例如，2001:0db8:85a3:0000:0000:8a2e:0370:7334 就是一个典型的 IPv6 地址。

IPv6 不仅解决了地址耗尽的问题，还简化了网络配置，提高了安全性，并且为未来的网络技术发展奠定了基础。虽然 IPv6 的普及和应用仍在逐步进行中，但它代表了互联网技术的重要发展方向。

2. 域名

虽然 IP 地址能定位网络中的设备，但纯粹的数字组合不便于人们记忆和使用。为了改善这个问题，人们又开发出用英文字母等字符表示的域名（domain name），让它和 IP 地址互相映射，使人们能更方便地访问互联网。

域名又称网域，就像是为互联网上一台或一组信息设备设定的特别的名字。它在结构上与 IPv4 地址类似，由点号分隔的一系列字符组成。域名中所使用的这一系列字符通常选用便于识别、记忆的单词、缩写或字符组合。例如，百度搜索引擎的域名“www.baidu.com”的第二段就使用了“百度”的汉语拼音，十分便于记忆、传播和使用。

有了域名，用户就不再需要记忆 IP 地址，向信息设备提供需要访问的域名后，计算机网络通过域名系统（DNS）服务器找到这一域名对应的 IP 地址，就可以实现用户对这一 IP 地址的访问。

域名遵循一定的层次结构，从右到左依次是顶级域名、二级域名、三级域名，以此类推。最右侧的顶级域名，如“.cn”“.com”“.org”“.net”等，用于表示网站的类型或国家和地区。顶级域名左侧是二级域名，通常代表组织或公司的名称（对于顶级域名表示国家地区的域名，也常在二级域名表示网站类型，在三级域名表示组织或公司名称）。更左边的部分则可能代表特定的服务。

例如，域名“www.baidu.com”可以分解为以下几个部分：“www”是三级域名，代表一个提供网页服务的服务器；“baidu”是二级域名，代表一个特定的公司或组织，这里为百度公司；“.com”是顶级域名，表示这是一个商业组织。

当用户在浏览器中输入“www.baidu.com”时，DNS 服务器会将这个域名解析为对应的 IP 地址，这样信息设备就可以确定应该连接到哪个网络地址以访问网站的内容。这种方式不仅使域名更便于用户记忆，也使互联网上的资源更容易被访问和利用。

更准确地说，想要访问网络上的服务，除了域名或 IP 地址外，通常还需要包含更多信息的“网址”，即 URL（uniform resource locator，统一资源定位符），一个完整的 URL 由“协议标识”“域名或 IP”“端口、路径等其他参数”组成，如“https://jg.class.com.cn:443/cms”。

实践活动

寻找你的 IP

在网络世界里，每台计算机都有一个独特的“地址”——IP 地址。找到这个地址，就可以追踪自己在网络中的数字足迹。尝试使用三种常用方式查看自己所用计算机的 IP 地址，并思考这些方法各自的优缺点。

【主要操作步骤】

1. 通过命令行界面查看 IP 地址

在 Windows 操作系统中的操作方法是，打开“命令提示符”（直接在系统搜索栏搜索“命令提示符”即可快速找到，也可按“Ctrl+R”组合键打开“运行”对话框，输入“cmd”命令并确认），输入“ipconfig”并按回车键，查看显示结果，找到其中的“IPv4 地址”并记录下来，如图 2-1-2 所示。

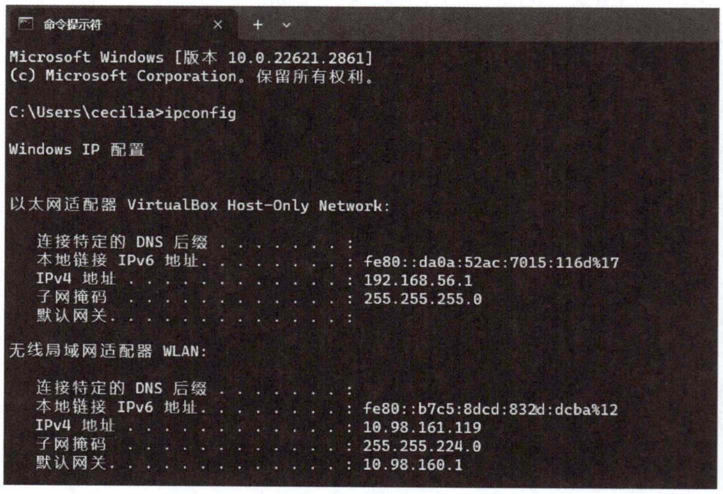

```
命令提示符
Microsoft Windows [版本 10.0.22621.2861]
(c) Microsoft Corporation。保留所有权利。

C:\Users\cecilia>ipconfig

Windows IP 配置


以太网适配器 VirtualBox Host-Only Network:

   连接特定的 DNS 后缀 . . . . . . . :
   本地链接 IPv6 地址. . . . . . . . : fe80::da0a:52ac:7015:116d%17
   IPv4 地址 . . . . . . . . . . . . : 192.168.56.1
   子网掩码  . . . . . . . . . . . . : 255.255.255.0
   默认网关. . . . . . . . . . . . . :

无线局域网适配器 WLAN:

   连接特定的 DNS 后缀 . . . . . . . :
   本地链接 IPv6 地址. . . . . . . . : fe80::b7c5:8dcd:832d:dcba%12
   IPv4 地址 . . . . . . . . . . . . : 10.98.161.119
   子网掩码  . . . . . . . . . . . . : 255.255.224.0
   默认网关. . . . . . . . . . . . . : 10.98.160.1
```

图 2-1-2　查看 IP 地址

2. 通过图形用户界面查看 IP 地址

在 Windows 操作系统中的操作方法是，打开“网络连接”界面（直接在系统搜索栏搜索“网络连接”即可快速找到），如图 2-1-3 所示，双击正在使用的网络连接（这里为“本地连接”），在弹出的对话框中单击“详细信息”按钮即可查看相关信息，如图 2-1-4 所示。

图 2-1-3 “网络连接”界面

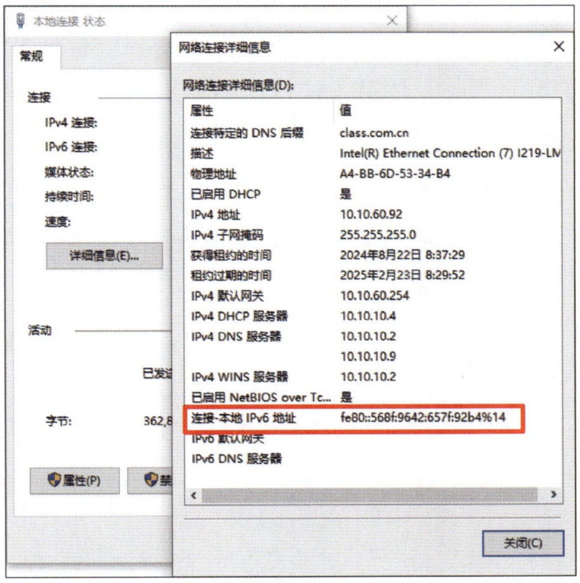

图 2-1-4 查看网络连接详细信息

3. 通过网络服务查看 IP 地址

互联网上有相关的专业网站提供 IP 地址查询服务，通过搜索引擎搜索即可找到，图 2-1-5 所示即为一个在线 IP 地址查询网站页面。

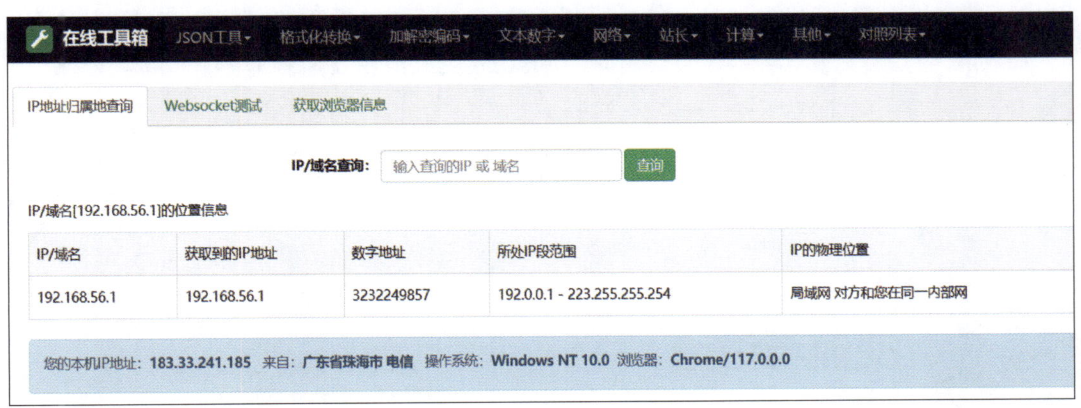

图 2-1-5 在线 IP 地址查询网站页面

知识拓展

TCP/IP 与 TCP/IP 模型

TCP/IP（transmission control protocol/internet protocol，传输控制协议 / 网际协议）是一个能够在多个不同网络间实现信息传输的协议簇。TCP/IP 不仅仅指 TCP 和 IP 两个协议，而是指一个由 FTP、SMTP、TCP、UDP、IP 等协议构成的协议簇，只是因为在其中 TCP 和 IP 最具有代表性，所以其被称为 TCP/IP。TCP/IP 提供了可靠的数据传输、路由选择、错误检测和纠正等功能，使不同类型的计算机和网络设备可以进行互联互通。它是 Internet 的基础协议，也是现代计算机网络通信的基础。

TCP/IP 模型为 TCP/IP 量身打造，它是一个四层模型，从高到低分别为应用层、传输层、网络层和网络接口层。

OSI 参考模型与 TCP/IP 模型的对应关系如图 2-1-6 所示。

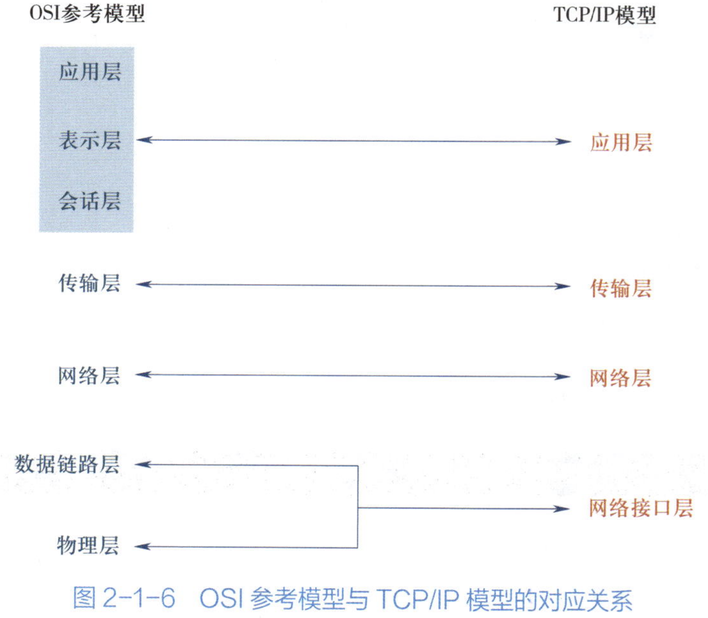

图 2-1-6　OSI 参考模型与 TCP/IP 模型的对应关系

交流与讨论

在日常生活中常会接触到各种类型的网站，每个网站都拥有属于自己的域名。以小组为单位，列举出至少五个曾经访问过的域名，并根据所学知识，解读所列举域名中每一部分的含义。

巩固与提高

观看反映互联网高速发展为社会生活带来巨大变化的相关视频资料或查阅相关文字资料，思考并回答以下问题：

1. 是什么原因促进了互联网的发展？
2. 互联网如何改变了知识的获取和分享方式？
3. 互联网如何让人们的生活从线下转移到线上，从物理空间向网络空间迁移？
4. 互联网的普及带来了哪些新的挑战和问题？

任务 2　浏览和获取网络资源

• 任务引入 •

你是否遇到过这样的情形：心血来潮，想要观看一部电影，于是打开网页进行搜索，眼前出现了成百上千的电影信息；打算在线购物时，面对的是众多电商平台——淘宝、京东、拼多多……；想了解最新社会新闻时，只需拿出手机，各个平台上的新闻便争相推送。随着互联网的飞速发展，我们已生活在一个信息泛滥的时代，对信息的筛选和判断变得尤为重要。本任务的内容就是学习浏览和获取网络资源的方法。

一、网络资源的概念和特征

网络资源主要是指网络环境中可以利用的各种信息资源，具有多样、便利、可共享、更新快等特征。

网络资源如同一个巨大的“商场”，里面摆满了各种各样的“商品”（信息），这些“商品”可以是文字、图片、视频等，而且这个“商场”是24小时开放的，用户可以随时随地通过信息设备进入这个“商场”，挑选所需要的“商品”。例如，以下这些就是生活中常会用到的例子。

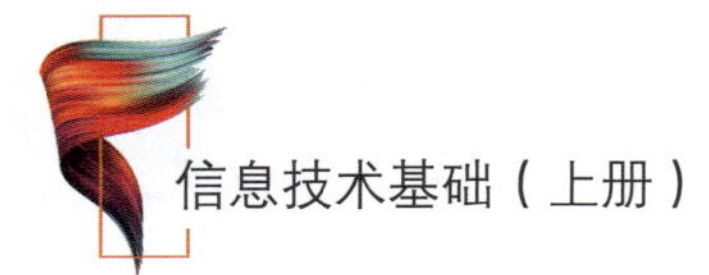

1. 信息搜索

生活、学习、工作中遇到的各种问题、所需要的各种信息都可以通过互联网进行检索。例如，想知道某个世界技能大赛冠军的最新动态，可以直接在搜索引擎上输入他的名字，就能找到相关的新闻报道、图片、视频等。这些信息都是网络资源，它们的特点是数量多、种类全，可以随时随地找到。

2. 在线学习

现在有很多网站提供在线课程，例如，想学习一门新的编程语言，可以选择一个在线课程网站，然后按照课程进度学习。这些在线课程就是网络资源，它们的特点是更新快、方便灵活，用户可以根据自己的时间来安排学习。

3. 网络购物

用户可以在各种电商平台上浏览和购买商品，如衣服、电器、食品等。这些电商平台和上面的商品信息都是网络资源，它们的特点是选择多样、方便快捷，用户不必出门就能买到想要的东西。

二、网络资源的类型

常见的网络资源根据不同原则，可分为多种类型。

1. 按文件类型分类

网络资源可以是文本、图像、音频、视频、软件、数据库等各种文件类型，还可以对多种类型的文件进行集成，生成新的类型，如电子报刊、网络数据库、电子地图等。

2. 按提供主体分类

网络资源可以分为政府信息资源、行业企业信息资源、大众传媒资源、自媒体资源等。政府信息资源具有权威性，如各级各类政府部门发布的专业报告、公开的政策文件等。行业企业信息资源具有一定的专业性，如中国汽车行业协会发布的中国汽车行业发展报告。大众传媒资源和自媒体资源类型丰富多样、个性鲜明。

3. 按知识产权开放类型分类

网络资源可以分为开放资源、免费资源和收费资源等。开放资源是指资源在因特网等公共领域内可以被免费获取，允许任何用户阅读、复制、传递、打印、检索等，如政府部门公开的资源就属于开放资源。免费资源，顾名思义，可以在一定的许可范围内免费使用，这类资源在软件开发中尤为常见。目前，收费资源越来越多，为电子期刊、视听节目、摄影作品等网络资源付费的资源使用形式越来越普遍。

知识产权

知识产权指人类智力劳动产生的智力劳动成果所有权。它是依照各国法律赋予符合条件的著作者、发明者或成果拥有者在一定期限内享有的专有权和独占权，一般认为它包括版权（著作权）和工业产权。在通过互联网检索、使用、传播信息时，要特别注意知识产权的保护，这既包括不能侵犯他人的知识产权，也包括充分保护自身作品、成果的知识产权。

三、搜索引擎及其使用技巧

1. 常见的搜索引擎

面对网络上的亿万资源，人们如何才能高效地搜寻自己想要的信息？这个难题的解决得益于各种强大的搜索引擎的出现。在网络生活中，常用的搜索引擎有百度、必应、搜狗等。

2. 信息搜索的技巧

（1）检索词的选择与组织

在信息检索中，检索词的选择和组织至关重要。检索词是用于描述想要查找的信息的关键词或短语。选择合适的检索词可以确保准确地找到所需的信息。搜索时可以使用一个检索词，也可以同时使用多个检索词，多个检索词之间应使用空格隔开。例如，对中国在“第 47 届世界技能大赛中的获奖情况”这一主题，我们可以采用不同的检索方式：

切分——第 47 届世界技能大赛　中国代表团　获奖　情况

删除——第 47 届世界技能大赛　中国　获奖

补充——第 47 届世界技能大赛　中国　金牌、银牌

扩展——第 47 届世界技能大赛　中国获奖总数

如果一个检索词没有给出满意的结果，可尝试使用同义词或变体。例如，搜索“健康饮食”而不是搜索“健康饮食计划”。

（2）常用的搜索命令

1）在指定网站中进行搜索

要在特定网站内搜索检索词，可在关键词后添加“site:”及网址，注意其中使用的是英文半角冒号，不加空格。例如，在 www.czjsy.com 中查找“技能大赛”的相关信息，应在搜索引擎中输入“技能大赛 site:www.czjsy.com”。

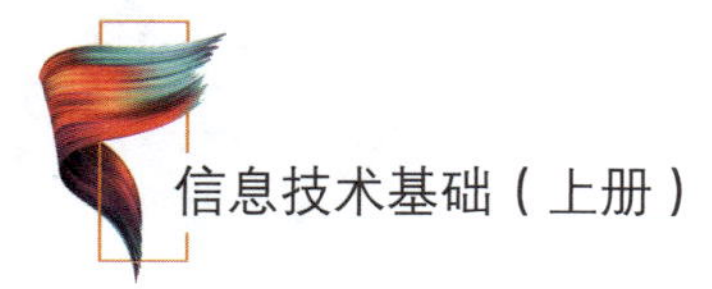

2）搜索网址含有检索词的网页

要搜索 URL 中包含特定检索词的网页，可使用“inurl:”搜索操作符，具体用法为在检索词前加上“inurl:”。例如，要查找网址中包含“QQ”的页面，应输入“inurl:QQ”。

3）搜索含有完整检索词的网页

要搜索包含完整检索词的网页，应将检索词用半角双引号括起来。例如，要查找包含“技能大赛”这一完整短语而非包含“技能”和“大赛”的网页，应在搜索框中输入“"技能大赛"”。

实践活动

使用不同检索词进行检索

在计算机上使用浏览器访问百度搜索引擎，使用上述命令进行信息检索，将检索后的界面截图保存并进行对比，体会不同检索词的检索效果。请结合上述学习内容，将表 2–1–2 中的“检索词命令”一栏补充完整。

表 2–1–2　检索词的填写

搜索案例	检索词命令	功能
在 news.cctv.com 中搜索有关技能大赛冠军的新闻资讯		在指定网站中检索某个检索词
搜索所有含有“worldskills”的网页		搜索网址含有检索词的网页
搜索有关“网络安全技能比赛”的信息		搜索含有完整检索词的网页

四、下载工具及其使用

下载工具是一种可以更快地从网上下载文本、图像、视频、音频、动画等信息资源的软件。它们常采用“多点连接（分段下载）”技术，充分利用了网络上的多余带宽，从而大大节省了下载者的下载时间。同时，它们还采用“断点续传”技术，可随时接续上次中止位置继续下载，有效避免了重复劳动。目前，较为常用的下载工具有迅雷等。主流的浏览器中，有些也会内嵌下载工具，提供更好的下载体验。这类软件的使用非常简单，软件通常具有自动监控功能，无论是在使用 Windows 操作系统的计算机中，还是使用 Android 等操作系统的移动终端中，用户点击需要下载的资源后，系统便会自动跳转到下载工具中，引导用户完成操作。如果没能自动跳转，可自行将资源链接复制到下载工具相应界面中进行下载。

实践活动

收集“红色之旅”景点信息

为了引导同学们缅怀先烈、了解革命历史、发扬革命传统、弘扬爱国主义精神，学校准备于清明节假期组织开展市内“红色之旅”游学活动。为了更好地安排行程，现需利用计算机和手机等移动终端，查找收集本次“红色之旅”可选择的景点信息。

查找、收集景点信息，可以通过以下几种方式完成。

1. 通过搜索引擎搜索

打开浏览器，进入百度或其他常用搜索引擎，使用合适的关键词进行查找。

2. 通过知识分享平台或音视频资源平台搜索

通过各类知识分享平台或短视频平台等，可以查找到相关的图文和音视频等资源。

3. 使用专用应用软件搜索

在各个应用领域，往往都会有厂商开发专用的应用软件，提供更加有针对性、内容更加全面的信息资源。例如，可在手机应用市场中搜索并安装与旅游或红色教育相关的 App 进行信息的查找。

4. 使用人工智能助手搜索

使用网页版或客户端访问人工智能助手，如 DeepSeek、文心一言、豆包等，用自然语言准确描述查询需求，即可获得推荐的景点信息或行程安排。

利用以上方式查找、收集相关信息，将相关信息和心得体会简要记录在表 2-1-3 中。

表 2-1-3　“红色之旅”景点信息收集记录

信息收集方式	所用平台（网站、应用软件名称）	所用设备（计算机或移动终端）	此类方式的优缺点
搜索引擎			
资源平台			
专用应用软件			
人工智能助手			

提示

在进行资源检索时，要特别注意合理、巧妙地选择检索词，从而大大地提高检索效率，起到事半功倍的效果。在日常查找资源时，应注意总结这方面的经验，不断提高信息检索技能。

巩固与提高

通过互联网寻找自己感兴趣的相关资源，并使用迅雷或其他下载工具将资源下载到本地设备（计算机或移动终端）中。

五、网络信息的甄别

在现实生活中，信息的真伪、商品的优劣需要理性辨别；同样，对于网络信息资源更需要辨别其真伪优劣，使用科学的方法对信息量巨大的网络信息资源加以甄别，选择真实的、有价值的信息。常用的网络信息甄别方法和技巧包括：

1. 核实信息来源。查看消息是否来自权威、官方或知名的媒体和机构。搜索该媒体或机构的背景信息，确保其信誉良好。注意是否有多家媒体或机构从不同角度报道了同一信息，以增加可信度。

2. 验证消息内容。对于消息中的关键信息，如数据、事实或引述等，尽量查找原始来源进行核对。使用搜索引擎或事实核查网站来验证信息的准确性。对于图片或视频，可以尝试使用反向图像搜索来查找其原始来源和是否被篡改过。

3. 注意言辞和逻辑。警惕过于夸张、情绪化或带有煽动性的言辞，这些往往是虚假信息的标志。分析信息的逻辑性和一致性，看其是否符合常识和已知事实。

4. 观察传播方式。如果某条信息在短时间内被广泛传播，且缺乏深入的讨论或多元观点，表明该信息可能未经充分核实。注意社交媒体上的转发和评论，有时可以从用户的反馈中发现信息的真实性问题。

5. 利用专业工具。使用事实核查网站或应用，这些工具可以帮助用户快速验证信息的准确性。对于特定的技术或科学信息，可以向相关的专家或机构进行咨询。

6. 保持理性和批判性思维。不要轻易相信或转发未经核实的信息，尤其是在涉及重大事件或敏感话题时更应如此。保持开放的心态，愿意倾听不同的声音和观点，以形成更全面的判断。

提示

通常来说，安全性、可靠性和权威性越高的网站，传递的信息准确度越高，对于查阅者有更高的参考意义，例如政府官方网站、正规的主流新闻媒体网站（如新华社、人民日报等）、学术研究机构网站、公共图书馆和档案馆等。

实践活动

使用搜索引擎开展活动：谣言粉碎机——真伪大调查

在信息时代，谣言和假消息像病毒一样能在网络上迅速传播。通过互联网寻找一条或多条近期网络上传播的疑似谣言和假消息的信息，利用所学知识对其进行分析和解剖，参考表 2-1-4 所列内容进行记录、讨论和分享。

表 2-1-4　谣言粉碎机——真伪大调查

项目	记录内容
疑似谣言 / 假消息内容	
该疑似谣言 / 假消息出现的时间	
该疑似谣言 / 假消息的传播范围	
该疑似谣言 / 假消息的传播方式	
该疑似谣言 / 假消息的言辞特点	
判断其为谣言 / 假消息的证据	

交流与讨论

近年来，很多影视剧都选择了网络诈骗题材。以小组形式查找相关的网络诈骗案例或影视剧资源，并展开讨论：如果自己遇到类似情况，应该如何识别骗局并保护自己的合法权益不受侵害？

巩固与提高

为确保“红色之旅”游学活动顺利进行，还需预订门票、餐饮等。根据所学的知识，利用网络资源，查找相关信息并完成预订。在预订过程中，可能会遇到需要支付预付款等情形，在进行网络支付时，应做好哪些准备？如何保护自己的个人信息安全和财产安全？

任务3　进行网络交流

• 任务引入 •

网络不仅可以帮助人们寻找自己需要的资源，更搭建了交流和沟通的高速通道。如今，我们身处互联网时代，电子邮件、微信、QQ等已成为必不可少的通信工具，微博、小红书、抖音等大量的社交媒体平台也喷涌而出。本任务主要了解当前主流的网络交流工具。

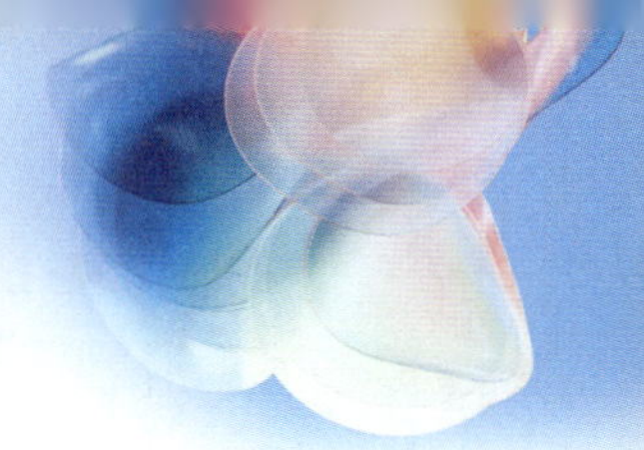

一、电子邮件及其使用

1. 电子邮件的概念

电子邮件通过信息技术实现信息的互传，类似于传统的纸质邮件往来，是互联网上应用最为广泛的服务之一，它支持文本、图像、音频等多种内容形式。

电子邮件和纸质邮件有很多相似之处。收、寄纸质邮件需要有寄信的地址，发送和接收电子邮件同样需要拥有一个电子邮箱地址。电子邮箱地址的标准格式由三部分组成：电子邮箱账号、@ 符号和电子邮箱域名，如 Anna1993@163.com 或 feiyue@sina.com。纸质邮件的寄送离不开服务商——邮局，同样地，电子邮件的使用也需要有一个服务商。目前，国内使用人数较多的电子邮件服务商主要有 QQ 邮箱、网易邮箱等。

2. 电子邮箱的使用形式

电子邮箱的使用形式主要有两种，一种是通过浏览器访问电子邮箱网页，另一种是通过专用的客户端。

（1）通过浏览器访问电子邮箱网页使用

通过浏览器访问电子邮箱网页是最简单的方式，只需设备装有浏览器、能连接互联网即可。使用浏览器打开电子邮箱服务商的网页，输入账号和密码验证身份后即可使用。这一方式的缺点是每次使用都需要身份验证，较为烦琐，难以实现随时接收新邮件，且部分特色功能无法使用。

（2）通过专用客户端使用

客户端是发送、接收电子邮件的专用应用软件，其中既有 Microsoft Outlook 等通用的客户端，也有电子邮件服务商主要为自身产品开发的客户端，如网易邮箱大师等。

除 PC 客户端外，随着移动互联网的发展，移动客户端应用也越来越广泛，使人们可以在手机等移动设备上随时随地发送、接收电子邮件。常见的电子邮箱 App 如图 2-1-7 所示。

图 2-1-7　常见的电子邮箱 App

相比网页方式，使用客户端有多种优点，如登录便捷，无须每次使用都验证身份；可以随时接收电子邮件避免遗漏；支持更多功能等。

3. 电子邮箱账号的注册

使用电子邮箱，首先需要为自己注册一个电子邮箱账号。电子邮箱的注册流程较为简单，登录电子邮箱网页，进入相关页面，按照注册向导的提示填写个人信息并通过必要的验证即可完成注册，获得一个电子邮箱地址。

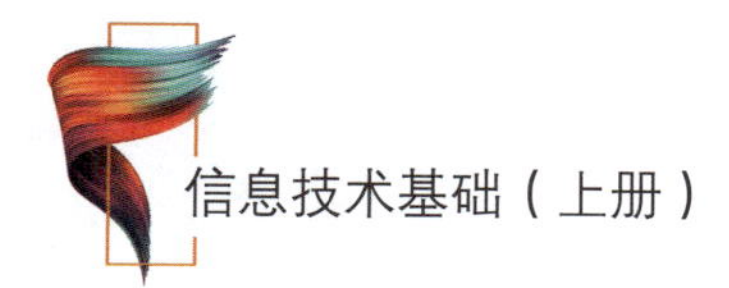

选择电子邮箱服务商和注册电子邮箱账号时，应该注意以下几方面的问题。

（1）选择合适的电子邮件服务商

选择一个可靠、安全且能够提供良好服务的电子邮件服务商非常重要，应尽量选择大型、知名的服务商。国内知名的电子邮件服务商包括网易、腾讯、阿里巴巴等。

（2）设计一个好记的邮箱地址

邮箱地址应尽可能简洁、易于记忆，便于与他人分享，应避免使用复杂的地址。

（3）使用强密码

注册电子邮箱时，应使用一个强密码，最好是包含字母、数字和特殊字符的组合。强密码可以提高账户的安全性。

（4）定期更新密码

定期更新密码可以降低账户被破解的风险。

（5）保护隐私

在注册电子邮箱时，要注意保护自己的隐私。不要在注册时提供不必要的个人信息，也不要轻易相信任何要求提供密码或其他敏感信息的邮件。

（6）仔细阅读服务条款

在注册电子邮箱时，应仔细阅读服务条款，了解电子邮件服务提供商的隐私政策、服务内容和使用限制等。

（7）考虑邮箱容量

根据个人或企业的需求，选择一个能够提供足够存储空间的邮箱。

（8）考虑其他功能

一些电子邮件服务提供商提供了附加功能，如垃圾邮件过滤、病毒防护、邮件归档等，可根据需要选择提供这些功能的邮箱。

4. 电子邮箱常见功能模块的使用

电子邮箱中的不同功能模块（文件夹）均具有特定的作用，它们帮助用户更有效地组织和处理邮件。电子邮箱常见功能模块的作用见表 2-1-5。

表 2-1-5　电子邮箱常见功能模块的作用

功能模块名称	作用描述
收件箱	用于存储从互联网接收到的邮件。收件箱是用户最常访问的邮件文件夹，用于显示和处理新邮件
草稿箱	用于暂时存放用户正在编辑但尚未发送的邮件。草稿箱允许用户在完成邮件撰写后，稍后再决定是否发送
已发送邮件	用于存储用户已发送邮件的副本。已发送邮件文件夹有助于用户跟踪已发送邮件的状态，如确认邮件已成功发送
回收站	用于存储用户已删除的邮件，与计算机中的“回收站”类似。已删除邮件文件夹中的邮件通常在一定时间内可以恢复，以防止误删除

续表

功能模块名称	作用描述
垃圾邮件	可以自动或手动将垃圾邮件移至此文件夹。垃圾邮件文件夹帮助用户过滤和处理不需要的邮件
星标邮件	用于存储用户标记为重要或感兴趣的邮件。星标邮件文件夹允许用户快速访问重要邮件

桌面和移动终端上的电子邮件客户端的登录及使用方法类似。以 Windows 操作系统中的“网易邮箱大师”为例，下载并安装好相关程序后，在弹出的登录主界面中输入需要添加的电子邮箱地址及密码，通过账户身份验证后即可完成电子邮箱登录操作，正常使用所登录的电子邮箱功能，如图 2–1–8 所示。如需添加多个邮箱，可以依次单击“设置”→“邮箱设置”→“添加邮箱”进行相关操作，如图 2–1–9 所示。

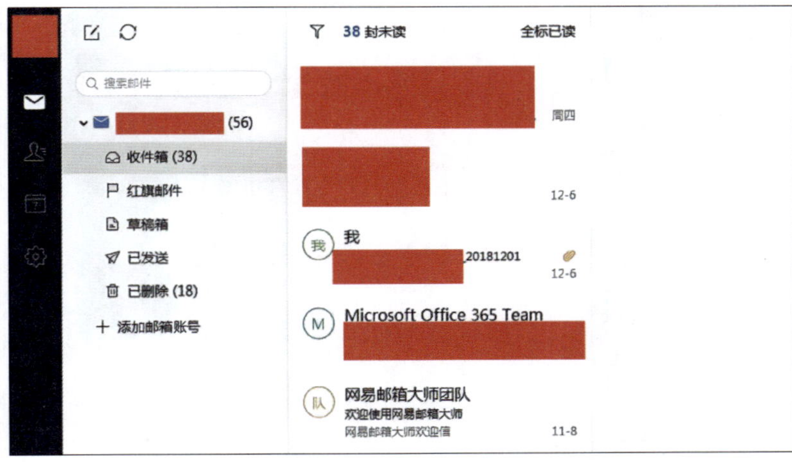

图 2–1–8 “网易邮箱大师”软件登录及程序主界面

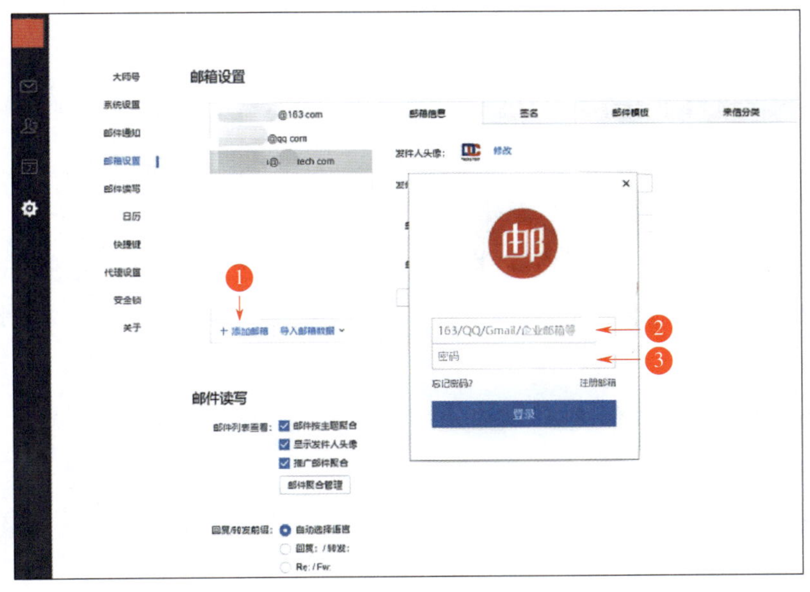

图 2–1–9 “网易邮箱大师”添加多个邮箱的操作步骤

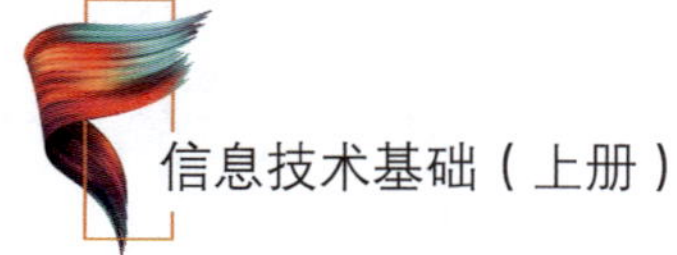

需要注意的是，部分电子邮箱需要自行开启、填写 POP3/SMTP/IMAP 服务相关参数后方能使用客户端登录电子邮箱。相关选项一般可以登录电子邮箱网页，在“设置”界面中进行操作和查询，如图 2-1-10 所示。

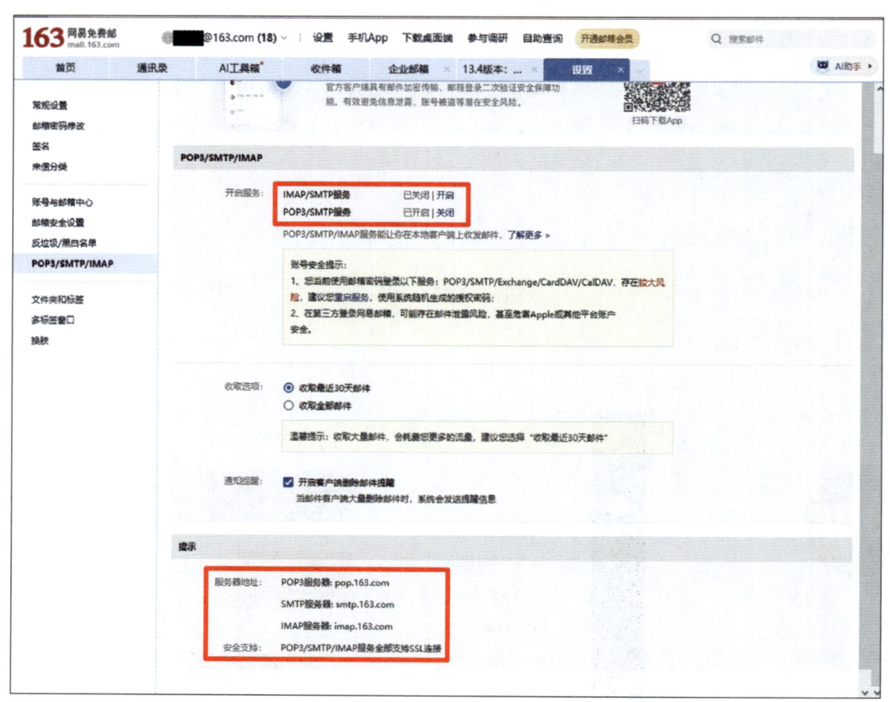

图 2-1-10　163 网易免费邮 Web 端“设置”界面

知识拓展

电子邮箱使用小技巧

1. 在撰写邮件过程中，存在需要知道邮件内容，但不需要直接回应的收件人时，可以将此类收件人的电子邮件地址从“收件人”栏移动至“抄送人”栏以作区分。

2. 当撰写电子邮件未能一次性完成时，可以通过使用保存草稿的功能将电子邮件的未完成稿保存至草稿箱，在下次登录后打开对应的电子邮件草稿即可继续完成该电子邮件的撰写。

3. 部分电子邮箱附有邮件模板，用户可以根据需要选择或创建邮件模板，提高邮件发送的效率并美化邮件。

4. 部分电子邮箱带有邮件追踪功能，用户可以查看邮件是否被收件人打开和查看，以便了解邮件的送达情况。

5. 电子邮箱具有设定邮件过滤和规则功能，用户根据发件人、邮件主题或内容设置邮件过滤规则，自动将邮件分类到相应的文件夹。

实践活动

电子邮箱初体验

小智最近创作了一篇小说，打算通过电子邮件进行投稿。他需要注册并登录自己的电子邮箱账户，将自己的稿件发送至投稿邮箱，并在邮件正文中简要介绍自己的作品。同时，小智希望将稿件同时抄送给他的语文老师，这样，老师也会同步收到邮件，了解小智的投稿情况。

操作演示

【主要操作步骤】

1. 注册一个属于自己的电子邮箱

（1）访问电子邮箱官网（以 163 网易免费邮为例），单击“注册新账号”，如图 2-1-11 所示。

图 2-1-11　163 网易免费邮注册登录界面

（2）根据注册向导的提示填写相应信息并完成验证即可。

2. 使用邮箱进行邮件编辑和发送（见图 2-1-12）

（1）单击首页“写信”按钮。

（2）输入投稿邮箱地址，并在“主题”一栏输入邮件的标题。

（3）添加邮件抄送。在右上角单击“抄送”后，收件人下方出现抄送人，填写语文老师邮箱地址，邮件即可同步抄送给语文老师。

（4）编辑邮件正文。邮件开头要表示尊敬，正文表述应直截了当，条理清晰，说明来意以便对方快速理解邮件内容。

（5）添加附件（如图 2-1-12 中为“小说.doc”），并在正文中向对方说明，提醒对方查看。

（6）确认邮件无误后，单击“发送”按钮即可发送邮件。

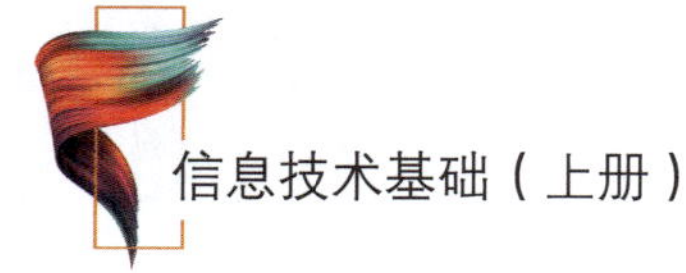

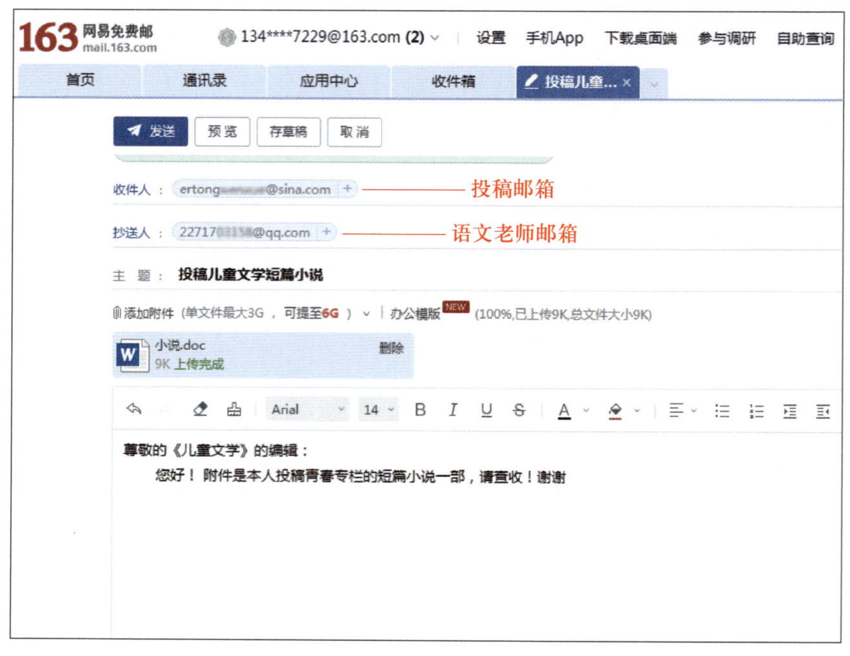

图 2-1-12　发送邮件界面

提示

除简单的收、发邮件外，电子邮箱还提供转发、回复等功能，可根据实际需要进行选用。同学间可进行互发邮件的练习，观察这些功能的呈现效果，理解其应用场合。

二、常见的即时通信软件

即时通信软件是一种允许用户通过互联网进行实时文本、语音或视频通信的软件。这些软件通常允许用户创建个人或企业账户，通过网络发送消息、图片、文件等，并可实现多人同时在线沟通。

即时通信软件已经成为人们日常生活中不可或缺的一部分，广泛应用于个人沟通、企业协作、远程教育等领域，帮助人们快速、方便地进行沟通与合作。常用的个人即时通信软件有 QQ、微信等，如图 2-1-13 所示；常用的企业即时通信软件有企业微信、钉钉、飞书、有度即时通等，如图 2-1-14 所示。

QQ　　微信

图 2-1-13　常用的个人即时通信软件

企业微信

钉钉

飞书

有度即时通

图 2-1-14　常用的企业即时通信软件

三、常见的网络社交媒体

网络社交媒体是指互联网上基于用户关系的内容交换平台，是人们彼此分享意见、见解、经验和观点的工具和平台。当下国内主流的综合性社交平台有微博、小红书、百度贴吧、哔哩哔哩等；新闻类的媒体有今日头条、网易新闻等；短视频类的平台有抖音、快手、腾讯微视等。常见网络社交媒体平台见表 2–1–6。

表 2–1–6　　常见网络社交媒体平台

名称	标识	主要特点
微信		集即时通信、社交互动、内容消费于一体的多功能平台，是目前应用最为广泛的即时通信工具和网络社交媒体之一，其社交互动具有一定私密性，个人用户分享的内容一般仅限在好友范围内浏览，在线支付功能强大，也是目前应用最广泛的在线支付平台之一
微博		信息分享、发布及获取平台，其特点是具有较强开放性，所发布内容一般可被所有微博用户浏览，是目前公众获取新闻、娱乐、生活资讯的重要渠道之一
知乎		中文问答社区，主要应用形式是用户间以提问和回答的形式分享专业知识、观点和经验，可使用图文、视频等多种形式，内容覆盖科技、商业、影视、时尚、文化等不同领域
哔哩哔哩		俗称“B 站”，“二次元”文化为其重要特色之一，涉及弹幕评论、传统视频、短视频和直播等多种形式，内容涵盖动漫、游戏、科技、生活等领域
抖音		以短视频为主要形式的社交媒体平台，使用便捷，创作和分享视频内容的门槛较低，通过算法推荐机制将内容精准推送给感兴趣的用户，在此基础上，还支持视频直播、线上购物等功能
快手		
小红书		以生活方式分享为主要特色的社交媒体平台，内容主要以图文笔记和视频相结合的形式呈现，在女性用户中较受欢迎
百度贴吧		基于关键词的主题交流社区，采用网页论坛形式进行的内容交流讨论，用户基础庞大，内容涉及广泛，涵盖社会、生活、教育、文娱、游戏、体育、企业等方方面面

在互联网时代，网络社交媒体迅速成长壮大。它们传播的信息已经成为人们上网浏览时关注的重要内容。网络社交媒体不仅在人们的生活中创造了一个又一个热议的话题，而且还对传统的媒体形式（如报纸、杂志和期刊等）构成了强大的竞争压力。

交流与讨论

列举你所使用过的网络社交媒体平台，说明是否在这些平台上发布过动态，并分享使用过程中的经验和方法。

巩固与提高

远程控制是指通过网络用一台设备操作另一台设备，其中起控制作用的一方称为主控制端或客户端，而被控制的一方则称为被控制端或服务器端。远程控制的实现主要通过远程桌面、远程协助、远程控制工具等，广泛应用于远程办公、远程技术支持、远程维护管理等。常见的远程控制工具有 Windows 操作系统自带的远程工具、QQ 远程桌面和向日葵远程工具等。小组协作，使用 QQ 远程桌面或向日葵远程工具尝试进行远程控制操作。

课题二

运用网络工具

学习目标

1. 了解常用的云存储网络工具，并能熟练应用。
2. 了解常见的网络学习平台，并能有效利用网络资源获取有价值的学习资料。
3. 了解并熟练运用各种生活类网站和手机应用程序。

任务1　使用云存储

· 任务引入 ·

数据上云已经成为现实，目前，各种网盘如雨后春笋般发展起来；用户不需要随身携带U盘、移动硬盘就可以在云端进行数据存储和下载。只要有网络、有云盘，我们随时随地都能享受到数据上云带来的便利性。云存储都能实现哪些功能？又是如何使用的呢？

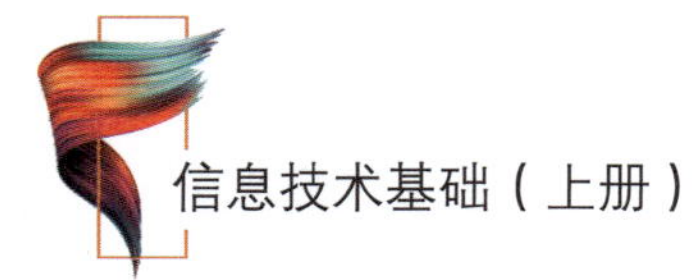

一、云存储与云盘

传统计算机存储系统中，计算机中的数据存储在硬盘、光盘等本地存储介质中，用户管理和维护本地数据。与传统的数据存储方式不同，云存储是一种基于网络的数据存储形式，数据存储在云存储服务提供商的分布式存储系统中，用户只要购买云存储服务获得云存储空间（常称为云盘或网盘），就可以通过网络随时随地访问数据、分享数据。云存储应用示意图如图 2-2-1 所示。

图 2-2-1　云存储应用示意图

目前，面向个人用户的主流云盘产品有百度网盘、阿里云盘、迅雷云盘、天翼云以及腾讯微云等。

二、使用云盘存储、分享数据

云盘是基于云计算和云存储技术的在线存储服务，是一种专业的互联网存储工具。它通过互联网为企业和个人提供数据的储存、访问、备份、搜索、分享等功能。

云盘具有可随时随地访问、节省本地存储空间、避免硬件损坏丢失数据、可跨设备使用和同步、方便资源共享等诸多优势，极大地方便了我们的生活和工作。

云盘的使用方法也非常简单，既可以通过专用客户端使用，也可以直接以网页形式使用，注册一个云盘账号后，按需购买相应服务，即可登录使用，其界面通常较为人性化，简洁易用，操作逻辑和使用方法与本地计算机操作系统有较多相似之处。图 2-2-2 所示为 360 安全云盘的使用界面。

图 2-2-2　360 安全云盘的使用界面

使用云盘时，应注意以下几方面的问题：

1. 选择可信赖的、知名的云盘服务商，避免存在安全隐患和无法长期稳定提供服务等问题。

2. 建立良好的文件管理习惯，虽然云盘的检索功能强大，但有条理地对资源分类、整理、命名仍十分重要，可以更高效、更清晰地管理和使用资源。可定期将重要文件备份到本地存储设备上，以防云盘服务出现问题导致数据丢失。对不需要的文件定期清理，以节省存储空间和提高管理效率。

3. 注意账号和密码的安全，设置复杂的密码并定期更换，不要将账号和密码与他人共享，以免泄露数据，同时，避免在公共场合或不安全的网络环境下登录云盘账号。

4. 谨慎上传敏感信息，如身份证号、银行卡信息等，对于必须上传的敏感信息，可以使用云盘提供的加密功能进行保护，以防止数据泄露。

5. 及时更新和维护，定期检查并更新云盘客户端软件，以确保获得最新的安全修复和功能改进。定期查看云盘的使用情况、访问记录和安全日志等信息，以便及时发现异常情况并进行处理。

6. 遵守相关法律法规和云盘服务的使用协议，不上传违法违规的内容。

实践活动

玩转云盘

学校运动会结束后，需要利用云盘将运动会上的照片、视频等资料保存下来并分享给同学，现需注册一个网盘账号（以百度网盘为例），然后在其中创建一个班级相册，并将校运会的照片上传至该相册，生成一个分享链接，将其分享给其他同学。

操作演示

【主要操作步骤】

1. 注册百度云盘账号

下载安装“百度网盘”应用程序，注册百度网盘账号，通过“手机号＋验证码”或“手机号＋密码”的方式登录使用。

2. 创建班级相册

在主界面中单击“新建文件夹”按钮创建新文件夹，将其命名为“班级相册”，操作方法与管理本地计算机上的文件夹相似，如图 2–2–3 所示。

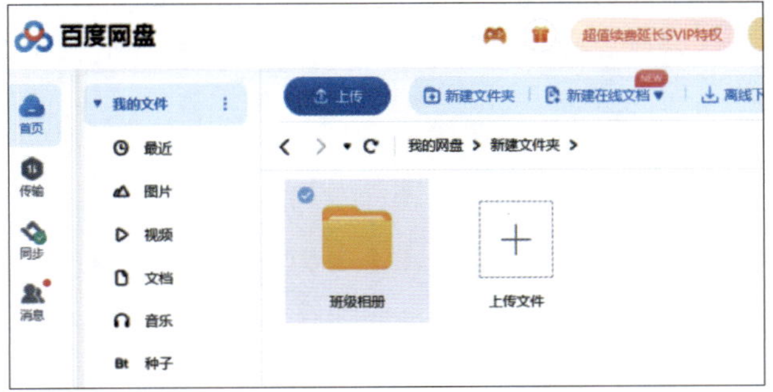

图 2–2–3　在百度网盘中新建“班级相册”文件夹

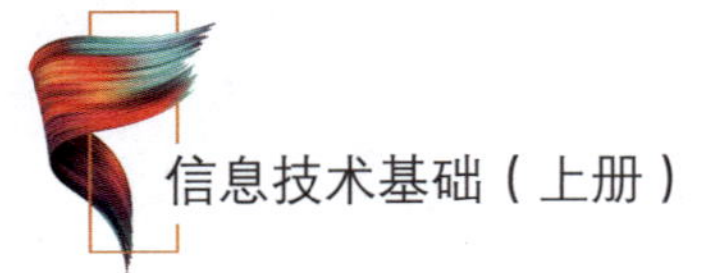

3. 上传校运会照片

将校运会照片上传至“班级相册”文件夹中。

4. 生成分享链接

上传成功后，创建分享链接和提取码，将该相册进行共享，如图 2-2-4 所示。

图 2-2-4　共享班级相册

5. 分享给同学

单击“复制链接及提取码”按钮，将共享的链接和提取码通过微信等方式发送给同学即可。

交流与讨论

云盘不仅被个人用户广泛使用，很多企业和团队都会选择使用云盘来存储共享文件，实现团队内部文件的统一管理和协作编辑。通过云盘上的共享文件夹，团队成员可以随时查看最新更新的文件，进行实时的编辑和反馈，极大地提高团队的协作效率和沟通效果。查询相关资料，了解企业云盘，并比较其与个人云盘的功能异同。探讨企业云盘所具备的独特功能和特点。

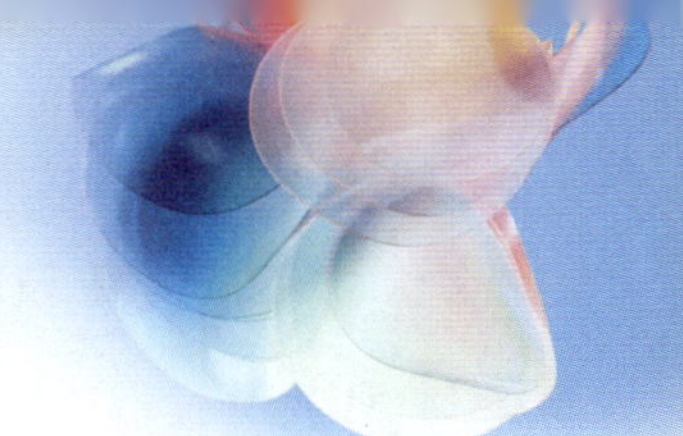

任务2 网络学习

• 任务引入 •

互联网的出现改变了传统的学习方式，从传统的课堂教学转变为线上线下相结合；从老师现场讲解转变为现场教学与远程互动教学相结合。用于在线学习的各类网络教学资源及学习工具，也成为人们获取知识、提升技能的重要途径。本任务将了解目前常用的网络学习途径。

一、在线网络课堂

在线网络课堂是一种利用网络技术进行线上教学的形式。它可以通过台式计算机、笔记本计算机、平板计算机、手机等设备，连接互联网参与在线学习，与教师和其他学生进行互动和交流。在线网络课堂不受地域和时间限制，可以让更多的学生获取优质教育资源，提高教育教学的效果和覆盖面。

在线网络课堂通常采用音视频传输以及数据协同等网络传输技术，模拟真实课堂环境，通过网络给学生提供有效的学习环境。学生在连接互联网的信息设备上安装网络课堂客户端软件，或直接使用浏览器，通过由网络课堂管理者提供的学员账号登录，即可参加在线课程的学习。

在线网络课堂受到越来越多人的认可，各类新兴的网校及相关网站也随之增多，如网易云课堂、新东方在线、沪江网、超星学习通等，部分在线网络课堂的页面如图 2-2-5 和图 2-2-6 所示。

二、网络学习工具

网络学习工具是在互联网环境下，学习者用来辅助学习、获取知识、提高学习效率的工具和平台。这些工具具有个性化强、互动性强、可共享等特征，能够帮助学习者更好地掌握知识、提高技能，实现自主学习和终身学习。

网络学习工具的种类繁多，按照功能可以分为以下几类。

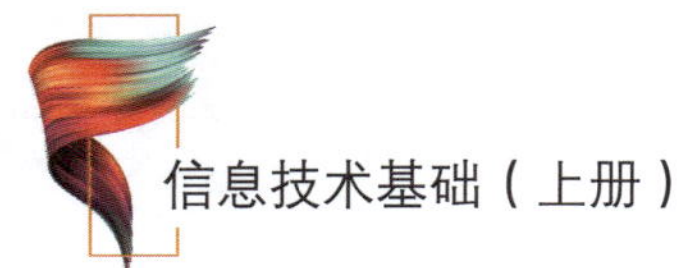

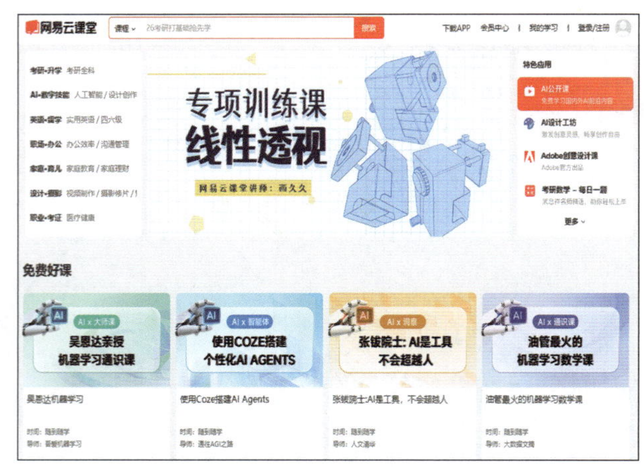

图 2-2-5 “网易云课堂”首页

图 2-2-6 “中国大学 MOOC”首页

1. 信息搜索工具，如百度、谷歌等搜索引擎，帮助学习者快速找到需要的信息和知识。

2. 知识管理工具，如印象笔记、One Note、X-mind 等软件，方便学习者整理、归纳、储存学习资料，随时查阅。

3. 协作交流工具，如腾讯会议、钉钉等视频会议和聊天工具，帮助学习者进行远程协作和交流。

4. 学习管理工具，如番茄 Todo、Forest 专注森林等时间管理和任务管理工具，帮助学习者高效规划学习时间和任务。

网络学习工具在提高学习效率、增强学习体验、促进师生互动等方面具有显著的优势。部分网络学习工具的软件界面如图 2-2-7 和图 2-2-8 所示。

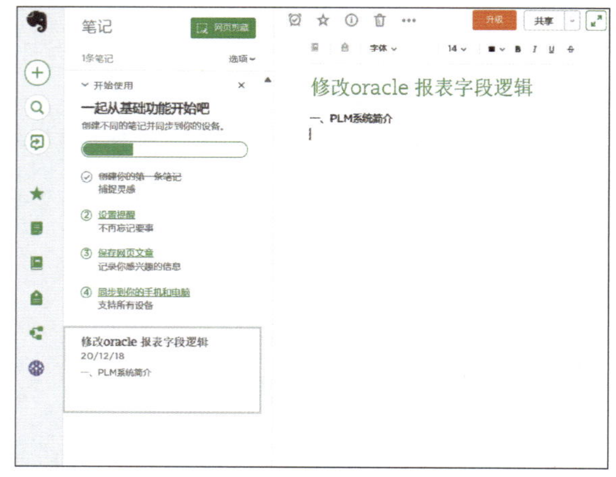

图 2-2-7 “印象笔记”软件界面

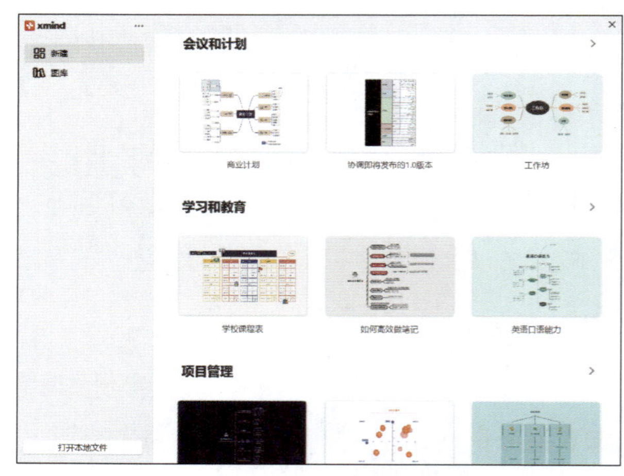

图 2-2-8 “X-mind”软件界面

实践活动

体验在线课堂

目前，各类在线学习平台已经成为学习的好伙伴。这里以“超星学习通”为例，体验在线学习平台的注册和使用流程。

【主要操作步骤】

1. 下载并安装“超星学习通”应用程序，完成注册和登录。
2. 打开“超星学习通”的应用中心，选择需要的工具和资源，如图 2–2–9 所示。

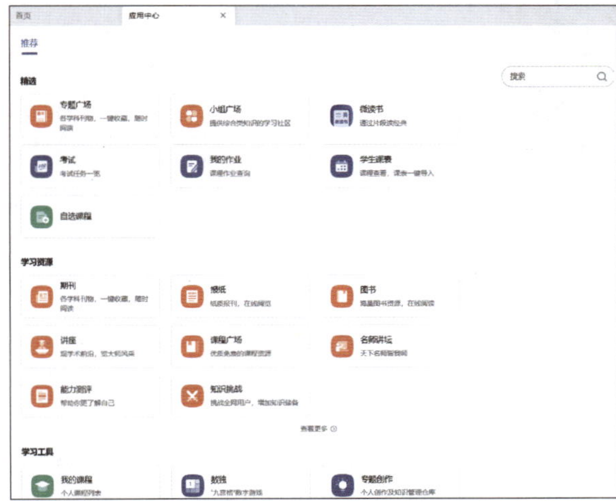

图 2–2–9 “超星学习通”的应用中心

3. 进入“课程广场”，选择感兴趣的课程，点击报名进行学习，如图 2–2–10 所示。

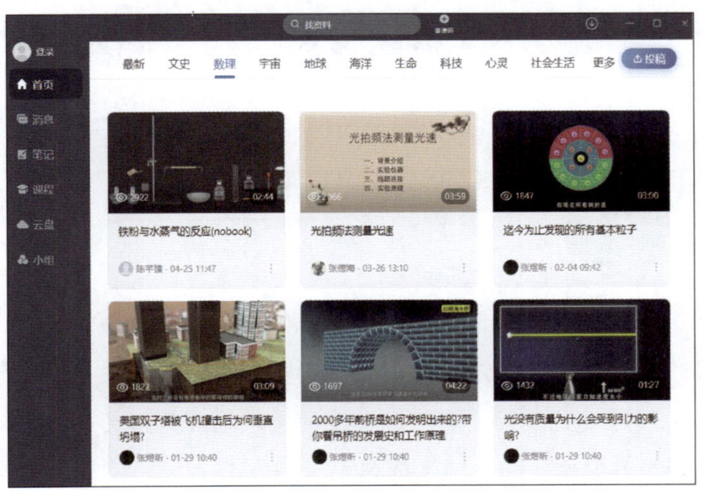

图 2–2–10 “超星学习通”的课程广场

4. 若想学习某个具体的课程，可利用邀请码加入相应班级，即可开始学习，如图 2-2-11 所示。图 2-2-12 所示是加入课程后可学习的课程章节内容示例。

图 2-2-11 班级邀请码

图 2-2-12 课程章节内容

5. 登录章节内容页面后，可自选章节进行学习，按要求完成任务，提交后即可保存；教师批改后，可在“超星学习通”上实时查看分数。

任务 3 网 络 生 活

• 任务引入 •

如今，在日常生活中，现金支付日益减少，取而代之的是微信、支付宝等移动支付方式；商铺收银台、广告位等处普遍张贴着各式二维码；外卖配送员和快递员的身影穿梭于街头巷尾也成了一道常见风景。网络和科技的发展彻底地改变了我们的生活及消费习惯。本任务将初步了解网络生活所涉及的各个方面。

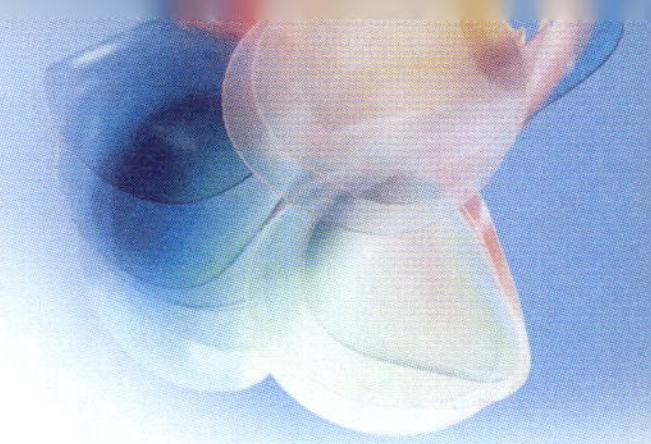

一、网上消费

通过互联网进行购物、娱乐、缴费等一系列消费活动的消费方式，就是网上消费。这种消费方式的优势在于方便快捷，不受时间地点的限制，而且商品种类丰富，可以满足不同消费者的需求。网上消费还具有价格透明、支付便捷等特点，也使得消费者的购物体验更加舒适。

目前，网上消费已经成为许多人日常生活的重要组成部分。淘宝、京东、拼多多等众多电商平台（见图 2-2-13）在人们的日常消费活动中应用越来越广泛。未来，随着互联网技术的不断发展，网上消费的前景将更加广阔。

图 2-2-13　常见的电商平台

目前，国内主要电商平台的类型和特点见表 2-2-1。

表 2-2-1　国内主要电商平台的类型和特点

平台类型	主要特点	平台举例
B2C 平台	企业面向消费者（business to consumer）的模式，有平台自营和商户入驻两种形式，通常具有较好的品牌信誉、商品质量保障、物流配送效率及售后服务	京东、天猫、苏宁易购
C2C 平台	消费者之间（consumer to consumer）进行交易的模式，平台提供交易平台和支付系统，商品种类丰富，往往价格更为低廉，但使用时须在商家信誉、商品质量、售后服务等方面加以注意	淘宝、拼多多
B2B 平台	企业间（business to business）进行交易的模式，主要提供采购对接、供应链管理等服务	阿里巴巴 1688
O2O 平台	线上线下相融合（online to offline，线上到线下）的模式，用户在线上预订商品和服务，在线下直接使用或由配送员将商品配送上门，覆盖广泛的生活服务内容，时效性高	美团、饿了么

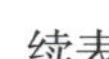
续表

平台类型	主要特点	平台举例
社交电商平台	通过社交媒体渠道推广商品销售的电商形态，融合社交与购物，强调互动与分享，依托信任关系促进销售	小红书、抖音商城、快手商城
直播电商平台	近年来较为流行的新型电商形态，以视频直播的形式，由主播对所售商品进行展示介绍，实时互动性强、内容直观、购物体验便捷	淘宝直播、抖音直播、快手直播、京东直播

二、网上出行

网上出行服务是利用互联网平台和相关技术，实现交通出行信息的查询、预订、支付和评价等功能的线上服务。通过网上出行服务，用户能方便地获取出行信息，减少出行时间和成本，提高出行效率。常见的网上出行服务平台除提供在线租车、专车预订、公共交通查询、共享单车等交通方面的服务外，还可提供出行旅游服务，相关平台也有很多，如携程旅行、去哪儿旅行、美团、飞猪旅行、同程旅行等。国内常见的网上出行服务平台见表 2–2–2。

表 2–2–2　国内常见的网上出行服务平台

平台领域	平台细分作用	主流服务平台
地图导航类	提供定位、导航和地图查询服务	百度地图、高德地图
用车租车类	提供网络约车服务	滴滴出行、哈啰
票务服务类	提供城际交通的线上购票服务和信息查询服务	铁路 12306、航班管家
综合服务类	提供交通出行、酒店预订等服务	携程旅行、飞猪旅行
出行查询类	提供公共交通信息查询服务	车来了、车到哪

下面以常用携程旅行为例简要说明网上出行服务的使用。

登录携程旅行网站首页（见图 2–2–14），在左侧栏中可以看到各种服务类型，包括酒店、机票、火车票、旅游、用车等；根据需求点击相应的服务进行浏览和购买；此外，也可直接使用搜索框输入关键词快速检索。

例如，在搜索栏填入“东方明珠”进行搜索，会出现若干有关东方明珠的词条，如图 2–2–15 所示；选择想要了解的条目，进入详情页（见图 2–2–16）进行查看。

图 2-2-14　携程旅行网站首页

图 2-2-15　“东方明珠”搜索页

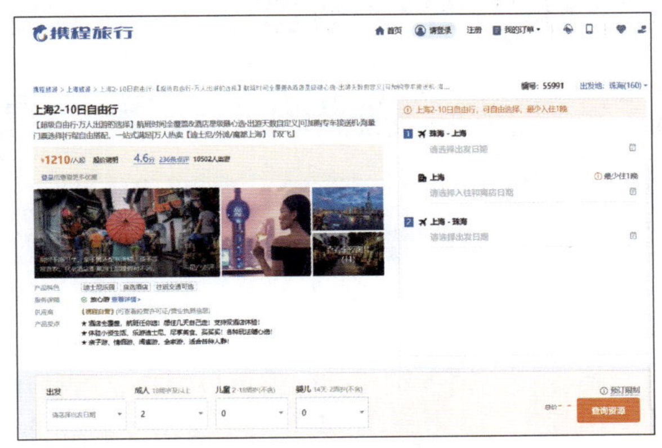
图 2-2-16　“东方明珠”相关的旅游团详情页

三、网上政务

网上政务平台提供综合性的公共服务，集成了行政审批、便民服务、政务公开、效能监察以及互动交流等多项功能，实现了权力事项的集中管理、网上服务的集中供应以及数据资源的集中共享，旨在向公众提供一站式电子化服务，有效克服了传统政府实体办事大厅所受的时间、空间及地域限制。

随着技术的发展，结合地方特色，各地陆续推出具有地方特色的网上政务服务品牌，例如广东省的“粤省事”、江苏省的“苏服办”、重庆市的“渝快办”以及海南省的“海易办”等。这些服务品牌通过微信小程序等形式提供服务，极大地方便了民众和企业获取政务服务。

下面以国家政务服务平台为例（见图 2-2-17）简要介绍网上政务服务的功能。国家政务服务平台是一个综合性的在线服务平台，它通过整合不同政府部门的服务资源，为公众提供了一个便捷的政务服务渠道。该平台涵盖了多个领域的服务项目，包括但不限于教育、医疗、社会保障、公共安全等方面。具体的服务内容包括：

1. 档案查询。提供全国档案信息查询，如中小学教师资格考试合格证明等。

2. 住房公积金服务。提供全国住房公积金的查询和管理服务。

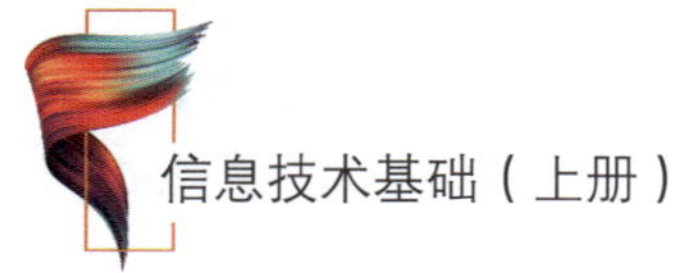

3. 智慧教育。为教育领域提供相关公共服务。
4. 医疗保障。提供医保电子凭证申领等医疗保障业务。
5. 产权信息查询。提供国资委监管企业产权信息的查询服务。
6. 残疾人补贴服务。提供残疾人补贴的查询和全程网办申请服务。

图 2-2-17 “国家政务服务平台”首页

此外，国家政务服务平台还提供了国务院各部门的服务窗口，方便用户直接访问相关部门提供的服务。同时，为了提高用户体验，国家政务服务平台也推出了移动应用程序（App），让用户可以享受更加便捷的移动端服务。

四、网上求职

网上求职是通过互联网平台（如招聘网站和社交媒体）来寻找并申请工作的一种方式。这种方式相较于传统求职，具有明显的优势和便利性。它不受时间和空间限制，允许求职者随时随地查找职位，提供了大量的工作信息资源，覆盖了多个行业，并且通过自动化的匹配和筛选功能，节省了求职者的时间与精力，同时提升了招聘的效率与质量。网上求职是一种高效、便捷、覆盖面广的求职方式。随着互联网技术的不断发展，网上求职将继续发挥其优势，成为未来求职市场的重要工具。

下面，以常用的求职平台 BOSS 直聘为例，简要说明如何使用网上招聘平台进行求职。

访问 BOSS 直聘网站，在首页选择职位类别或搜索特定职位（如 IT 开发工程师、产品经理等），即可查看相关职位详情，也可直接浏览 BOSS 直聘首页上的众多热门招聘岗位，如图 2-2-18 所示。

在 BOSS 直聘首页搜索框输入想要应聘的职位，进行职位检索，如图 2-2-19 所示；点击其中一个职位后可进一步获取薪资、要求等详细信息，如图 2-2-20 所示。

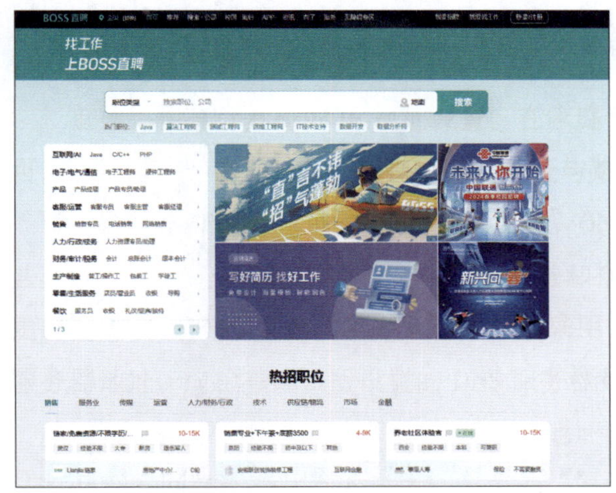

图 2-2-18　BOSS 直聘首页

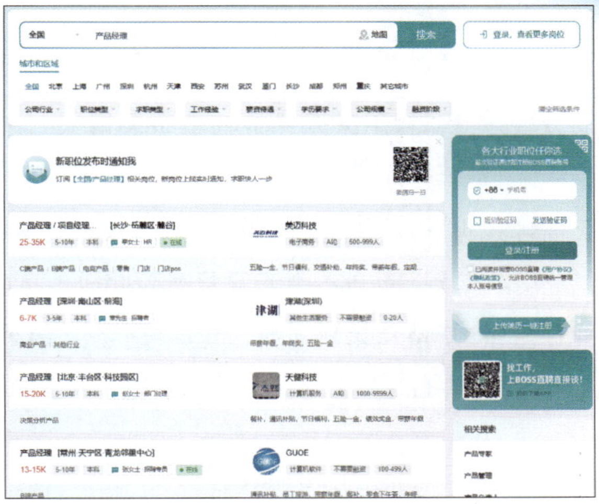

图 2-2-19　检索应聘职位

图 2-2-20　查看职位详细信息

实践活动

体验公共交通信息查询服务小程序——车来了

“绿色出行，低碳生活”是当前社会大力倡导的环保生活理念。尽量选择乘坐公交、地铁等公共交通工具出行就是践行这一理念的行动之一。公共交通工具一般有相对固定的发车时间，出行时如果能实时了解车辆到站情况，将大大提高我们的乘车效率，减少等待时间。目前，很多应用软件都提供了这样的服务，如百度地图、高德地图、车来了等。这里以“车来了”小程序为例，体验其使用方法。

【主要操作步骤】

1. 在微信、支付宝等客户端中搜索“车来了”小程序。

2. 进入小程序并对其授权后，可以自动联网获取用户所在地附近的公交站及配套公共交通工具编号、到站时间预估等基础信息，如图 2-2-21 所示。

3. 在小程序界面顶部的搜索框中输入目的地后，即可弹出与目的地相关的公共交通站点信息，如需查询具体换乘路线，可以选择“到这去”窗口中的相关目的地选项，从而启用“路线规划”功能，如图 2-2-22 所示。

4. 在路线规划页面，可以获取到达目的地的步行距离、路程预估时间、公共交通换乘路线、公共交通到站时间等直观信息，如图 2-2-23 所示。

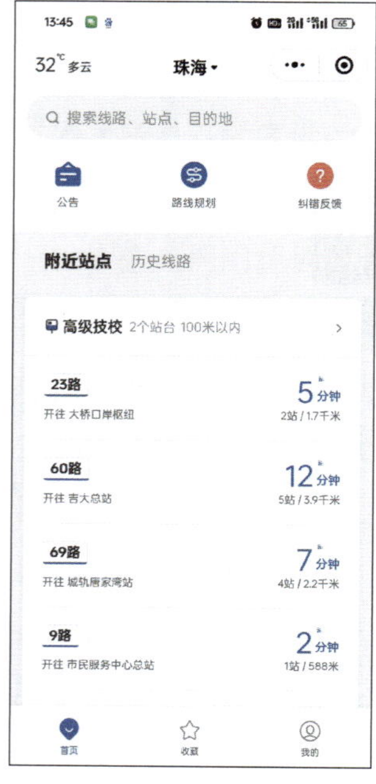

图 2-2-21 “车来了”小程序界面

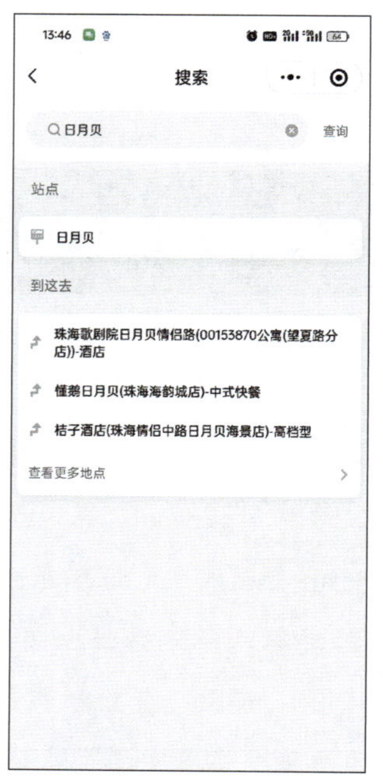

图 2-2-22 “车来了”小程序搜索界面

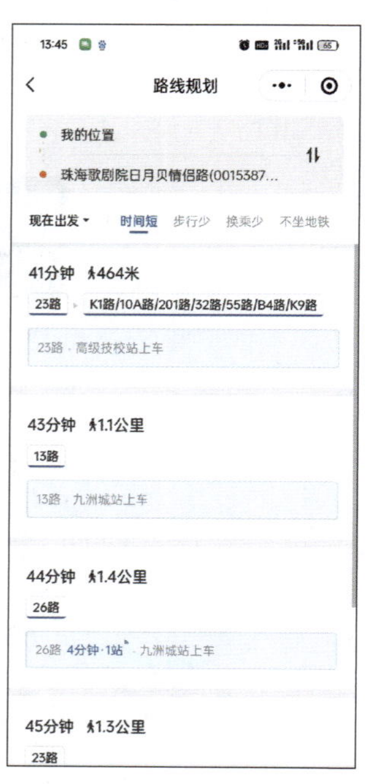

图 2-2-23 “车来了”小程序路线规划信息

巩固与提高

社会保险是国家通过立法强制建立的一种社会保障制度，旨在通过筹集社会保险基金，对符合条件的被保险人提供必要的物质帮助，以保障其基本生活需求和社会稳定。符合条件的单位和个人，都应按规定缴纳社会保险。登录国家社会保险公共服务平台网站或掌上 12333 App，帮助家人查询社会保险缴纳情况，并和同学分享查询的具体步骤。

课题三

连接和配置网络

学习目标

1. 了解网络协议、MAC 地址、网络设备等网络的基本知识。
2. 了解局域网、路由器等其他网络设备的工作原理。
3. 能组建小型家庭局域网。
4. 能排除常见的网络故障。

任务 1　了解网络基本知识和设备

· 任务引入 ·

在前两个课题中，我们已经对互联网的各种资源和学习工具，以及相关的技术有了初步的了解。本任务将深入真实的网络世界中，探讨网络协议在网络通信中的作用以及各种网络设备的基本功能。

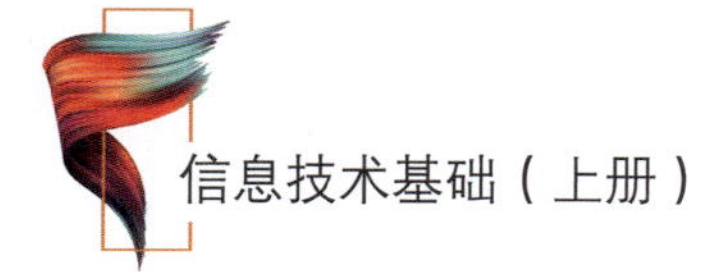

一、网络相关的常用术语

1. 万维网

万维网（WWW，world wide web），也称为 Web、3W 等，就像一个巨大的数字超市，连接全世界的计算机和信息，提供各种知识和娱乐内容。通过浏览器这个便捷的工具，用户可以随时随地浏览这个数字超市，找到需要的信息，还可以在网上购物、交友、学习等。

万维网是互联网上存储在众多计算机中的大量文档集合，这些文档被称为页面，它们是一种超文本信息，可以用来描述超媒体内容，包括文本、图形、视频、音频等多种多媒体形式。这些文档通过超链接相互关联，形成了 Web 上的信息网络。

2. 网络协议

网络协议是计算机网络中互相通信的对等实体之间交换信息时所必须遵守的规则的集合。网络协议由三个要素组成——语义、语法、时序。通常，人们形象地把这三个要素的作用描述为“语义表示要做什么，语法表示要怎么做，时序表示做的顺序”。TCP/IP 是目前应用最广的网络协议，它实际上是一组协议的集合，也可称为协议簇，它包含了 100 多个协议，如 ARP、ICMP、IP、TCP 和 UDP 等，其中 TCP 和 IP 是最重要、应用最广的两个协议。此外，常见的网络协议还有 IPX/SPX、NetBEUI 等。

3. MAC 地址

MAC 地址（media access control address，媒体访问控制地址）是用于唯一标识网络设备的硬件地址。每个网络设备均拥有一个全球唯一且不可更改的 MAC 地址，该地址由制造商在生产时嵌入网络接口硬件中。MAC 地址由 48 位二进制数（即 6 个字节）构成，通常以十六进制数的形式表示，例如 00:1A:2B:3C:4D:5E。

4. HTTP

HTTP（hypertext transfer protocol，超文本传输协议），用于在浏览器和服务器之间传输超文本数据（包含超链接的文本信息，可链接至其他图文或音视频等多媒体资源），是互联网上应用最为广泛的协议之一。在使用浏览器访问网页时，会在域名前见到“http://”这样的前缀，就是表示其采用的是 HTTP 这种协议。在 HTTP 基础上，常用的还有采用了加密技术的 HTTPS（hypertext transfer protocol secure，即超文本传输安全协议）。

5. DNS

DNS（domain name system，域名系统）的主要功能是将域名转换为计算机可直接访问的 IP 地址，是互联网的核心服务之一。用户输入简单易记的域名即可访问网站，而无须记忆复杂的 IP 地址，依靠的就是 DNS 提供的域名解析服务。

6. DHCP

DHCP（dynamic host configuration protocol，动态主机配置协议）是一个应用于局域网的网络协议。其主要作用是自动分配 IP 地址，使网络环境中的数字设备能够动态地获取 IP 地址、DNS 服务器地址等信息，而无须用户手动配置。网络管理员可以通过 DHCP 集中管理和分配 IP 地址，从而大大减轻工作负担。

二、认识网络设备

网络设备是月来将各类服务器、计算机、应用终端等节点相互连接构建互联网的基础设备，常见网络设备有交换机、路由器、网卡、调制解调器等。

1. 交换机

交换机（见图 2-3-1）是一种在通信系统中完成信息交换功能的设备，是局域网中的重要组网设备，它根据网络中每台设备的 MAC 地址来交换信息。当网络中的终端设备发送信息时，交换机会查看这个信息目的地的 MAC 地址，然后决定把信息发送到哪个端口，这样信息就能准确无误地到达目的地。

图 2-3-1 交换机

2. 路由器

路由器是连接不同网络的关键设备，其主要功能是读取数据包中的地址信息，并依据网络协议规则选择最佳路径进行转发，从而实现网络间的互联互通。路由器能够根据路由表选择一条最优的数据传输路径，以提高通信质量。路由表会按照一定的策略，并根据实际的网络通信状况进行动态调整。

路由器分为有线路由器和无线路由器两种类型。

有线路由器（见图 2-3-2），也称以太网路由器，在外观上与交换机相似，需要通过网线连接设备以建立网络连接。它通常用于有线设备较多的场景，如办公室或大型企业网络。

无线路由器（见图 2-3-3）是一种无须网线连接的路由器，它通过无线信号来传输数据。无线路由器在家庭和办公环境中得到了广泛应用，特别是在需要移动设备灵活连接的场合。无线路由器通常同时具备有线路由器的功能。

图 2-3-2 有线路由器

图 2-3-3 无线路由器

路由器和交换机在外观和功能上有一定的相似性，但它们之间也存在明显的区别。交换机主要用于局域网内部设备之间的数据交换，而路由器则用于连接不同网络之间的数据传输。此外，在网络管理功能上，路由器相较于交换机更为强大和全面。

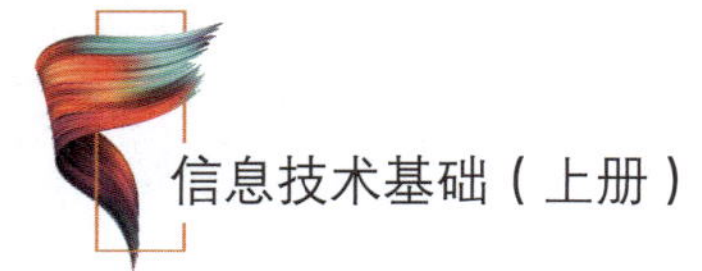

3. 网卡

网卡是局域网中连接计算机和传输介质的接口，是计算机与网络间的桥梁，它将计算机发出的数据封装后发送，并将接收到的网络数据转换为计算机可识别格式，从而实现计算机和网络间的通信。

根据网络连接方式的不同，网卡可分为有线网卡和无线网卡。顾名思义，有线网卡的作用就是通过一条网线接入网络，目前应用最广泛的有线网卡主要采用 RJ-45 接口，如图 2-3-4 所示。目前，可支持 1 000 Mb/s 速率的有线网卡在家庭或者办公网络中已逐渐普及，一些老旧设备中则可能仍在使用最高支持 100 Mb/s 或更低速率的有线网卡。无线网卡则通常带有一个小天线，利用无线电波与接入点通信，从而接入无线网络。计算机中，既有内置无线网卡（见图 2-3-5），也有 USB 等接口形式的外置无线网卡（见图 2-3-6）。在平板计算机、智能手机等设备中，通常将无线网卡的功能集成在相关的通信模块中。

图 2-3-4　RJ-45 接口网卡

图 2-3-5　内置无线网卡

图 2-3-6　外置无线网卡

4. 调制解调器

调制解调器是调制器和解调器的合称，根据其英文名称 modem 的谐音，常被称为“猫”。它的作用是实现模拟信号和数字信号的转换，把数字信号转换成模拟信号的过程称为调制，把模拟信号转换成数字信号的过程称为解调。通过这一过程完成两台计算机间的通信。

在家庭网络中，早期采用拨号或 ADSL 方式上网时，使用的是电信号调制解调器，实现电话线上的电信号与计算机中数字信号的调制解调。

随着光纤到户的不断推广，光调制解调器（见图 2-3-7）亦逐步取代传统的电信号调制解调器走入千家万户。光调制解调器也称为单端口光端机或光猫，是一种光纤信号传输设备，用于在光纤通信系统中进行信号的调制和解调。它通常用于将数字信号转换为光信号，以便在光纤上传输，并在接收端将光信号转换回数字信号。

图 2-3-7　光调制解调器

实践活动

网络设备大搜罗

在机房学习时，你是否观察过机房里面的网络设备？这些设备都是什么类型、什么品牌、什么型号？结合本任务所学知识，并通过互联网查阅相关资料，以小组为单位，记录机房中网络设备的品牌、型号等基本信息，了解每种网络设备的作用和功能。根据记录的内容，整理一份有关机房网络设备的设备信息收集表，可参考表 2-3-1 填写，也可以根据实际情况和个人特色对表格内容进行调整。在观察和记录过程中，要注意保护机房设备，不要随意触摸或移动设备。

表 2-3-1　机房网络设备信息收集表

设备部署位置	设备类型	设备型号	设备的功能与作用	设备的参考价格

交流与讨论

随着信息技术的迅速发展，网络已成为生活和学习中不可或缺的一部分。网络设备是构建网络的基石，了解这些设备，有助于更好地利用网络资源的同时增强网络安全意识。以小组为单位，讨论并展示自己家庭或亲朋好友曾经都使用过哪些网络设备，并指出这些网络设备有哪些特点。

巩固与提高

根据实践活动学习体会，登录相关设备官网或网上商城平台，收集目前市场上主流的家用无线路由设备情况，并制定一份详细的设备对比列表清单，具体应包括的信息如下：

1. 设备的品牌、型号和规格。
2. 设备的特色功能。
3. 设备的预算价格。
4. 设备的适用场景。

任务 2　组建家庭局域网

· 任务引入 ·

在现代生活中，随着智能设备的普及，网络已成为家庭生活中不可或缺的一部分，家庭局域网作为家庭中各种设备连接网络的重要工具，发挥着至关重要的作用。人们使用计算机、智能手机等设备浏览网页、观看视频、玩游戏等，都离不开家庭局域网的支持。同时，利用家庭局域网，家庭成员间还可以方便、快捷地共享文件资源。本任务将学习局域网的相关知识，包括局域网的接入方式、路由器的配置等内容，并组建简单的家庭无线局域网。

一、认识家庭局域网

1. 局域网的概念

局域网（local area network，LAN）是一种在小范围内连接多台计算机和设备的网络，是现代网络通信的重要组成部分。它通常覆盖一个较小的地理区域，如一个家庭、一间办公室、一所学校或一座工厂。通过局域网，用户可以方便地共享资源、协作工作，并实现高效的网络通信。

2. 家庭局域网的终端设备

家庭局域网的终端设备主要包括宽带调制解调器（俗称“猫”）、有线 / 无线路由器、交换机、双绞线、网络模块以及通过家庭局域网使用网络的计算机、智能手机等网络设备。其中，宽带调制解调器用于接入宽带运营商提供的网络，将外部线缆传输的光 / 电信号转换成家庭终端设备能够识别的标准数字信号；路由器用于实现家庭中众多网络设备的互联和资源共享；交换机用于扩展网络端口，提高网络通信效率等；网络模块（即通常所说的“网口”）用于提供有线网络的接入，通常位于装修时预设的信息点接口处。

3. 家庭局域网的接入方式

家庭局域网的接入方式通常如图 2-3-8 所示。终端设备（如计算机、智能手机等）以有线或无线方式连接至路由器，加入家庭局域网。路由器再与光调制解调器连接，通过光调制解调器连接至宽带运营商提供的网络中，从而实现家庭局域网与互联网的连接，满足日常上网需求。在一些面积较大或结构较复杂的房间，为加强无线网络的覆盖，有时还会配合使用无线中继器、Mesh 路由器、电力猫等扩展设备。

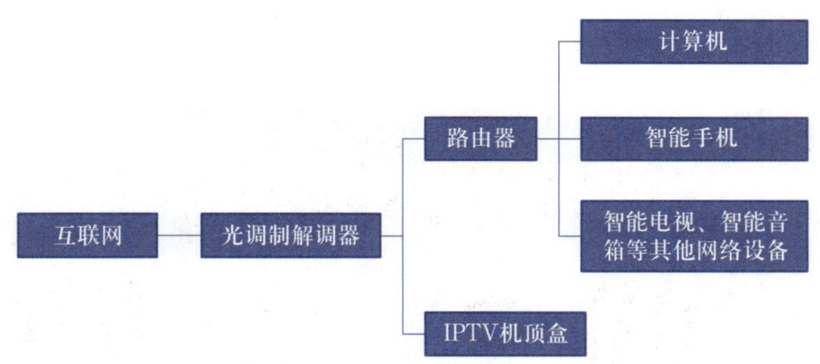

图 2-3-8　家庭局域网的接入方式

对于开通了 IPTV（交互式网络电视）服务的家庭，IPTV 机顶盒一般需要直接连接至光调制解调器的专用端口。有些宽带运营商提供的光调制解调器本身已自带路由器功能，也可直接使用，但网络设备较多、网络使用量大时，建议使用独立的路由器，实现更稳定的网络连接和更好的网络管理。

二、家庭局域网路由器的配置

在家庭局域网中，路由器的默认出厂设置并不能满足实际使用环境的需求，初次使用时，需要用户对路由器进行简单的设置。

1. 连接相关线缆

使用双绞线连接宽带调制解调器的一个 LAN 接口和路由器的 WAN 接口。将一台用于配置路由器的计算机通过双绞线连接到家庭路由器的 LAN 接口，或使用无线方式接入（也可使用智能手机等设备）。某家庭采用了光纤入户方式，其设备连接示意图如图 2-3-9 所示。

图 2-3-9　设备连接示意图

2. 配置路由器网络参数

（1）登录管理页面

对家用路由器的配置一般可通过网页形式进行。使用浏览器访问路由器内置的管理页面，登录后即可对各项参数进行设置。

路由器管理页面的默认 IP 地址或域名、管理员账号和密码、Wi-Fi 的默认 SSID（即 Wi-Fi 的名称）和密码等信息，均可通过查看路由器的底部商品铭牌获取，如图 2-3-10 所示。

图 2-3-10　路由器设备底部铭牌

（2）连通外部网络

进入上网配置的相关界面，选择与外部网络的连接和身份验证方式，一般来说，常见的方式有三种：

方式一——通过宽带拨号上网（PPPoE）联网。该方式是最常见的家庭宽带的网络连接方式，需要使用运营商提供的宽带账号和密码进行身份验证，如图 2-3-11 所示。

方式二——通过配置静态 IP 地址联网。在配置界面需要输入宽带运营商提供的静态 IP 地址、子网掩码、网关和 DNS 等信息。该方式常见于共享型宽带网络服务小区、企业中小型局域网内部，如图 2-3-12 所示。

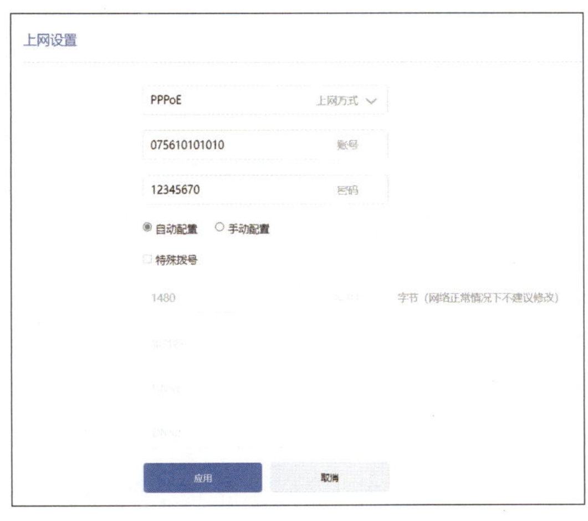

图 2-3-11　宽带拨号联网（PPPoE）

图 2-3-12　静态 IP 地址联网

提示

子网掩码、网关是局域网的两个重要网络参数。子网掩码用于标识 IP 地址中哪一部分表示网段，哪一部分表示设备，以便被其他网络设备正确识别。网关则承担网络中的数据转换、路由选择、安全保护等多种功能。

方式三——通过自动获取 IP 地址（DHCP）联网。此模式与方式二有一定的相似性，不同之处是用户无需手动设定，而是由路由器自动获取上级网络设备分发的 IP 地址信息。如家庭中使用的光调制解调器启用了路由功能，则家用路由器一般应采用该模式，如图 2-3-13 所示。

（3）设置内部网络

通常情况下，有线网络一般可不做专门设置，使用路由器默认参数即可，而出于网络安全考虑，对无线网络（Wi-Fi）的 SSID、加密方式和密码需进行个性化设置，如图 2-3-14 所示，其余各项参数可使用默认设置。

图 2-3-13　自动获取 IP 地址并联网

图 2-3-14　设置无线网络 SSID 和密码

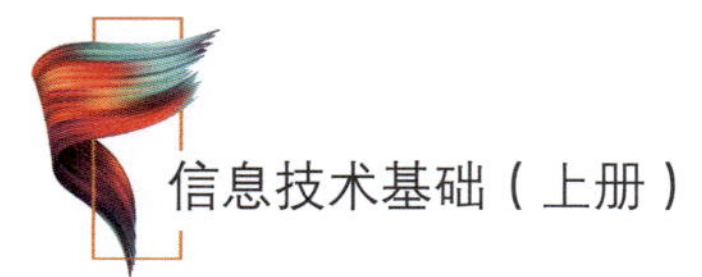

设置 SSID 和密码时应注意，SSID 的设置既要有一定个性，便于识别，也应注意避免泄露个人隐私（如姓名、门牌号等），密码的设置应具有一定复杂度，不宜使用过于简单的密码，以免被他人轻易破解，并且 SSID 和密码不要与路由器管理界面的账户名和密码相同，以防他人连入 Wi-Fi 后随意修改网络配置，还应选择不低于 WPA2 的加密方式。

目前主流的路由器大多都提供 2.4 GHz 和 5 GHz 双频功能。两个频段各有特点，2.4 GHz 频段穿墙能力强、覆盖范围广，但网速相对较慢，并且通常周边其他家庭的网络使用此频段的较多，容易造成拥堵，进一步降低网速。5 GHz 频段网速较高，并且干扰较少，网速更有保障，但缺点是穿墙能力较弱，覆盖范围相对较小。两个频段可以分别独立设置 SSID 和密码，通常设备默认采用相似名称，即 5 GHz 频段的名称是在 2.4 GHz 频段名称后面加上“5G”字样，以便识别。此外，一些路由器还提供了“双频合一”功能，即两个频段使用同一个名称和密码，由接入设备根据网络状况自动选择频段。

（4）完成配置

配置完毕，保存配置，重启路由器以保证配置生效。路由器各项运行指示灯正常亮起代表路由器运行正常，具有无线连接功能的数字设备此时可以通过 Wi-Fi 进行联网。

知识拓展

IP 地址的类型

家用路由器的管理页面地址常使用 192.168.1.1 或类似的 IP 地址。为什么选用这样的地址呢？这就涉及 IP 地址类型的知识。

根据地址的不同用途，IPv4 地址被分为五类：A、B、C、D 和 E。每种类型的地址都有特定的用途和取值范围，以确保互联网上的信息能够有效地传输和管理，具体如下：

A 类地址：常用于大型网络。A 类地址的范围从 1.0.0.0 到 126.255.255.255。其中 10.0.0.0 网段用于局域网分配使用，127.0.0.1 ~ 127.255.255.255 是保留地址，用于本机回环测试。

B 类地址：常用于中型网络。B 类地址的范围从 128.0.0.0 到 191.255.255.255。其中 172.16.0.0 至 172.31.255.255 用于局域网分配使用。

C 类地址：常用于小型网络。C 类地址的范围从 192.0.0.0 到 223.255.255.255。其中 192.168.0.0 至 192.168.255.255 用于局域网分配使用，也就是家用路由器中最常用的网段。

224.0.0.0 及以后的地址是 D、E 类地址，是常用于多点广播和相关科研方向的内部保留地址。

实践活动

搭建家庭无线局域网

小明家中已安装千兆光纤宽带，为充分发挥网络性能，满足更多设备的高速上网需求，自行购置了一台家用无线路由器，现需完成网络配置，搭建一个家庭无线局域网，将计算机和手机接入网络，实现上网功能。

操作演示

【主要操作步骤】

1. 连接路由器与光调制解调器（俗称“光猫”），通电运行

用双绞线将路由器的 WAN 接口与光调制解调器的一个 LAN 接口连接起来，将路由器和光调制解调器的电源连接好。需要注意的是，如果光调制解调器支持 IPTV 功能，应注意连接时不要占用 IPTV 专用的 LAN 接口。

2. 连接路由器与计算机

路由器与计算机的连接有有线和无线两种方式。有线方式较为简单，直接用网线连接路由器的一个 LAN 接口和计算机网口即可。若选用无线方式，可查看路由器背面的铭牌，获取路由器 Wi-Fi 初始 SSID 和密码（通常厂商会设为没有密码），然后将计算机接入此 Wi-Fi。

3. 登录路由器管理界面

查看路由器背面的铭牌，获取管理界面的 IP 地址或域名，以及管理员账号的初始用户名、密码，在计算机上使用浏览器访问、登录。初次配置路由器时，系统会自动弹出配置向导，可按照向导提示一步步进行后续操作。

4. 配置互联网接入方式

咨询宽带运营商，获取宽带接入方式和账号、密码等信息，在路由器中找到相关菜单（通常为“WAN 设置”“网络连接”“上网设置”等名称）进行设置，根据运营商提供的服务方式和设备情况，通常有以下三种情况。

（1）路由器作为光调制解调器的次级路由使用。这种方式目前较为普遍，运营商提供的光调制解调器自带路由功能，并已将上网相关的登录验证功能内置在光调制解调器中，通常无须用户手动设置，一般选择“动态 IP”方式（有时称为“自动获取”等）即可，如运营商指定了 IP 地址，则应选择“静态 IP”，并填入指定的 IP 地址等信息。

（2）通过 PPPoE 方式拨号。有时运营商提供的光调制解调器只具备调制解调功能，此时上网相关的登录验证过程需要通过路由器完成，应选择“PPPoE”方式，填入运营商提供的上网账号和密码。

（3）直接连接入户网线。此种方式中，所装宽带不需要调制解调器，即入户线已是普通网线。例如本宿舍与其他宿舍合用一条宽带，从外宿舍的上级路由器中引入一条网线到本宿舍内，即为此种情况。此时，设置方式与第一种情况相同。

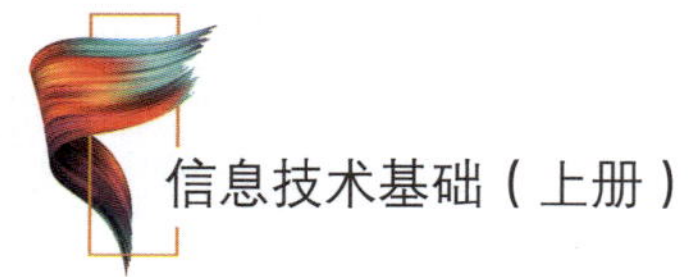

5. 设置SSID和密码

确保网络安全，避免他人随意接入自家网络，一般不使用路由器默认的SSID和密码（特别是无初始密码的情况），应参照正文所述方式，为Wi-Fi设置SSID和密码，注意SSID和密码的安全性和隐私保护。

6. 修改路由器管理账号和密码

为确保网络安全，避免网络设置被他人随意修改，注意修改管理员账号密码，并注意不要与无线网络的SSID和密码相同。

7. 接入设备并测试

至此，简单的家庭无线局域网已搭建完成，将需要上网的计算机和手机接入网络，并通过访问常用的网络应用软件、登录常用网址等方式测试网络是否已正常连通。

提示

组建家庭局域网的过程中需要注意以下事项：

（1）检查网络硬件设备，如果网络设备出现故障，可尝试使用断电重启网络设备或根据说明书恢复出厂设置等方式排除故障。

（2）确保所有终端设备（如计算机、手机等）都正确连接到网络，并且进行了正确的网络设置。如果设置错误，可能会导致网络连接失败或网络不稳定。

（3）为了提高网络的安全性，可以为网络设备设置复杂的密码并定期更换。

（4）定期检查网络设备的状态，测试网络的稳定性和速度。

交流与讨论

以小组为单位，查询相关资料，讨论并提出在组建家庭局域网的过程中，有哪些技术和方法可以有效提升房屋面积较大或多楼层住宅的家庭网络无线信号覆盖率。

巩固与提高

某同学家中新购置了一台具备网络功能的打印机，需要该打印机同时为父母和自己提供打印服务。参照打印机的使用说明或通过互联网查询相关资料，实现在家中各个房间中数字设备均能通过家庭局域网接入打印机并完成打印任务。

任务 3　排除家庭网络故障

• 任务引入 •

在日常上网过程中，常会遇到诸如上网速度缓慢、网页无法打开、频繁断线或无法正常上网等问题。如果我们能够掌握排查网络故障的简单方法，并准确判断出故障原因，那么不仅可以有效地自主解决问题，还能成为帮助他人的“小能手”。本任务的内容就是了解常见的简单家庭网络故障的排除方法。

一、排除网络故障的步骤

在日常维护中发现网络故障时，可以遵循以下步骤进行排除。

1. 检查物理连接

检查所有网络设备的物理连接是否正常，有无松动或断开现象。

2. 重启设备

如果网络问题是突发性的，可以尝试重启路由器、交换机、计算机等设备，以解决突发故障。

3. 检查 IP 地址和 DNS 设置

确保设备的 IP 地址和 DNS 设置正确。

4. 使用测试工具

可以使用网络测试工具来测试网络的连通性和性能。

二、解决家庭网络常见问题

1. 检查硬件设备工作情况

（1）检查光调制解调器的工作情况

光调制解调器在正常工作状态下，通常会有 3 个绿色的指示灯常亮或闪烁，分别为电源、光纤、网口指示灯。

如电源指示灯异常，应检查开关是否已打开、电源插头是否松动、电源插座是否有电等问题。如均无异常，则可能为光调制解调器本身出现故障，需向运营商报修。

如光纤指示灯异常，应检查光纤是否连接正常、接头有无松动。如均无异常，则可能为光纤损坏或运营商网络本身的故障，需向运营商报修。

如网口指示灯异常，应检查网线是否有连接松动、水晶头损坏、断裂等问题，如后面接有路由器，需进一步检查路由器的工作状态。

（2）检查路由器的工作情况

路由器一般有电源指示灯、网络连接指示灯、无线信号指示灯和 LAN 口指示灯等，正常时应常亮或闪烁。和检查光调制解调器类似，应首先根据指示灯提示，检查供电、开关、接线等问题。

如无线信号指示灯不亮，可能是路由器设置中关闭 Wi-Fi 功能，应进入路由器设置界面检查并开启。

LAN 口指示灯通常用常亮表示端口已正常连接，闪烁表示端口正在进行数据传输。如指示灯不亮，可更换一个 LAN 口再次测试，排除端口本身损坏或被相关设置禁用的情况，然后进一步检查计算机和路由器之间的连接情况。

（3）检查计算机和路由器之间的连接情况

对于有线连接方式，应根据路由器和计算机网卡的指示灯提示，重点检查网线本身是否存在松动、损坏等问题。

对于无线连接方式，应检查计算机的 Wi-Fi 功能是否正常开启，是否使用正确的 SSID 和密码登录等。当通过无线网络传输文件的速度较慢或波动较大时，应检查路由器的摆放位置是否合理及是否存在干扰源。路由器应放置在较为中心的位置并尽量减少墙体阻挡，必要时考虑增加无线信号中继设备。路由器的摆放位置还应远离微波炉、电磁炉等家电。

2. 检查网络参数配置情况

排除硬件连接问题后，可进一步检查网络参数配置的情况。

（1）检查路由器的配置

对于由路由器进行 PPPoE 拨号的网络，应对照运营商提供的信息，检查路由器设置中填写的上网账号和密码是否正确。对于由光调制解调器进行拨号的网络，应检查路由器 IP 地址的获取方式，一般应设为自动获取。

在家庭网络中，连接到路由器的设备大多采用自动获取 IP 地址的方式，因此应检查路由器的

DHCP 功能是否已开启。

（2）检查计算机的配置

首先，检查计算机的 IP 地址设置。在家庭网络中，计算机的 IP 地址一般采用自动获取方式即可，如需指定静态地址，应确保所指定地址与路由器设置的网段相符。

然后，检查计算机的 DNS 服务器设置。DNS 服务器设置错误会导致因无法正确解析域名而无法上网。特别是出现如“使用 QQ 可以发送和接收消息，但使用浏览器无法打开网页”等情况时，更应注意检查 DNS 设置。家庭网络中一般采用自动获得 DNS 服务器地址的方式即可，如指定 DNS 服务器地址，应检查确认所设置的 DNS 服务器是否可用。

Windows 操作系统的计算机中修改 IP 地址相关设置的方法是，按照前面任务查看 IP 地址的方法打开查看网络连接状态的对话框，单击“属性”按钮，在弹出的对话框中双击“Internet 协议版本 4（TCP/IPv4）”选项，在新弹出的对话框中进行设置，如图 2-3-15 所示。

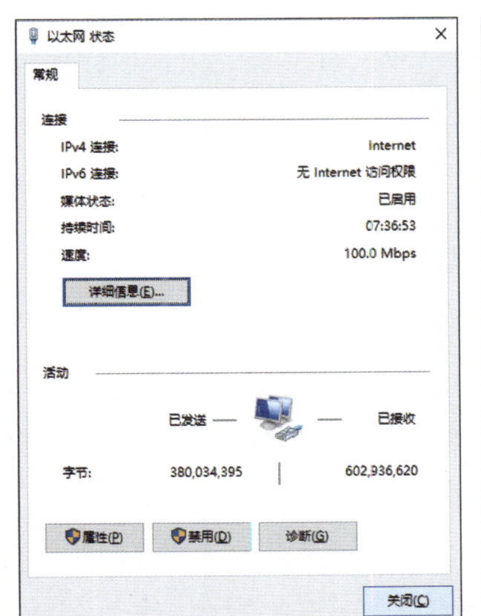

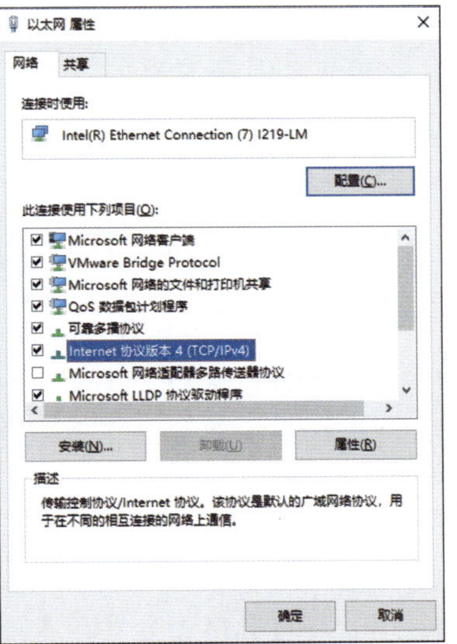

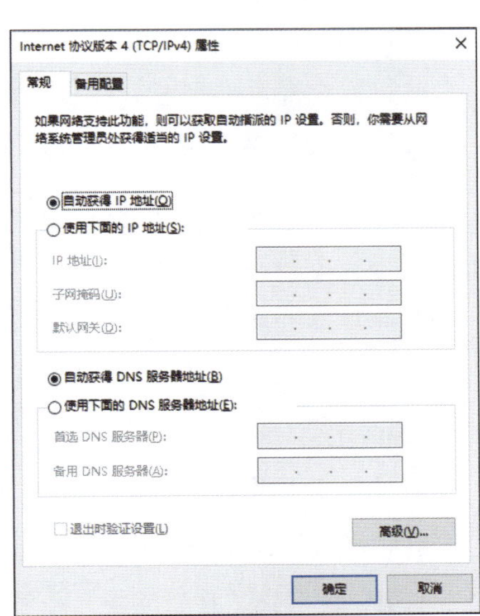

图 2-3-15　修改 IP 地址相关设置

三、检查防范病毒和木马的攻击

病毒会对计算机系统造成破坏，木马则以伪装成合法应用或文件的方式悄悄进入用户系统，实施恶意操作。遭受病毒或木马攻击的计算机，常会出现系统运行缓慢、程序运行异常等问题，无法上网或网络速度异常等问题也常和病毒或木马相关，特别是木马还会窃取用户的账号、密码等隐私信息，危害个人信息安全，造成财产损失。因此，出现网络故障时，也应参照模块一所学方法，对计算机中的病毒和木马进行全面查杀。

在计算机和网络的日常使用中，应加强对病毒和木马的防范，主要的防范措施有：

1. 不轻易打开来路不明的链接，即时通信软件、电子邮件或网页中的钓鱼链接是病毒和木马的主要传播方式之一。

2. 选择正规渠道下载文件或软件的安装程序，避免其中夹带病毒、木马。

3. 加强密码安全，避免使用简单密码和重复密码，定期更换，如所用软件或网站提供了其他安全认证手段，应尽量开启，以加强安全保护。

4. 安装并定期更新杀毒软件，及时更新操作系统。

实践活动

家庭网络故障的排查和解决

小明家装修完毕后，开通了宽带运营商的千兆宽带服务，宽带安装工程师将宽带光纤接入光调制解调器后，测试正常，但用网线接入光调制解调器后无法访问互联网，现需进行网络故障排查并解决。

操作演示

【主要操作步骤】

1. 检查光调制解调器供电情况，确认电源正常开启。

2. 检查光调制解调器和路由器的连接是否正常，如发现路由器连接光调制解调器的网线未插好，需重新将网线插好。

3. 若路由器与光调制解调器连接正常，但路由器的指示灯还是提示异常，则需登录路由器设置界面检查网络设置。首先，用“ipconfig”命令，在网络连接状态查询对话框中获取当前网关地址（即为路由器的登录地址），如图 2-3-16 所示，可知其路由器登录地址为“http://192.168.77.1”。然后，在浏览器地址栏中输入路由器登录地址，打开路由器设置界面，如图 2-3-17 所示，检查并修改相关网络设置。例如，图 2-3-17 所示界面的路由器的 IP 地址获取方式设置错误导致无法上网，可在页面中单击“我要上网”，将上网方式修改为“自动获取 IP”，单击“重新连接”并保持设置，即可让路由器重新连接互联网，如图 2-3-18 所示。

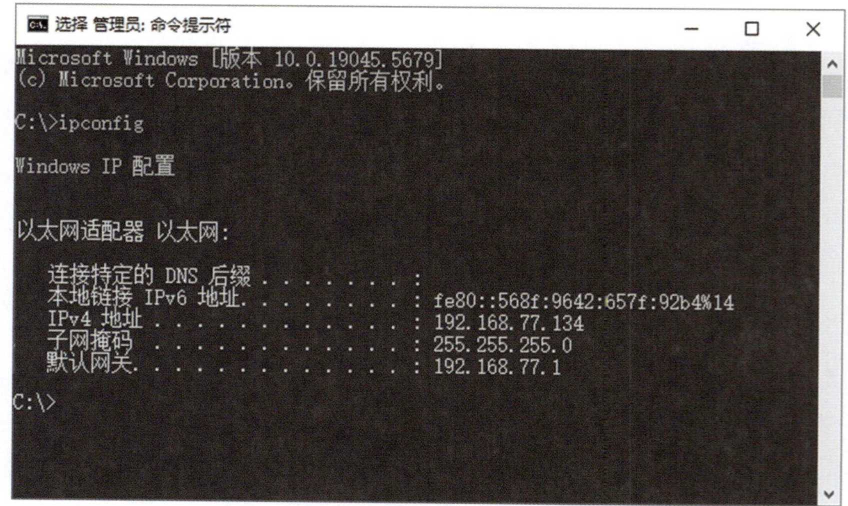

图 2-3-16　查询当前局域网网络连接状态

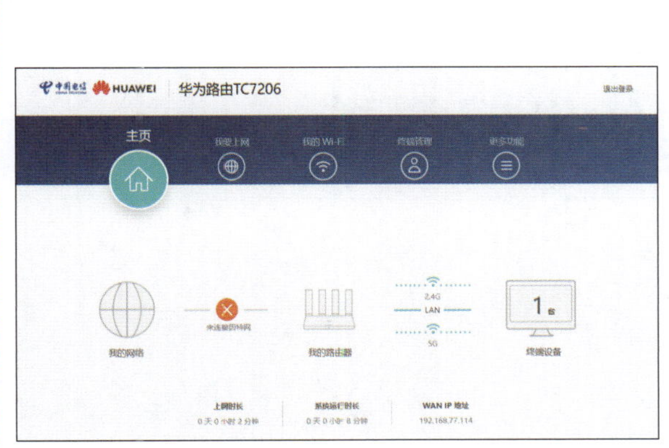

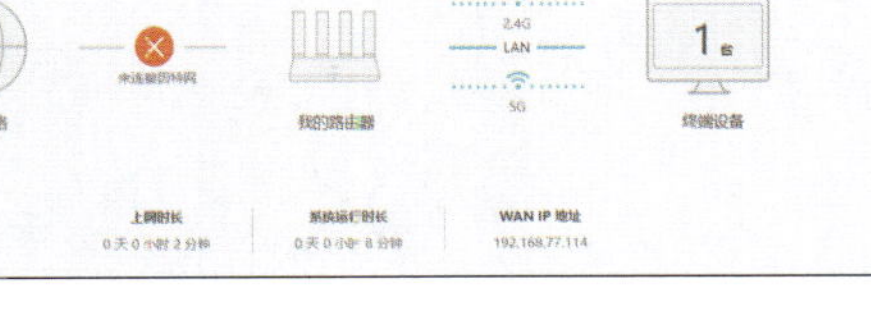

图 2-3-17　路由器设置界面

图 2-3-18　重新设置上网方式

交流与讨论

部分网络故障可能是遭受网络病毒的攻击导致的，病毒通过网络传播，破坏某些网络组件（如服务器、客户端、交换和路由设备等）。小组讨论，网络病毒入侵计算机、手机等电子设备会带来什么危害？应该如何防范网络病毒？

巩固与提高

在访问互联网的过程中，有时候会遇到域名解析错误所导致的，在浏览器中输入网址后却无法正常打开网页页面的网络故障。域名解析是将输入的网址转换成计算机能够识别的 IP 地址的过程，如果这个过程中出现了问题，就会导致无法访问所需网站。查阅资料并讨论，写出导致域名解析错误的可能原因及解决故障的方法。

课题四

了解互联网的发展趋势

学习目标

1. 了解“互联网 +”的概念及其对生活的影响。
2. 了解 5G 技术的发展现状及应用领域，了解 4G 和 5G 技术的主要差别。

任务 1　认识“互联网 +”

· 任务引入 ·

目前，互联网技术已广泛应用于各行各业，充分提升了生产效率和服务质量，为经济发展注入了新的活力。例如，智慧交通系统可以通过实时监测交通流量和路况信息，优化交通路线，缓解交通拥堵；智慧安防系统可以通过视频监控、人脸识别等技术提高城市安全防范能力。这些都属于“互联网 +”的应用。什么是“互联网 +”？“互联网 +”都可以实现哪些功能呢？

一、“互联网 +”的含义

通俗地说，“互联网 +”就是“互联网 + 各个传统行业”（见图 2-4-1），指利用信息技术和互联网平台，使互联网与传统行业相融合，利用互联网具备的优势特点，创造新的发展机会。“互联网 +”通过其自身的优势，对传统行业进行优化升级转型，使传统行业能够适应当下的新发展，从而最终推动社会不断地向前发展。

图 2-4-1　互联网 +

二、“互联网 +”的影响

“互联网 +”已经深深地渗透到我们生活的方方面面，并带来了前所未有的便利。在商业、出行、医疗、金融、农业、交通等多个领域发挥着重要作用，不断推动着社会的进步和发展。

在购物方面，阿里巴巴旗下的淘宝作为中国著名的电商平台之一，成功打造出了“双 11”购物狂欢节，使网购成了一种全民参与的盛事。

在出行方面，滴滴出行等网约车平台，通过互联网技术，实现了乘客与司机的高效匹配，不仅解决了打车难的问题，还提高了出行效率。

在工业领域，运用物联网技术，工业企业可以将机器等生产设施接入互联网，构建信息物理系统（CPS），进而使各生产设备能够自动交换信息、触发动作和实施控制，加快生产资源的优化配置。

在医疗领域，平安好医生等移动医疗应用，通过互联网技术，为用户提供医疗咨询、线上问诊等一系列服务，让医疗服务更加便捷、高效。

三、“互联网 +”的未来展望

“互联网 +”已经成为推动我国经济社会发展的重要力量。随着科技发展和创新成果的不断涌

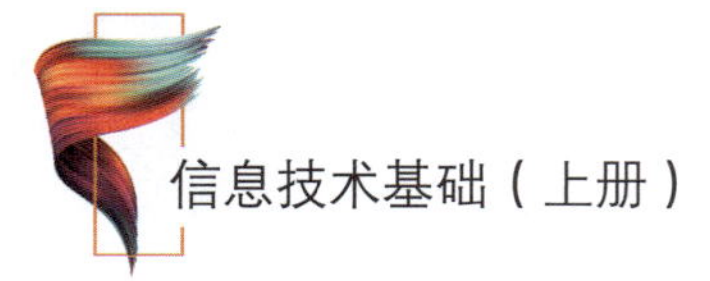

现，未来“互联网 +”将朝着智能化、精细化、共享化、安全化和全球化方向发展。

1. 未来“互联网 +”发展将更加智能化

随着人工智能技术的快速发展，智慧城市、智慧工厂、智能家居等将成为“互联网 +”的标志性产物。通过人工智能技术的应用，可以实现自动化生产、智能化管理等目标，为社会、企业和个人提供更加便捷、高效的服务和体验。

2. 未来“互联网 +”发展将更加精细化

在大数据时代，通过互联网技术的应用，可以收集、分析和处理海量的数据，并根据数据的变化和趋势来调整和优化产品和服务。通过精细化的运营和管理，可以更好地满足用户的个性化需求，提供更加个性化、定制化的产品和服务。

3. 未来“互联网 +”发展将更加共享化

共享经济的兴起为“互联网 +”提供了新的机遇和挑战。通过共享经济模式，人们可以将闲置资源进行共享和利用，提高资源利用率，减少资源浪费。共享经济模式也促进了人与人之间的互动和合作，建立了更加紧密的社区和社会网络。

4. 未来“互联网 +”发展将更加安全化

随着互联网的普及和信息的扩散，网络安全问题变得日益突出。为了保护个人信息和财产安全，各个方面将加大网络安全投入和技术研发，提高网络安全的防护和应急能力。同时，政府也将加强网络安全监管，建立健全的法律法规体系，保障互联网的安全稳定运行。

5. 未来“互联网 +”发展将更加全球化

随着互联网的普及和全球化的进程，“互联网 +”不再局限于国内市场，而是面向全球市场。企业通过互联网技术和平台实现全球资源的整合，进一步拓展国际市场，提高企业的全球竞争力。

总之，“互联网 +”将会给人们的生活、工作带来更多便利和发展机遇。同时，我们也需要关注和解决由“互联网 +”发展带来的新问题和挑战，确保“互联网 +”的发展始终符合社会的利益和需求。

实践活动

“互联网 +”探索之旅

分小组进行实践活动，每个小组选择一个“互联网 +”的主题，如在线购物、在线学习、在线医疗等。在互联网上搜索所选主题的相关资料并记录下来，通过演示文稿（PPT）或海报等形式，向全班同学汇报小组搜集到的信息。

交流与讨论

以“你在平时的学习和生活中，接触过哪些‘互联网+’？”为主题，小组成员共同探讨并列举生活中的实例，如“互联网+教育”（在线课程）、“互联网+购物”（电子商务平台）、“互联网+出行”（网约车服务）、“互联网+医疗”（在线医疗咨询）等。

巩固与提高

发挥你的想象力，用思维导图软件，画出“互联网+”的应用场景图示，并思考：未来“互联网+”还能“+”什么？

任务2 认识5G

·任务引入·

进入数字时代，通信技术正在飞速发展，其中第五代移动通信技术——5G，正逐渐成为未来发展的核心。5G不仅带来了更快的传输速度和更低的延迟，为人们提供了更加快速和流畅的网络体验，支持高清视频等大文件的快速传输。同时，5G也支持更多的设备连接，为物联网的发展提供了强有力的支持。5G技术可以实现车辆之间的实时通信，以及车辆和云端之间的快速数据交换，从而提高自动驾驶的可靠性和安全性。

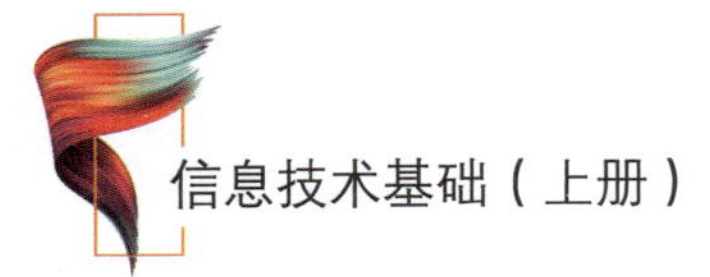

一、5G 的含义

5G，即第五代移动通信技术（5th generation mobile communication technology），是一种以高速率、低时延和大连接为突出特点的新一代宽带移动通信技术，5G 通信设施是实现人机物互联的网络基础设施。5G 技术采用了更高的频段和更先进的信号处理技术，能够提供更快、更稳定、更可靠的网络连接服务。

5G 作为一种新型移动通信技术，不仅解决人与人的通信问题，为用户提供增强现实、虚拟现实、超高清（3D）视频等更加身临其境的极致业务体验，更解决人与物、物与物的通信问题，满足移动医疗、车联网、智能家居、工业控制、环境监测等物联网应用需求。

二、5G 的应用场景

5G 技术为人们的工作和生活带来了很大的影响和改变，其应用场景（见图 2-4-2）主要包括以下几个领域。

图 2-4-2　5G 的典型应用场景

a）远程医疗　b）智慧城市　c）车联网　d）虚拟现实

1. 自动驾驶和远程医疗

5G 技术的高速度和低延迟特性使远程驾驶和远程医疗手术成为可能。例如，通过 5G 网络，医生可以实时操控远程的手术机器人，进行精确的手术操作，即使在地理位置偏远或医疗资源匮乏的地区也能提供高质量的医疗服务。

2. 智慧城市和智慧安防

5G 技术广泛用于提升城市管理的智能化水平。例如，通过智能监控系统、人脸识别、大数据分析等技术，改善城市安全和效率。

3. 工业互联网和制造业

5G 网络支持的高速数据传输和低延迟特性对于工业制造来说尤为重要，它能够提高生产效率、降低运营成本，并推动制造业的数字化转型。

4. 农业现代化

5G 技术结合农业云平台管理系统、图像识别、大数据等技术，可以实现无人驾驶农机装备的自动化作业，提高农业生产的效率和智能化水平。

5. 教育和娱乐

5G 网络的高带宽和低延迟特性使高清直播、VR/AR 应用更加普及和流畅，如远程教育、虚拟现实体验等。

三、5G 的发展前景

5G 技术的发展前景非常广阔，它将会给我们的生活、工作、娱乐方式带来革命性的变化。在未来，5G 技术将会进一步拓展其应用场景，为人们带来更多的便利和创新。同时，5G 技术的发展也将会推动产业的转型升级，为经济的发展注入新的动力。

1. 5G 技术在垂直行业的应用创新

5G 将与人工智能、大数据、云计算等技术融合，推动企业在生产、管理和服务等方面的数字化转型。例如，智慧城市、远程医疗、自动驾驶、智慧养老等领域将迎来更多的 5G 应用。特别是 5G 技术与人工智能技术相结合，可以实现更加智能化的应用场景。

2. 边缘计算

5G 技术将会结合边缘计算技术，实现更加快速的数据处理和响应，为实时应用场景提供更好的支持。

3. 网络切片

5G 技术将会采用网络切片技术，根据不同应用场景的需求，对网络资源进行分配和调配，实现更加灵活的网络服务。

4. 卫星通信

5G 技术将会与卫星通信技术结合，实现全球范围内的无缝覆盖，为人类社会提供更加广泛的服务。

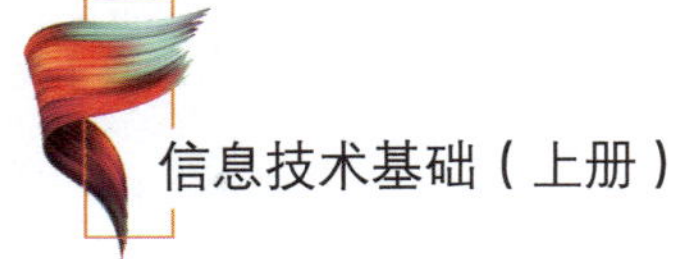

实践活动

4G、5G网速大比拼

移动通信技术的发展提供了越来越快的网络速度和越来越丰富的应用功能（见图 2-4-3），不断推动着社会的进步与变革。4G 和 5G 作为移动通信的两个重要里程碑，带来了显著的改变和创新。5G 网络的最大优势就是能够提供更快的速度。根据国际电信联盟（ITU）的标准，其峰值数据传输速率可达 20 Gb/s，端到端延迟可低至 1 ms 以下，显著优于 4G 网络。这意味着，5G 可以让用户随时随地享受到流畅、稳定、高清、实时的网络服务。

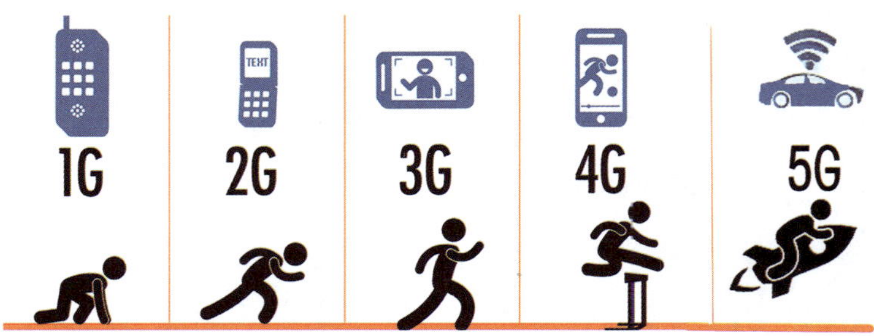

图 2-4-3　移动通信技术发展示意图

尝试在同样的环境下，完成以下实践：

1. 分别使用 4G、5G 下载同一部电影或其他大文件，对比网速的区别。
2. 分别使用 4G、5G 同时下载 5 部电影或其他大文件，对比网速的区别。

交流与讨论

查阅相关资料，小组讨论：未来 5G 技术能够孕育出哪些创新的应用场景和服务？这些变革又将如何影响我们的学习和日常生活？

巩固与提高

查阅相关资料，进一步了解未来计算机网络和移动通信技术的发展趋势，列举几个正在发展过程中、未来将逐渐普及或正在研究阶段的新技术，以及现有技术新的应用领域，简要说明其功能和特点。

模块三

打造精美图文

——图文制作与编辑

生活

图文编辑贯穿生活的方方面面，如各种食品包装、产品说明书、广告宣传单的制作，归根到底都属于图文编辑的范畴。在生活中我们也常遇到需要自己制作图文资料的情况，如节假日出行制订行程计划，参加小区公益活动制作垃圾分类宣传单等。

学习

随着信息技术的普及，在日常学习过程中，越来越多的学习任务需要使用计算机来完成，如学习小报的制作、学习总结的归纳整理、电子版作业的编写、毕业论文的撰写等，都需要使用图文编辑软件来完成。图文编辑软件已经成了学习中必不可少的重要工具。

工作

图文编辑是日常办公中最常遇到的工作内容之一，随着信息设备的普及，大量工作中使用的文档资料、汇报材料、宣传资料等，都需要使用图文编辑软件进行编写制作，然后使用电子文档直接传递，或打印成纸质形式。可以说，各行各业的工作，几乎都离不开图文编辑。

动画小剧场

扫描二维码观看

在快节奏的工作和学习中，图文制作与编辑技术为我们提供了强大的助力，使我们能够更加得心应手地制作出内容翔实、形式精美的文档作品，让信息的传递更加直观、高效。

利用图文制作与编辑技术，我们可以在公益活动中制作富有感染力的宣传材料；可以在工作学习中撰写体例规范、版式考究的专业文档；还可以在生活中帮助自己记录重要事项、制定旅行规划等。

在信息时代，掌握图文制作与编辑技术已成为每个现代人必备的一项基本素养。

课题一

认识图文编辑技术

学习目标

1. 能准确分析文档，并选择合适的图文编辑工具。
2. 能正确执行图文编辑软件的操作，如新建、保存、编辑、打印等。
3. 能在文档处理中插入图片。
4. 能对文档进行信息保护，树立信息安全意识。

在数字时代，信息爆炸式的增长使人们需要更多、更快、更好的信息获取方式；自动化、高效率、高质量的文本处理方式，可以满足人们对于信息获取速度和质量的需求。在不断增长的需求下，图文编辑行业也在不断发展和创新。另外，随着人们对健康和环保的重视，越来越多的客户开始选择使用电子文档代替传统的纸质文档，实现无纸化办公，为图文编辑行业提供了更广阔的市场空间。

任务1　了解图文编辑

• 任务引入 •

随着数字时代的到来，科学技术不断发展，互联网技术不断得到普及，人们获取各方面消息的途径越来越多，对于所获取内容的呈现方式的要求也越来越高，一篇文章、一则海报、一份简历等能否吸引读者，除了内容质量必须过关外，还必须有高质量的图文信息和编排格式。本任务的内容就是了解图文编辑技术的发展过程和现状。

一、图文编辑技术的简要发展过程

汉字是中华文明的重要标志。20 世纪 80 年代，“当代毕昇”王选发明了汉字激光照排技术（见图 3-1-1），引发我国印刷业继毕昇发明活字印刷术后的又一次革命，使汉字焕发出了新的生机和活力，汉字信息处理真正进入计算机时代，印刷业一跃从“铅与火”的时代迈入“光与电”的时代。1992 年，北京大学计算机所推出维思 1.0 版，成为世界上最早的基于 Windows 操作系统的中文专业排版软件，也是国内 Windows 操作系统上的第一个大型应用软件。几年后，北京大学计算机所陆续推出了维思 2.0 和 3.0 版，功能大大增强。

汉字信息处理

排版样张　1979年7月1日

本刊是计算机—激光汉字编辑排版系统的试排样张。

由计算机总局主持，北京大学、新华社、山东省电子局、潍坊市电子局、潍坊电讯仪表厂、杭州五二二厂、天津红星厂等单位协作会战

计算机—激光汉字编辑排版系统主体工程研制成功

汉字编辑排版系统的工作流程和软件

滚筒式激光照排机的工作原理

汉字字模信息的存贮

第四代排字机

图 3-1-1　汉字激光照排技术

二、当前图文编辑技术的发展状况

数字时代，图文信息处理呈现出数字化的趋势，不同于传统的处理方式，相关的工作人员在处理图文信息时，可以依托数字设备来进行图文信息的采集、编辑、展示和传播，能在短时间内处理较多的数据，高效地完成相关工作。此外，数字时代编辑排版中的图文信息处理与传统时代相比，内容往往更加丰富，利用计算机和网络技术，可以向读者呈现更多的有效信息，满足大众对相关消息和新闻的需求，对于实现数据化社会具有重要的作用。例如，图文信息可以经排版设计后，以网页形式呈现，如图 3-1-2 所示。

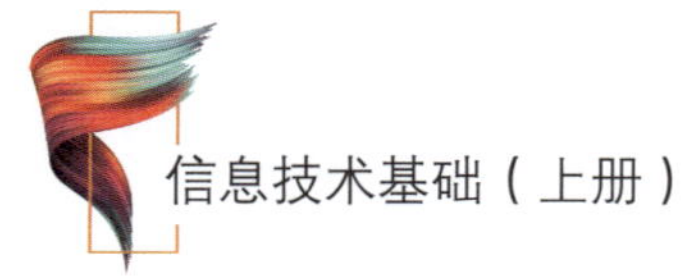

图 3-1-2　网页图文信息排版设计

三、当前图文编辑技术的发展特点

随着信息技术的发展，图文信息的表现形式更加丰富多样，图文信息所传达的信息量往往更大，更加具有深度和广度。首先，传统的纸质出版物中，如果有图片，其呈现形式一般为静态，但是，在数字时代，利用互联网技术和相关的图文处理技术，可以实现动静结合，在吸引读者注意力的同时，能将所要传递的信息进行更加有效的表达，还能让读者的审美需求在阅读过程当中得到满足。其次，在数字时代，编辑排版中的图文信息处理可以与虚拟现实技术相结合，将所要传达的内容以更加生动立体的形式进行传播，这对于读者理解比较抽象难懂的信息具有非常重要的意义，能帮助读者用较短的时间理解相关的内容，并且在理解的过程中更能体会到信息表达方式的立体感和鲜活感，实现信息传递的高效性。

实践活动

精美的图文作品

一个精美的图文作品，其字体、字号以及颜色都能使读者产生视觉冲击，合理的版式编排与别具一格的背景搭配均能散发出轻松、愉悦的魅力。图 3-1-3、图 3-1-4 和图 3-1-5 所示是不同种类的电子图文作品，观察、思考其特点，并结合以往的学习和生活经验，利用互联网进行检索并讨论分析：这些作品可以用什么样的软件设计制作？它们的版式、传播方式有什么特点？将相关内容填写在表 3-1-1 中。

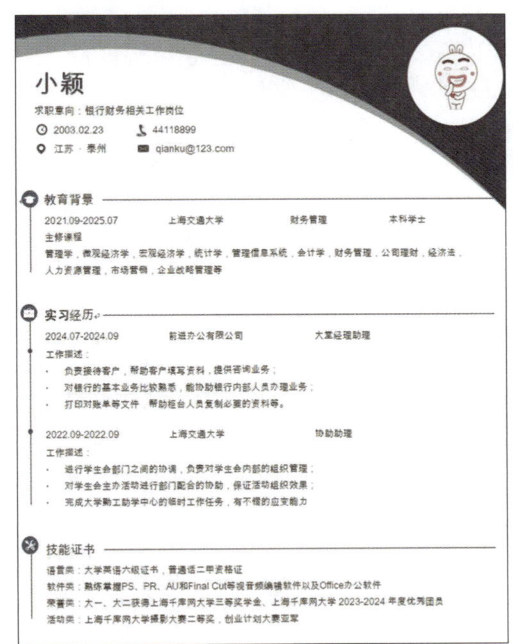

小颖

求职意向：银行财务相关工作岗位

2003.02.23　　44118899

江苏 · 泰州　　qianku@123.com

教育背景

2021.09-2025.07　上海交通大学　财务管理　本科学士

主修课程

管理学，微观经济学，宏观经济学，统计学，管理信息系统，会计学，财务管理，公司理财，经济法，人力资源管理，市场营销，企业战略管理等

实习经历

2024.07-2024.09　前进办公有限公司　大堂经理助理

工作描述：

- 负责接待客户，帮助客户填写资料，提供咨询业务；
- 对银行的基本业务比较熟悉，能协助银行内部人员办理业务；
- 打印对账单等文件，帮助柜台人员复制必要的资料等。

2022.09-2022.09　上海交通大学　协助助理

工作描述：

- 进行学生会部门之间的协调，负责对学生会内部的组织管理；
- 对学生会主办活动进行部门配合的协助，保证活动组织效果；
- 完成大学勤工助学中心的临时工作任务，有不错的应变能力

技能证书

语言类：大学英语六级证书，普通话二甲资格证

软件类：熟练掌握PS、PR、AU和Final Cut等视音频编辑软件以及Office办公软件

荣誉类：大一、大二获得上海千库网大学三等奖学金、上海千库网大学 2023-2024 年度优秀团员

活动类：上海千库网大学摄影大赛二等奖，创业计划大赛亚军

图 3-1-3　个人简历

图 3-1-4　网页设计

中国科技的进步与发展

在中国经济快速发展的过程中，科技的发展起着重要的支撑作用。中国科技的进步与发展在过去几十年中取得了巨大的成就，在国际上也获得了广泛的认可。本文将从高铁技术、5G 技术、人工智能技术、太空技术四个方面探讨中国科技的进步与发展。

高铁技术

高铁技术是中国科技进步的一个重要方面。中国高铁的发展始于 20 世纪 80 年代，通过引进国外先进技术，并进行大量自主创新和研发，经过多年努力，取得了重大的突破。目前，中国的高铁网络已经成为世界上最大的高铁网络，高铁列车的速度也达到了世界领先水平。中国高铁的发展不仅提高了人们的出行效率，也为中国的经济发展提供了强有力的支持。

5G 技术

5G 技术是当前全球科技领域的热点之一，中国在 5G 技术方面也取得了重大的进展。2019 年，中国正式商用 5G 网络，成为全球最早实现 5G 技术商用的国家之一。目前，中国的 5G 网络已经覆盖了全国大部分城市，5G 手机也已逐渐普及。5G 技术的应用将会给人们的生活带来巨大的[illegible]化，也将为中国的经济发展提供新的动力。

人工智能技术

人工智能技术是当前全球科技领域的另一个热点，中国在人工智能技术方面也取得了重大的进展。目前在国内，人工智能技术已应用于医疗、金融、交通等众多领域。中国的人工智能企业也在全球范围内具有很高的竞争力。人工智能技术的应用将会为人们的生活带来更多的便利，也将进一步促进中国经济的发展。

太空技术

太空技术是科技领域的一个重要方面，中国在太空技术方面也取得了重大成就。近年来，中国空间站已经全面进入常态化运营阶段，并成功完成了多次载人航天任务。2019 年，中国成功发射了嫦娥四号探测器，并成功在月球背面着陆，这是人类历史上第一次在月球背面着陆。中国的太空技术已经应用于卫星通信、导航等领域，也为中国的国防建设提供了重要的支持。

中国在科技领域取得的成就是不可忽视的。这些成就不仅为中国自身的发展提供了强有力的支持，也为全球科技的发展做出了重要的贡献。

未来，中国将继续加强科技创新、人才培养、科技产业化和国际合作，推动中国科技的进一步发展，推动科技进步，为人类的发展做出更大的贡献。

图 3-1-5　电子报刊

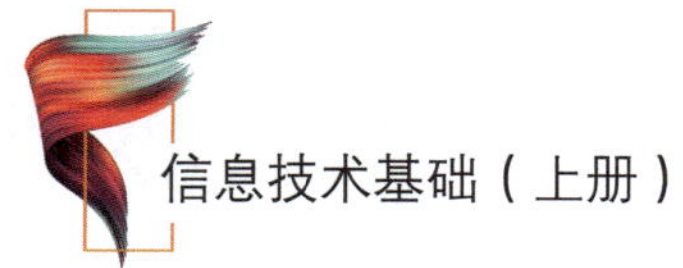

表 3-1-1 图文作品信息表

图文类别	版式篇幅	传播方式	制作软件	成品特点
个人简历				
网页设计				
电子报刊				

交流与讨论

图文编辑技术存在于我们生活的方方面面，小组讨论：在生活中、学习上有哪些令你印象深刻的图文编辑案例？图文编辑技术的发展对我们的生活、学习有哪些影响？

巩固与提高

中秋节，又称祭月节、月光诞、月夕、仲秋节、拜月节、月娘节、月亮节、团圆节等，是中国四大传统节日之一。中秋节源自对天象的崇拜，由上古时代秋夕祭月演变而来。中秋节自古便有祭月、赏月、吃月饼、看花灯、赏桂花、饮桂花酒等民俗，流传至今，经久不息。

2006 年 5 月 20 日，国务院将其列入首批国家级非物质文化遗产名录。自 2008 年起中秋节被列为中国国家法定节假日。

某同学制作的中秋节电子海报如图 3-1-6 所示。仔细观察，认真分析，此海报由哪些元素组成？可以用什么软件来制作它？

图 3-1-6 中秋节电子海报

任务 2 认识图文编辑工具

· 任务引入 ·

一款优秀的图文编辑软件，能够满足用户的各种文档处理需求，如输入、编辑文本，设置文档格式，在文档中插入与编辑图片、艺术字和图形，制作表格等，从而帮助用户制作出专业、美观的文档。本任务的内容就是初步了解常用的图文编辑工具。

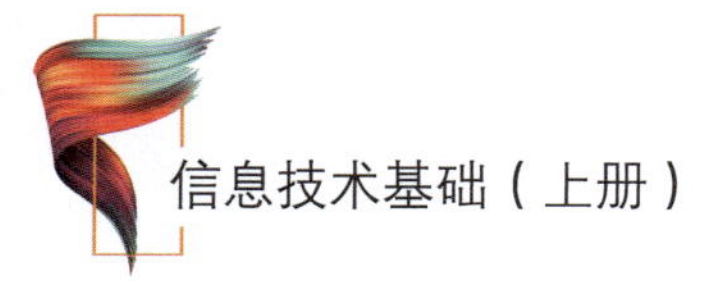

一、常用的图文编辑工具

日常工作、学习中，常用图文编辑软件可以分为以下三类。

1. 文字处理软件

文字处理软件集编辑与打印等功能于一体，具有丰富的全屏编辑和强大的图文混排功能，如文字的输入、编辑、格式化、图形处理、图文混排、表格处理、文档管理等。目前，常用的文字处理软件有 Microsoft Office 中的 Word 和 WPS Office 中的 WPS 文字。它们还提供了各种输出格式及打印功能，能满足文字工作者编辑、打印各种文件的需求。

使用时需要注意的是，Microsoft Office 的各个功能模块（Word、Excel、PowerPoint 等）分别为独立的应用程序，而 WPS Office 则将 WPS 文字、WPS 表格、WPS 演示等功能模块整合为一个统一的 WPS Office 应用程序。Word 的工作界面如图 3-1-7 所示，WPS 文字的工作界面如图 3-1-8 所示。

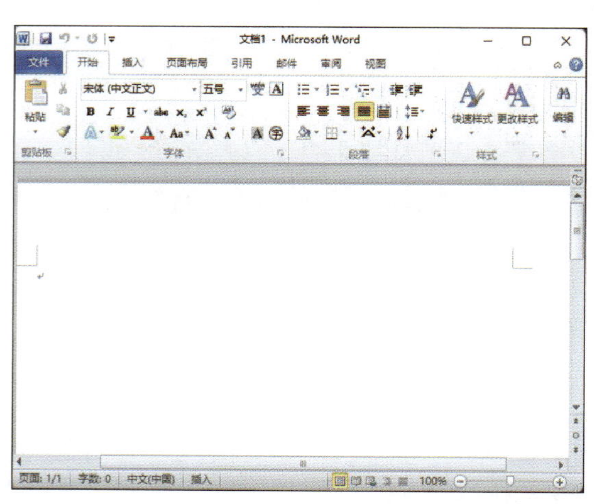

图 3-1-7　Word 的工作界面

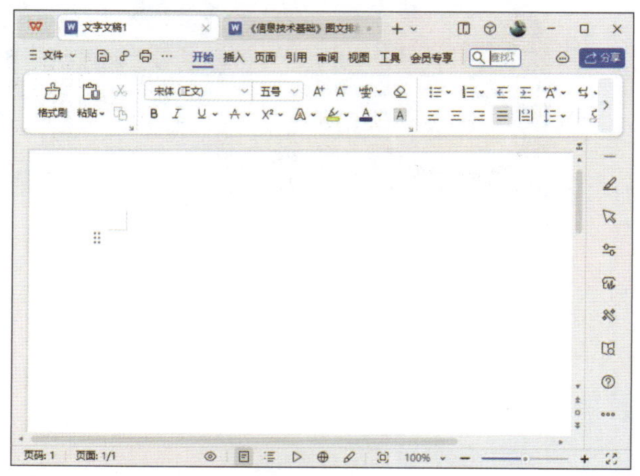

图 3-1-8　WPS 文字的工作界面

2. 桌面排版软件

方正飞腾和 Adobe InDesign 等软件（见图 3-1-9）是专业级的出版物桌面排版软件，可以用来制作高质量的简报、报纸、杂志等。它们提供了丰富的排版工具，让用户可以自由地设计文本排列，插入图片、图表等元素。

3. 移动终端图文设计应用程序

信息时代的快速发展带动了移动终端图文设计应用程序（App）的革新，秀米（XIUMI）、美篇、易企秀（见图 3-1-10）都是手机、平板计算机等移动终端上的图文设计应用程序。它们能帮助用户快速制作专业水平的文档、海报、演示文稿等，提供有吸引力的排版和设计效果。

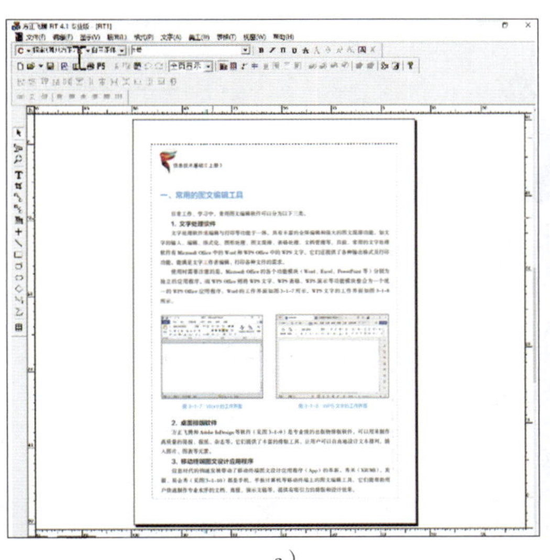

a）　　b）

图 3-1-9　桌面排版软件

a）方正飞腾工作界面　b）Adobe InDesign 工作界面

a）　　b）

图 3-1-10　移动终端图文设计应用程序

a）易企秀工作界面　b）秀米（XIUMI）工作界面

二、电子文档的基本知识

电子文档（这里指使用文字处理软件编辑处理的文字或图文混排文档，因其常用编辑软件是 Word，为避免歧义，日常使用中也常称之为 Word 文档）的美观程度将直接影响到阅读者的情绪和

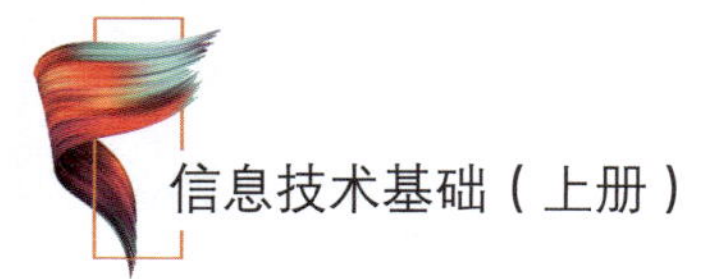

阅读效率。精美的版面设计会使阅读者心情愉悦，提高阅读效率；相反，版面设计不合理会使阅读者产生疲劳感。因此，设计制作电子文档时要注意以下要素。

1. 电子文档布局

在设计制作电子文档时，要考虑电子文档基本的页面布局，根据电子文档设计风格，确定页面纸张大小、纸张方向、栏目数量等。

2. 电子文档内容

电子文档的呈现效果由文档内容决定，文档内容也制约着设计风格，但无论什么类别的文档，都由文档标题及正文组成。常见的电子文档类型有宣传海报、电子公文和说明文档等。

3. 电子文档格式

为文档设置必要的格式，不仅可以使文档看起来更加美观，还可以帮助阅读者更轻松地阅读和理解文档内容。

如图 3-1-11 所示电子文档基本元素案例是一张图文混排的电子小报，它的页面大小为 A4 纸；版式为横向排版；标题采用了艺术字；正文用不同字体、粗细、颜色来区分并插入项目符号；在相应段落下面插入图片，图文并茂。在接下来的课题中，我们会逐一讲解有关文档格式设置的相关操作。

图 3-1-11　电子文档基本元素案例

三、电子文档的基本操作

在对文档进行编辑之前，需要新建文字文档素材。在编辑排版的过程中，要注意对文档进行保存，以防计算机断电、死机等原因导致文档丢失。以 WPS 文字为例，其窗口界面及常用对象如图 3-1-12 所示，Microsoft Office 文字处理的软件界面与其相似。

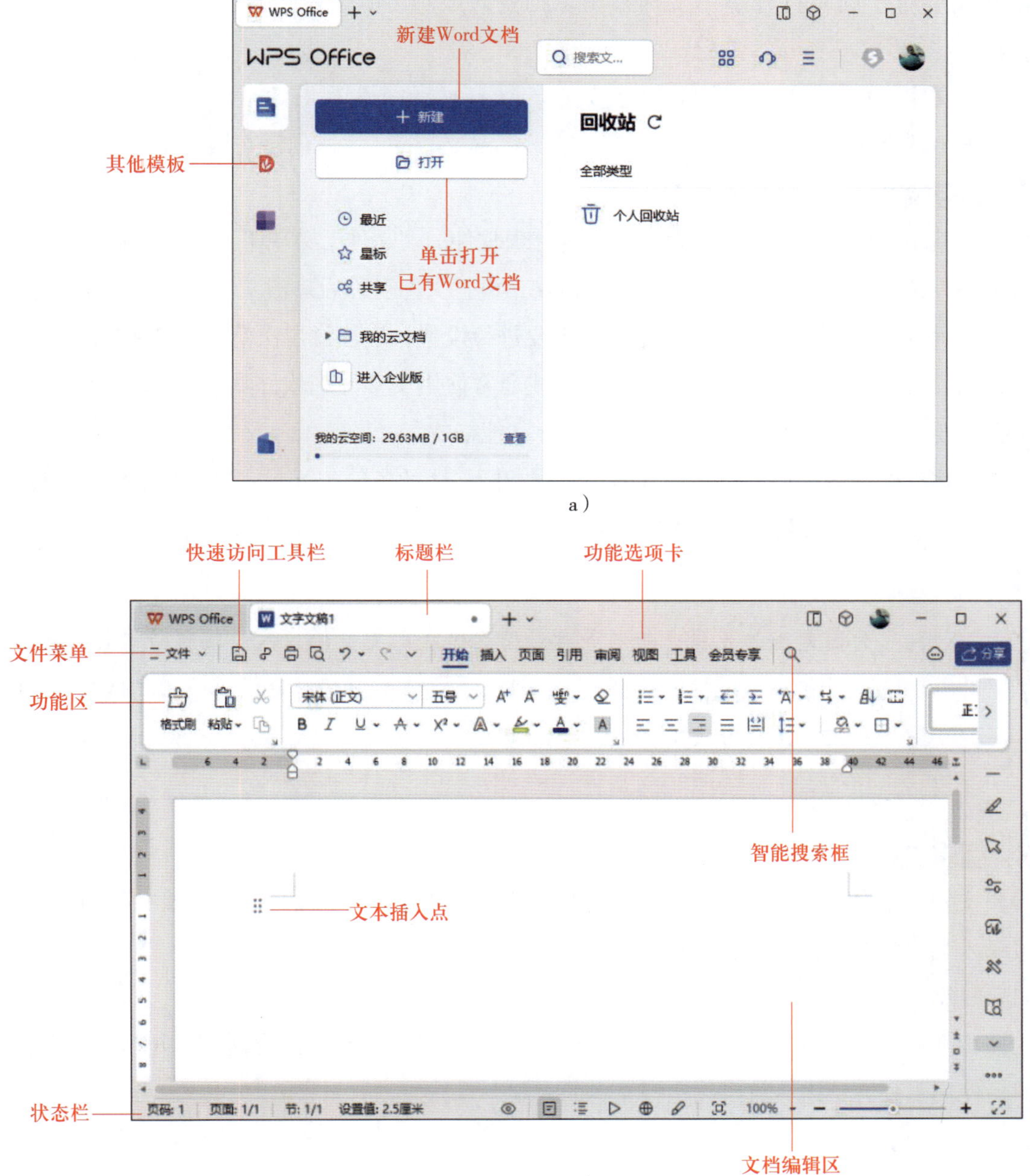

a）

b）

图 3-1-12　WPS 文字的窗口界面及常用对象

a）启动 WPS 文字　b）WPS 文字的工作界面

1. 新建文档

双击运行桌面快捷方式图标或通过“开始”菜单打开文字处理软件后，可在其主界面左上方找到“新建”命令，单击该命令可新建文档。对于 WPS 文字，可直接单击主界面中的“新建”按钮，然后在 Office 文档类型中选择“文字”；对于 Microsoft Office，“新建”命令位于“文件”菜单中。通常执行“新建”命令后，选择“空白文档”即可快速创建一个空白的新文档，此外，文字处理软件都提供了丰富的预设模板，如毕业论文模板、职业规划模板、开题报告模板等，可根据需要选用。

WPS 文字对于同时打开多个文档采用了标签式显示方式，单击标签栏上的“+”也可新建文档。

未打开文字处理软件时，还可在桌面或文件夹空白处单击鼠标右键，在弹出的快捷菜单的“新建”子菜单中选择相应的文档类型（如 Microsoft Word 文档），快速创建文档。

2. 保存文档

创建并编辑后的文档应及时保存，在文字处理软件的“文件”菜单下选择“保存”命令，在弹出的对话框中选择文件保存位置、选择文件格式、设置文件名称后单击“保存”按钮即可完成文件的保存。文件保存位置和文件名称根据实际需要进行设置，应注意层次清晰地设置文件目录结构，恰当地命名文件，以便未来查找使用。文件格式通常使用文字处理软件默认的“.docx”格式即可，也可根据需要，通过“文件类型”下拉列表选择其他格式。

若需要将已保存的文件另存一份其他格式或相同格式的备份，可在“文件”菜单下选择“另存为”命令，其余操作和设置与保存文件相同。

提示

为避免因为死机、断电等意外情况造成已完成的录入、编辑等工作丢失，应注意养成在文件编辑过程中随时保存文档的良好习惯，通常可使用“Ctrl+S”组合键保存文档，较为便捷。

3. 编辑文档

编辑文档是指录入文档内容，并按照需要对其格式进行调整和设置。在编辑文档的过程中，除了直接录入文字内容，经常要对文本进行复制、剪切、删除和插入等操作。

（1）复制

为减少文档中一些重复内容的输入，可以使用复制功能快速实现。首先选中需要复制的文本内容，然后使用下列方法之一就可以实现文本的复制。

1）将鼠标指针移动到被选中文本的任何一个位置，使鼠标指针变成一个指向左上方的空心箭头，按下“Ctrl”键的同时再按住鼠标左键，将文本拖动到目标位置，释放鼠标左键即可实现选中文本的复制和粘贴。

2）在选中文本的任何位置单击鼠标右键，在弹出的快捷菜单中执行“复制”命令（或按“Ctrl+C”组合键），将光标插入点移至目标位置并单击鼠标右键，在弹出的快捷菜单中执行“粘贴”命令（或按“Ctrl+V”组合键），即可实现文本的复制和粘贴。

3）在“开始”选项卡中，单击“剪贴板”功能区的“复制”按钮 复制(C) ，将光标插入点移至目标位置并单击该功能区的“粘贴”按钮 粘贴 ，即可实现文本的复制和粘贴。

（2）剪切

如果需要将文档中的部分内容移动位置，可以使用下列方法之一。

1）选中需要移动的文本，然后将鼠标移动到该文本的任何一个位置，鼠标指针变成一个指向左上方的空心箭头时，按住鼠标左键拖动该文本到目标位置，释放鼠标左键即可实现文本移动。

2）选中需要移动的文本，单击鼠标右键，在弹出的快捷菜单中单击“剪切”命令（或按“Ctrl+X”组合键），将光标插入点移至目标位置并单击鼠标右键，在弹出的快捷菜单中单击“粘贴”命令（或按“Ctrl+V”组合键）即可实现文本移动。

（3）删除与插入

编辑文档过程中，用鼠标或键盘将光标移至需要修改的位置，按“Delete”键可删除光标后的文字或图片，按“Backspace”键可删除光标前的文字或图片，直接录入文字可对内容进行修改。但需要注意的是，文字处理软件中提供了“插入”和“覆盖”两种修改模式。在“插入”模式下，新录入的字符将插入光标前后的两个字符之间，而在“覆盖”模式下，新录入的字符将覆盖掉原本在光标后的字符。两种模式可通过按“Insert”键进行切换，在软件下方的状态栏中，会显示当前的修改模式。

提示

编辑文档的过程中，务必注意当前的修改模式，以免不慎误删内容，造成错误。

（4）撤销和恢复

1）撤销操作用于取消上一步对文档所做的操作，其方法是单击“快速访问工具栏”区域的“撤销”按钮，也可以使用“Ctrl+Z”组合键，连续执行可撤销多步操作。

2）恢复操作用于恢复上一个撤销操作，其方法是单击“快速访问工具栏”区域的“恢复”按钮，也可以使用“Ctrl+Y”组合键，连续执行可恢复多步撤销操作。

4. 打印文档

在计算机上完成电子文档的编辑处理后，有时还需要将文档打印成纸质形式。文档打印的一般方法是：

（1）打开需要打印的文档，选择“文件”菜单，单击“打印”命令。

（2）在弹出的打印设置窗口中，选择打印机，设置要打印的页面范围、份数等参数，如图 3-1-13 所示。

（3）设置完成后，单击“确定”按钮即可开始打印。

5. 保护文档

为了防止他人非法查看文档内容，还可以对文档进行加密。以 WPS 文字为例，其方法为：执行“文件”→“文档加密”→“密码加密”命令，打开“选项”对话框（见图 3-1-14），根据需要设置打开权限或编辑权限的加密密码，完成后单击“确定”按钮即可。

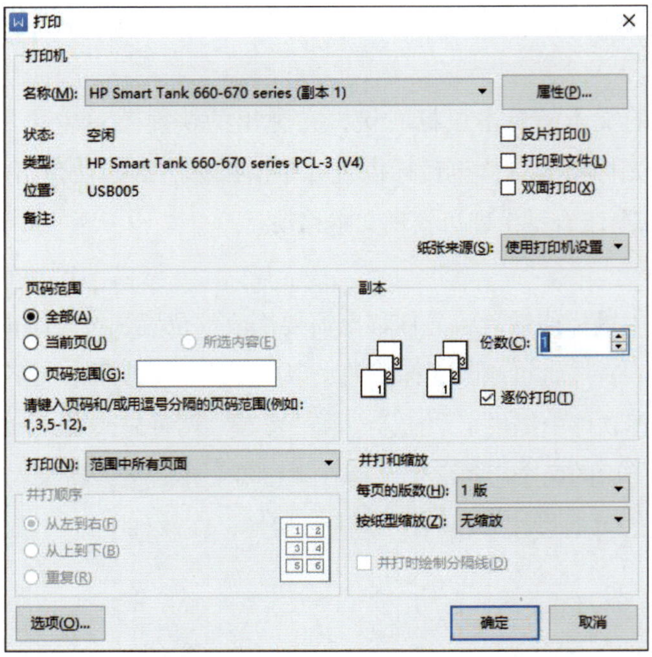

图 3-1-13　打印设置窗口

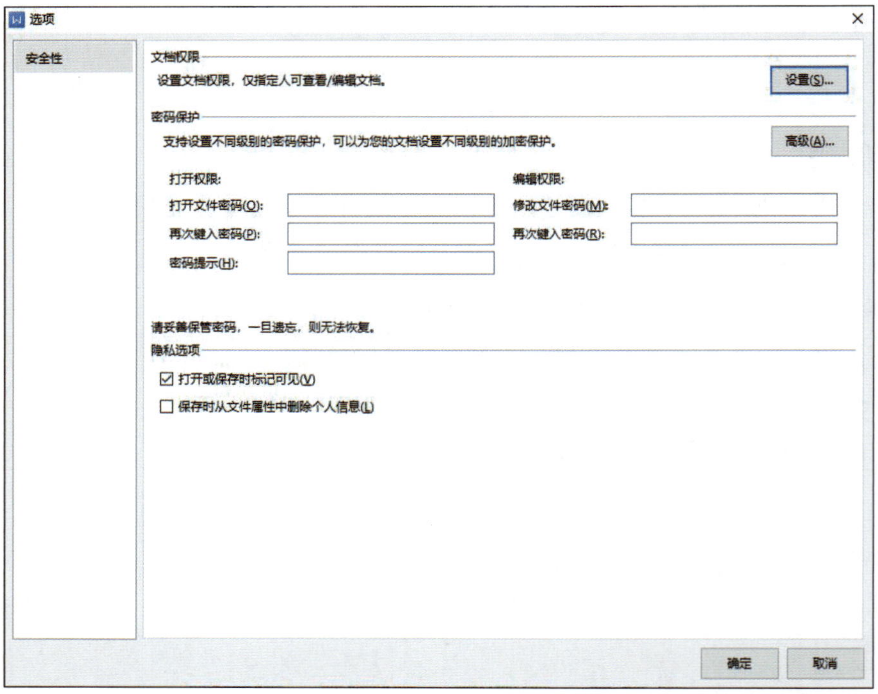

图 3-1-14　“选项”对话框

提示

实际上，上面讲到的这些基本操作方法或快捷键中，很多不仅适用于文字处理软件，在其他各类软件中也同样适用，如保存（Ctrl+S）、复制（Ctrl+C）、粘贴（Ctrl+V）、撤销（Ctrl+Z）等。

实践活动

制作“垃圾分类 从我做起”宣传页

垃圾分类是一项基础性工作，是环境保护、资源利用和可持续发展的基础，也是人类文明进步的表现之一。街道办事处正在组织垃圾分类宣传活动，已有一份宣传页文档初稿，现需在此基础上稍加改动，制作成面向本校同学的宣传页，打印后张贴在校园内，参考效果如图 3–1–15 所示。

操作演示

垃圾分类 从我做起

随着城市化脚步的日益加快，生活质量的日益提升，我们产生的生活垃圾数量越来越多，成分也越来越复杂，垃圾正以惊人的数量淹没着我们美丽的城市。就在我们京州市区，目前年产垃圾就达 7.8 万多吨，日产垃圾有 760 多吨，垃圾的数量，已远远超过自然界的自我循环、自我净化能力。

然而，“垃圾混置是垃圾，垃圾分类是资源”，实行垃圾分类回收，却可化害为利，变废为宝。如，每回收 1 吨废纸，可造好纸 850 公斤，节省木材 3 立方米，比等量生产减少污染 74%。利用碎玻璃再生产玻璃，可节省 10%~30%，节水 50%，减少空气污染 20%，减少采矿废弃矿渣 80%……

为此，让我们积极响应市生活垃圾分类领导小组的倡议，积极支持和参与到生活垃圾分类中来。

“垃圾分一分，生活美十分”。为了我们的生活环境，为了给子孙后代多留一些资源，请您和您的家人积极参与垃圾分类。我们相信，有您和您的家人的参与和支持，有我们大家的共同努力，我们的家园一定会变得更加美丽！

同学们，让我们立即行动起来，从自身做起，从每个家庭做起，做好生活垃圾分类工作，以崭新的面貌，良好的生活习惯，爱护我们的家园，保护我们的生存环境。

2025 年 3 月 1 日

图 3–1–15　宣传页参考效果

【主要操作步骤】

1. 新建文档

启动文字处理软件，新建一个空白文档，并打开素材文件中的宣传页初稿。

2. 编辑文本

使用复制、粘贴的方法，将初稿中的文字内容复制到空白文档中。

使用剪切、粘贴的方法，将第 3 自然段和第 4 自然段交换位置，使内容表达更顺畅。

将第 5 自然段的“居民朋友们”修改为“同学们”。

将落款处的日期修改为当前日期。

3. 插入图片

将光标定位到文档最后一行，并排打开素材图片所在的文件和图文编辑软件窗口，使用按住鼠标左键拖动的方法，将素材图片拖入文档中。

4. 保存文档

单击快速访问工具栏中的“保存”按钮或执行“文件”菜单下的“保存”或“另存为”命令，在弹出的“另存为”对话框中选择文档保存的位置，在“文件名”后的文本框中输入文件名“垃圾分类　从我做起”，采用默认文档格式。保存文档后关闭文字处理。

知识拓展

常用的文档类型

1. Word 文档，是 Microsoft Office 的电子文档格式，早期各个版本中的默认格式为“.doc”，Microsoft Office 2007 及以后的版本中的默认格式为“.docx”。

2. WPS Office 文档，是 WPS Office 自有的电子文档格式，文件扩展名为“.wps”。

3. PDF 文档，是一种跨平台的文件格式，其优点是在不同设备、不同软件中都能充分保留文件原有格式，实现显示效果的统一，缺点是直接编辑修改较为不便。

4. 纯文本文档，是一种最基础的文本格式，只能保存文本内容，不保存格式设置。

巩固与提高

优化“垃圾分类　从我做起”宣传页，在文档标题下面插入一段文字，成为文档的第 2 自然段，并保存文档。插入的文本如下：

垃圾混置是垃圾，垃圾分类是资源。当今全球，环保已成为焦点议题，其紧迫性不言而喻。暂且不论冰山融化、物种灭绝等宏大议题，仅我们身边日益凸显的垃圾问题就足以引起高度重视。

最后，将“垃圾分类从我做起”文档另存为 PDF 文档格式。

课题二
编辑简单文档

学习目标

1. 能使用正确的方法对文本、段落和页面格式进行设置。
2. 能使用样式对文本格式进行快捷设置。
3. 能对文档进行美化，熟练设置文档背景。

为文档设置必要的格式，不仅可以使文档看起来更加美观，还可以帮助我们更轻松地阅读和理解文档内容。本课题主要学习设置文档格式的方法，包括设置文档的字符格式、段落格式和页面格式。

任务1　编排文档格式

• 任务引入 •

在各种文档中，最基本的要素就是其文本内容和段落编排。文本内容包括汉字、字母、数字和符号等。设置文本格式包括更改文本的字体、字号和颜色等操作，用以使文本更加突出。一篇文档中通常有很多段落，为了使段落之间层次分明，往往需设置段落之间的格式，使整篇文档更加美观。本任务将使用文字处理软件，录入文本内容，设置段落格式，完成简单文档的内容编排。

文本和段落格式主要通过“开始”选项卡中的按钮和“字体”“段落”对话框来设置。选择相应的文本或段落后，在“开始”选项卡中单击相应按钮，可快速设置常用的文本或段落格式。

一、字符格式

字符格式是指字符的外观显示方式，主要可设置的内容包括字体、字号、字形、字符颜色、下画线、着重号、删除线或双删除线、上标或下标等效果，以及对字符的修饰，如给字符加边框、加底纹，设置字符缩放、字符间距及字符位置等。常用的字符格式见表 3–2–1。

表 3–2–1　常用的字符格式

字符格式	呈现效果示例
字体	楷体：信息技术
字号	小二号：信息技术　五号：信息技术
字形	加粗、斜体：***信息技术***
字符颜色	蓝色：信息技术
下画线、着重号	红色下画线、加着重号：信息技术
删除线 / 双删除线	删除线：~~信息技术~~　双删除线：~~信息技术~~
上标 / 下标	上标：信息技术^{基础}
	下标：信息技术$_{基础}$
字符缩放和字符间距	缩放：100%　33%　200%
	字符间距：标准，加 宽 3 磅，紧缩3磅
其他中文版式	添加拼音：信息技术（xìn xī jì shù）
	带圈字符：信㊙技术
	合并字符〔将多个字符（不超过 6 个）合并成一个字符〕：信息技术基础
	双行合一（两行文字共用一行高度）：信息技术基础双行合一显示效果

实践活动

制作生态文明宣传文档

生态文明是以人与自然、人与人、人与社会和谐共生、良性循环、全面发展、持续繁荣为基本宗旨的社会形态。为提高同学们保护环境、保护生态的意识，学校团委计划举办一系列保护生态活动，现需要制作一个科普生态文明的宣传文档。

【主要操作步骤】

1. 设置文档标题文字为“生态文明”，单独占一行，在“开始”选项卡下“段落”组中将其设置为居中显示，在“字体”组中将文字格式设置为“楷体、一号、浅绿色”。“字体”组以及单击扩展按钮后弹出的“字体”对话框如图 3–2–1 所示。

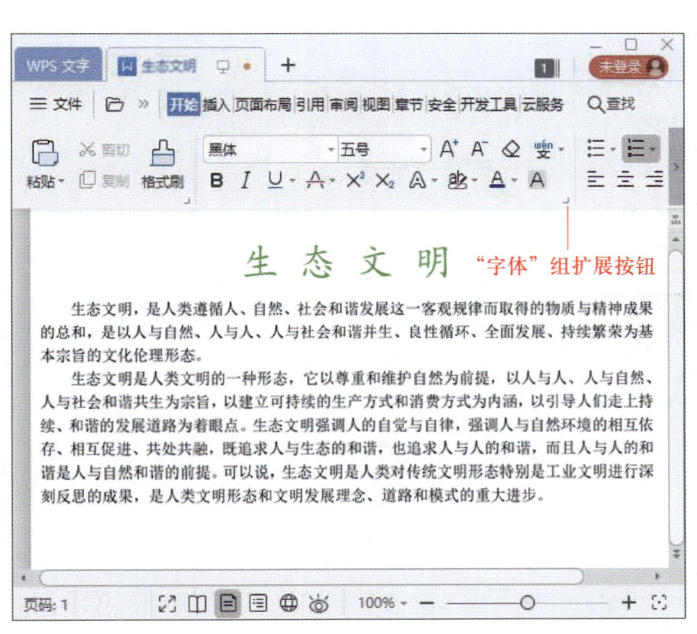

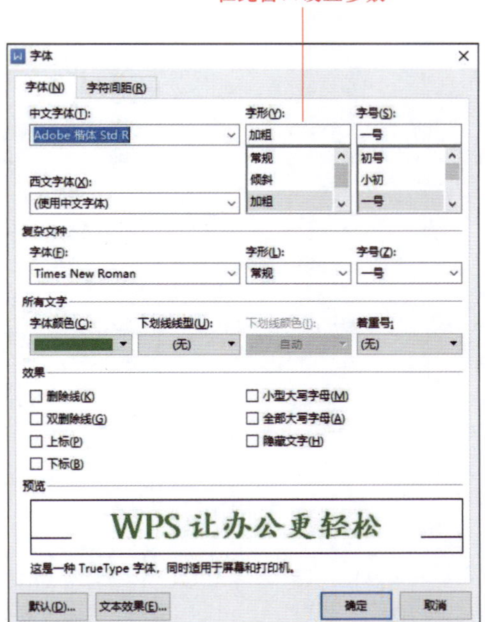

图 3–2–1 “字体”组及“字体”对话框

2. 将正文文字整体设置为“宋体、五号”。

3. 将正文开头的“生态文明”设置为“华文新魏、浅绿色”，并加橙色双实线下画线；将“和谐发展”设置为“华文彩云、小二号、红色”；为“人与自然、人与人、人与社会和谐并生……形态”设置着重号。

4. 进行特殊格式设置。利用“字体”组中的工具为“生态文明强调人的自觉与自律……进步。”加浅绿色底纹并设置倾斜效果，以突出显示；单击“页面布局”选项卡中的“页面边框”按钮（见图 3–2–2），在弹出的“边框与底纹”对话框（见图 3–2–3）中，为“生态文明是人类对传统文明形态特别是工业文明……进步。”添加双实线边框。

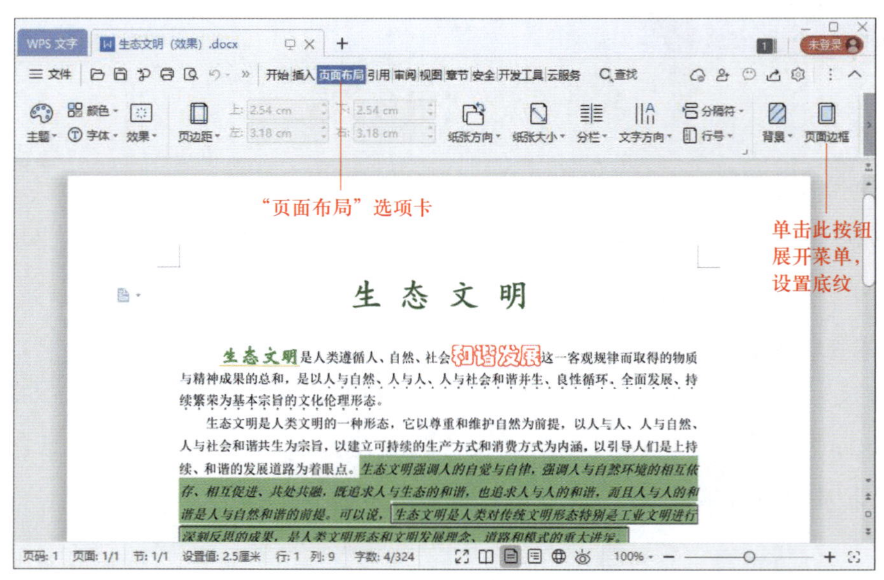

图 3-2-2 "页面布局"选项卡中的"页面边框"按钮

图 3-2-3 "边框与底纹"对话框

提示

不同的文字处理软件中，同一文字处理软件的不同版本中，甚至同一软件的不同窗口尺寸下，选项卡的具体名称、布局可能都略有不同，但其基本分类逻辑和使用方法大同小异。在学习过程中，应注意培养"举一反三"的能力，能快速准确地找到所需按钮、命令的位置。确实难以找到时，可通过帮助文件或互联网搜索引擎进行查询。

此外，功能区中显示的选项卡、按钮也不是固定不变的，在功能区空白处单击鼠标右键，选择用于自定义的相关命令，即可根据自身使用需要进行添加和调整。

交流与讨论

为突出显示效果，现需在“海滨的空气”文档的第 2 段中设置“首字下沉”的效果，完成该设置，如图 3-2-4 所示，并讨论“首字下沉”和“首字悬挂”两者之间的区别。

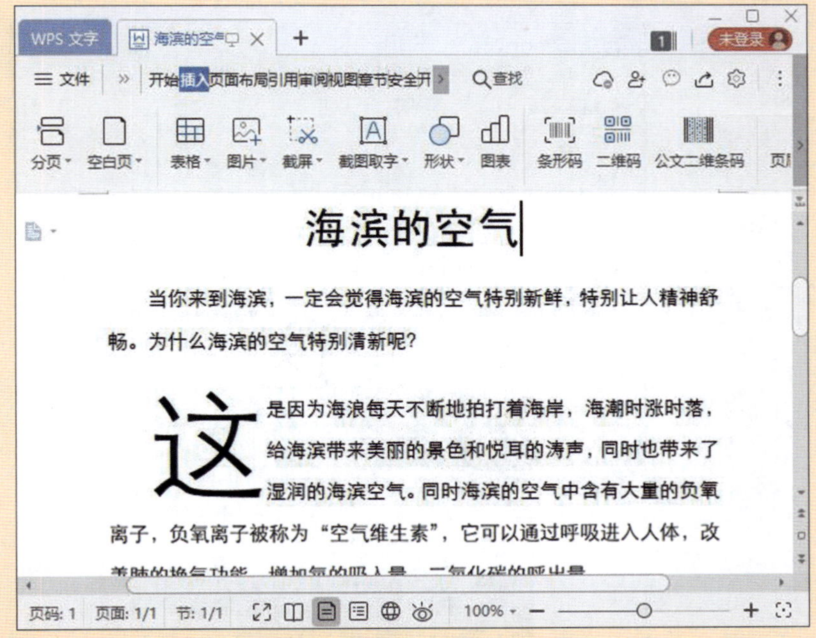

图 3-2-4　设置“首字下沉”效果

巩固与提高

美化“海滨的空气”文档格式

根据以下提示，对“海滨的空气”文档格式进行美化。

1. 设置“海滨空气”文档格式

（1）将文档标题海滨的空气设置为“华文行楷、加粗初号、浅蓝色”。

（2）将正文设置为“华文细黑、小四”。

（3）在第 2 段中插入图片，并设置图片倒影效果。

（4）为第 3 段文字设置段落底纹和文字阴影。

2. 设置文字特殊格式

将第 2 段文字设置为首字下沉 3 个字符，并尝试设置首字悬挂，观察这些特殊格式所产生的不一样的文档效果。

最终完成效果可参考图 3-2-5。

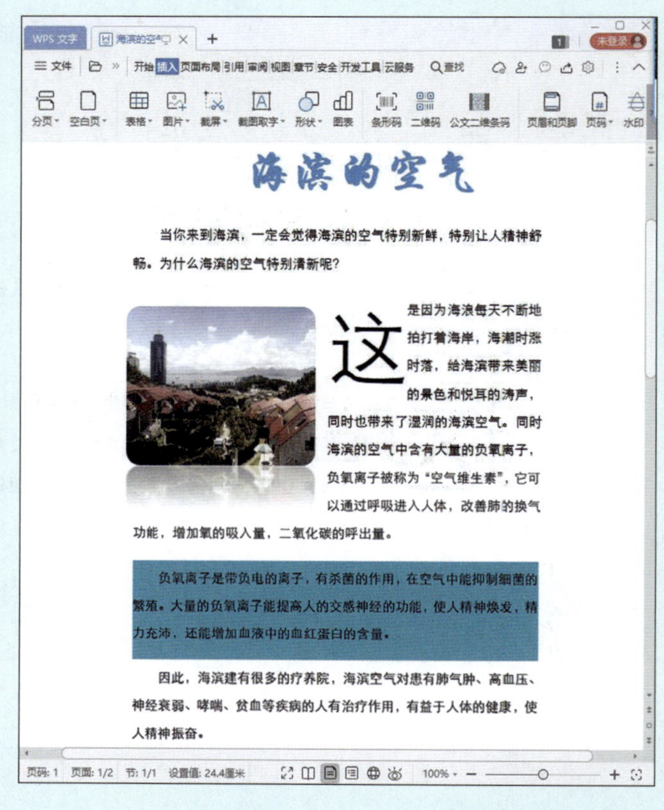

海滨的空气

当你来到海滨，一定会觉得海滨的空气特别新鲜，特别让人精神舒畅。为什么海滨的空气特别清新呢?

这是因为海浪每天不断地拍打着海岸，海潮时涨时落，给海滨带来美丽的景色和悦耳的涛声，同时也带来了湿润的海滨空气。同时海滨的空气中含有大量的负氧离子，负氧离子被称为“空气维生素”，它可以通过呼吸进入人体，改善肺的换气功能，增加氧的吸入量，二氧化碳的呼出量。

负氧离子是带负电的离子，有杀菌的作用，在空气中能抑制细菌的繁殖。大量的负氧离子能提高人的交感神经的功能，使人精神焕发，精力充沛，还能增加血液中的血红蛋白的含量。

因此，海滨建有很多的疗养院，海滨空气对患有肺气肿、高血压、神经衰弱、哮喘、贫血等疾病的人有治疗作用，有益于人体的健康，使人精神振奋。

图 3-2-5 “海滨的空气”文本格式设置最终完成效果

二、段落格式

段落格式是指控制段落外观的格式设置。其中，行距和段间距是日常工作中最常用的段落格式。段落格式对文档的美观性起着非常重要的作用。图文编辑软件的段落格式控制段落外观的格式设置，例如，缩进、对齐、行距和分页等。常用的段落格式见表 3-2-2。

表 3-2-2　　常用的段落格式

<table>
<tr><th colspan="2">段落格式</th><th>效果呈现</th></tr>
<tr><td rowspan="5">对齐</td><td>左对齐</td><td>信息技术（information technology）的发展不仅深刻地改变了我们的生活方式，而且在经济和社会领域都产生了深刻的影响。</td></tr>
<tr><td>居中</td><td>信息技术（information technology）的发展不仅深刻地改变了我们的生活方式，而且在经济和社会领域都产生了深刻的影响。</td></tr>
<tr><td>右对齐</td><td>信息技术（information technology）的发展不仅深刻地改变了我们的生活方式，而且在经济和社会领域都产生了深刻的影响。</td></tr>
<tr><td>两端对齐</td><td>信息技术（information technology）的发展不仅深刻地改变了我们的生活方式，而且在经济和社会领域都产生了深刻的影响。</td></tr>
<tr><td>分散对齐</td><td>信息技术（information technology）的发展不仅深刻地改变了我们的生活方式，而且在经济和社会领域都产生了深刻的　影　响。</td></tr>
<tr><td rowspan="2">缩进</td><td>首行缩进（2 个字符）</td><td>信息技术（information technology）的发展不仅深刻地改变了我们的生活方式，而且在经济和社会领域都产生了深刻的影响。</td></tr>
<tr><td>悬挂缩进（2 个字符）</td><td>信息技术（information technology）的发展不仅深刻地改变了我们的生活方式，而且在经济和社会领域都产生了深刻的影响。</td></tr>
</table>

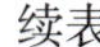
续表

<table>
<tr><th colspan="3">段落格式</th><th>效果呈现</th></tr>
<tr><td rowspan="6">间距</td><td rowspan="4">行距</td><td>1.0 倍</td><td>信息技术（information technology）的发展不仅深刻地改变了我们的生活方式，而且在经济和社会领域都产生了深刻的影响。</td></tr>
<tr><td>1.5 倍</td><td>信息技术（information technology）的发展不仅深刻地改变了我们的生活方式，而且在经济和社会领域都产生了深刻的影响。</td></tr>
<tr><td>固定值（18 磅）</td><td>信息技术（information technology）的发展不仅深刻地改变了我们的生活方式，而且在经济和社会领域都产生了深刻的影响。</td></tr>
<tr><td>多倍行距（2 倍）</td><td>信息技术（information technology）的发展不仅深刻地改变了我们的生活方式，而且在经济和社会领域都产生了深刻的影响。</td></tr>
<tr><td rowspan="2">段落间距</td><td>段前（2 行）</td><td>式，而且在经济和社会领域都产生了深刻的影响。

信息技术（information technology）的发展不仅深刻地改变了我们的生活方式，而且在经济和社会领域都产生了深刻的影响。</td></tr>
<tr><td>段后（2 行）</td><td>信息技术（information technology）的发展不仅深刻地改变了我们的生活方式，而且在经济和社会领域都产生了深刻的影响。

信息技术（information technology）的发展不仅深刻地改变了我们的生活方</td></tr>
</table>

实践活动

制作“科学精神和人文精神”文档

知识源于人类的根本需求，它是人类本质的特征之一，而知识的发展历程实质上就是人类本质特征展现的历史。班主任为动员同学们积极学习探索世界，安排制作一个以“科学精神和人文精神”为主题的招贴文档，以达到动员宣传的目的。

操作演示

【主要操作步骤】

1. 设置文档页面格式

（1）在“页面布局”选项卡中，设置上下左右页边距为 2.5 厘米，设置页眉距边界为 2.2 厘米。

（2）将标题“科学精神和人文精神”设置为“黑体、加粗、一号”。

2. 将正文第 1 段的字体设置为“楷体、四号、蓝色”，并为其加上红色的双波浪线下画线，行距设置为“固定值 23 磅”。单击“开始”选项卡下“段落”组右下角的扩展按钮后弹出的“段落”对话框如图 3-2-6 所示。

3. 为第 2 段文本加上黑色边框；将文字格式设置为“华文新魏、四号”。

4. 为正文第 3 ~ 14 段添加编号，并设置该格式为左侧缩进 0 字符，悬挂缩进 2 字符，行距为“固定值 18 磅”，字体设置为“黑体、五号、深红色”。插入编号除可手动完成外，也可借助软件中的功能自动完成，操作如图 3-2-7 所示。

5. 保存格式设置后的文档，参考效果如图 3-2-8 所示。

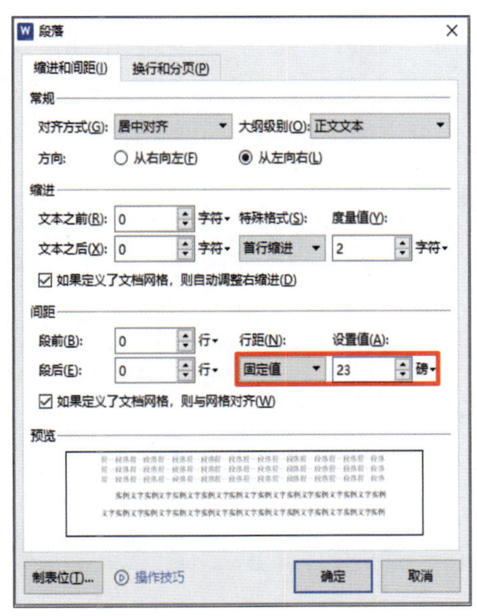

图 3-2-6 “段落”对话框

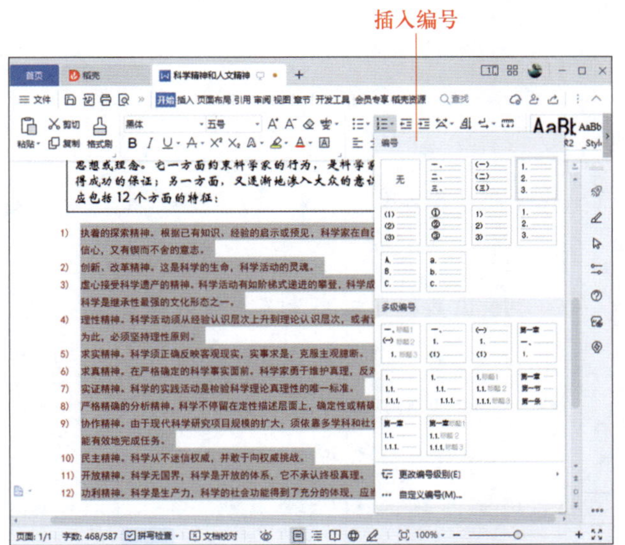

图 3-2-7 插入项目编号

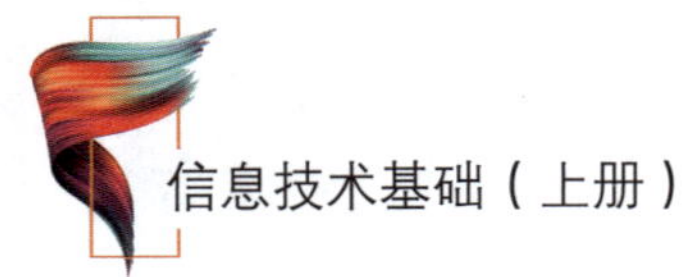

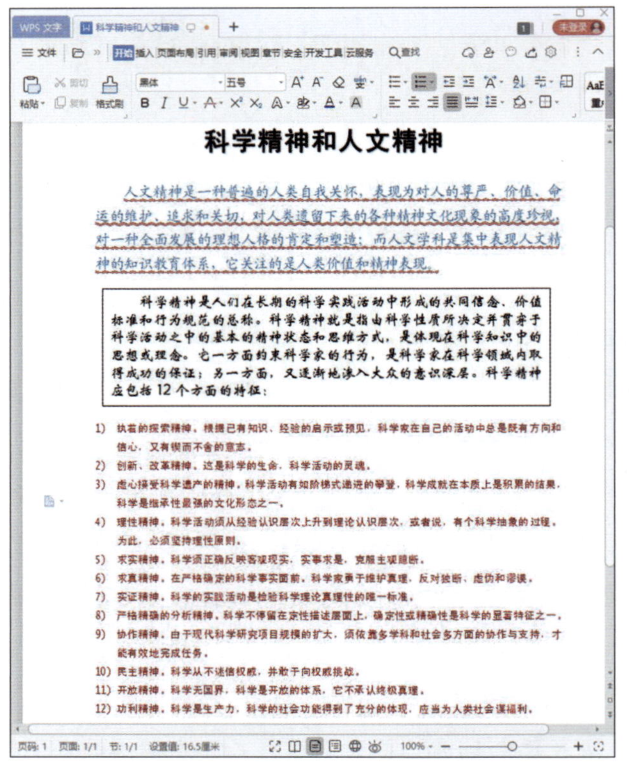

科学精神和人文精神

人文精神是一种普遍的人类自我关怀，表现为对人的尊严、价值、命运的维护、追求和关切，对人类遗留下来的各种精神文化现象的高度珍视，对一种全面发展的理想人格的肯定和塑造；而人文学科是集中表现人文精神的知识教育体系，它关注的是人类价值和精神表现。

科学精神是人们在长期的科学实践活动中形成的共同信念、价值标准和行为规范的总称。科学精神就是指由科学性质所决定并贯穿于科学活动之中的基本的精神状态和思维方式，是体现在科学知识中的思想或理念。它一方面约束科学家的行为，是科学家在科学领域内取得成功的保证；另一方面，又逐渐地渗入大众的意识深层。科学精神应包括12个方面的特征：

1) 执着的探索精神。根据已有知识、经验的启示或预见，科学家在自己的活动中总是既有方向和信心，又有锲而不舍的意志。
2) 创新、改革精神。这是科学的生命，科学活动的灵魂。
3) 虚心接受科学遗产的精神。科学活动有如阶梯式递进的攀登，科学成就在本质上是积累的结果，科学是继承性最强的文化形态之一。
4) 理性精神。科学活动须从经验认识层次上升到理论认识层次，或者说，有个科学抽象的过程，为此，必须坚持理性原则。
5) 求实精神。科学须正确反映客观现实，实事求是，克服主观臆断。
6) 求真精神。在严格确定的科学事实面前，科学家勇于维护真理，反对独断、虚伪和谬误。
7) 实证精神。科学的实践活动是检验科学理论真理性的唯一标准。
8) 严格精确的分析精神。科学不停留在定性描述层面上，确定性或精确性是科学的显著特征之一。
9) 协作精神。由于现代科学研究项目规模的扩大，须依靠多学科和社会多方面的协作与支持，才能有效地完成任务。
10) 民主精神。科学从不迷信权威，并敢于向权威挑战。
11) 开放精神。科学无国界，科学是开放的体系，它不承认终极真理。
12) 功利精神。科学是生产力，科学的社会功能得到了充分的体现，应当为人类社会谋福利。

图 3-2-8　招贴文档参考效果

巩固与提高

美化“科学精神和人文精神”文档

为使“科学精神和人文精神”文档更加美观，现需从以下几个方面对文档进行优化设置：

1. 设置标题文字为艺术字效果。
2. 将第2段文本设置为竖排文本，进一步烘托主题、彰显韵味。
3. 设置第2段文本边框阴影效果，使文档更具层次感。

最终效果可参考图 3-2-9。

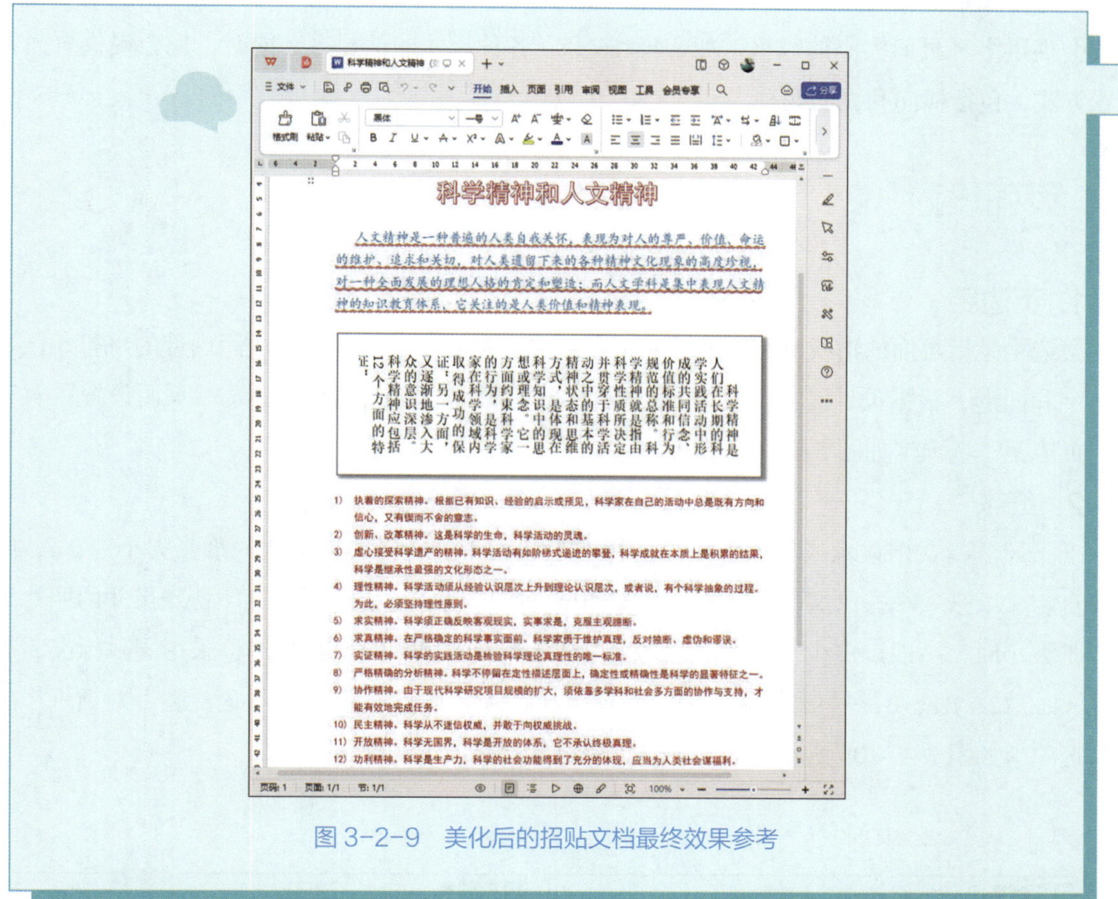

科学精神和人文精神

人文精神是一种普遍的人类自我关怀，表现为对人的尊严、价值、命运的维护、追求和关切，对人类遗留下来的各种精神文化现象的高度珍视，对一种全面发展的理想人格的肯定和塑造；而人文学科是集中表现人文精神的知识教育体系，它关注的是人类价值和精神表现。

科学精神是人们在长期的科学实践活动中形成的共同信念、价值、标准和行为规范的总称。科学精神就是指由科学性质所决定并贯穿于科学活动之中的基本的精神状态和思维方式，是体现在科学知识中的思想或理念。它一方面约束科学家的行为，是科学家在科学领域内取得成功的保证；另一方面，又逐渐地渗入大众的意识深层。科学精神应包括12个方面的特征：

1) 执着的探索精神。根据已有知识、经验的启示或预见，科学家在自己的活动中总是既有方向和信心，又有锲而不舍的意志。
2) 创新、改革精神。这是科学的生命，科学活动的灵魂。
3) 虚心接受科学遗产的精神。科学活动有如阶梯式递进的攀登，科学成就在本质上是积累的结果，科学是继承性最强的文化形态之一。
4) 理性精神。科学活动须从经验认识层次上升到理论认识层次，或者说，有个科学抽象的过程。为此，必须坚持理性原则。
5) 求实精神。科学须正确反映客观现实，实事求是，克服主观臆断。
6) 求真精神。在严格确定的科学事实面前，科学家勇于维护真理，反对独断、虚伪和谬误。
7) 实证精神。科学的实践活动是检验科学理论真理性的唯一标准。
8) 严格精确的分析精神。科学不停留在定性描述层面上，确定性或精确性是科学的显著特征之一。
9) 协作精神。由于现代科学研究项目规模的扩大，须依靠多学科和社会多方面的协作与支持，才能有效地完成任务。
10) 民主精神。科学从不迷信权威，并敢于向权威挑战。
11) 开放精神。科学无国界，科学是开放的体系，它不承认终极真理。
12) 功利精神。科学是生产力，科学的社会功能得到了充分的体现，应当为人类社会谋福利。

图 3-2-9　美化后的招贴文档最终效果参考

任务 2　编排页面格式

• 任务引入 •

合理设置页面格式可以使文档更加专业和美观。在文档中可以进行的页面格式设置包括调整页面边距、页面大小和方向，设置页眉和页脚，以及选择合适的字体、字号、行间距和段落间距等。此外，还可以设置段落对齐和首行缩进，以提高文档的可读性和整齐度。合理的页面设置会使文档内容更加紧凑，提高阅读体验。本任务的内容就是对文档进行基本的页面编排。

页面格式是指文档页面的大小和方向，对于排版和编辑来说具有重要的意义。文字处理软件中一般会提供多种页面大小的规格，如 A4、16 开、各种尺寸的信封等，同时，也会提供页面方向的设置方式，包括横向和纵向两种。

一、页面设置

1. 页边距

页边距是指页面的边线到文字的距离，在编辑文档时，通常可在页边距内部的可打印区域中插入文字和图形，根据设计需要，有时也可以将某些项目放置在页边距区域。“页面设置”对话框中的“页边距”选项卡如图 3-2-10a 所示。

2. 纸张

纸张尺寸指文档显示或打印输出时选择的纸张大小。通常文档默认的纸张大小为 A4，但有时需要自定义纸张大小，以满足特定需求，如印刷海报、制作宣传手册或打印特殊尺寸的照片等。设置纸张大小时，一般以多少“开”（如 8 开、16 开等）来表示，现在我国也采用国际标准，规定以 A0、A1、A2、B1、B2……表示纸张的幅面规格，默认纸张型号为 A4。“页面设置”对话框中的“纸张”选项卡如图 3-2-10b 所示。

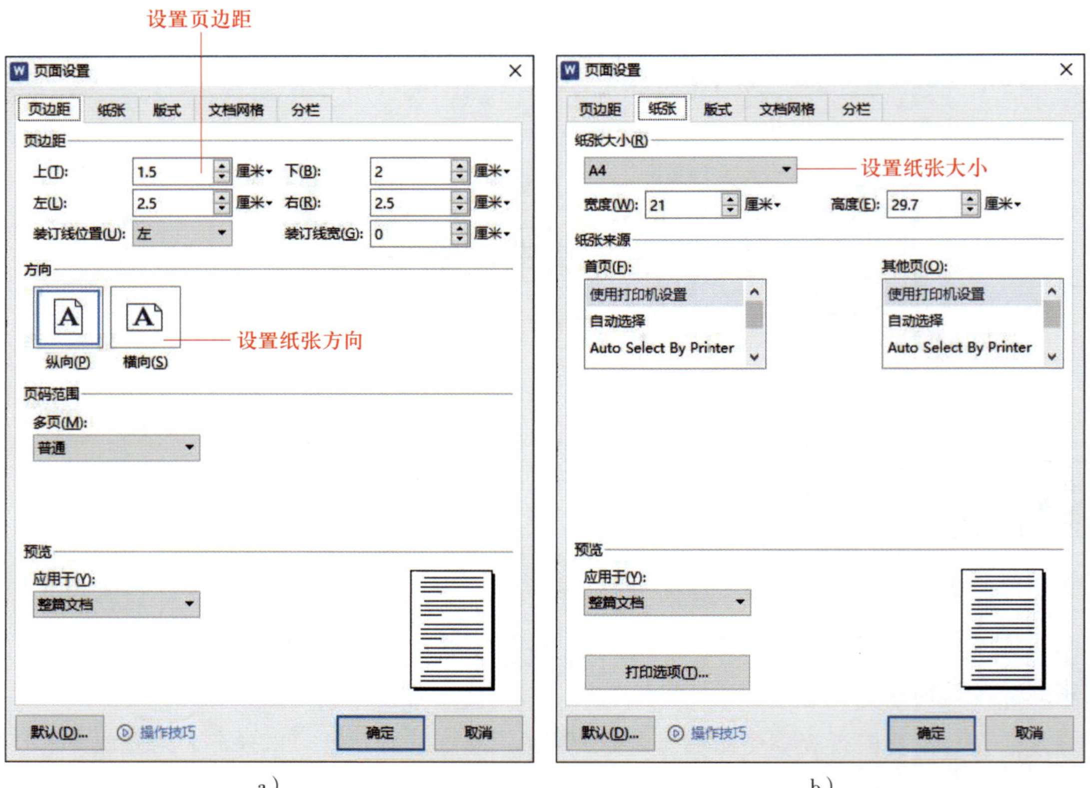

图 3-2-10 “页面设置”对话框

a）“页边距”选项卡 b）“纸张”选项卡

3. 页眉和页脚

文档的页眉和页脚是位于文档中每个页面顶部和底部、页边距以外的区域。在页眉和页脚中可以插入文档的标题、相关标志、日期和时间、页码和图片对象等。插入页眉和页脚，通常在“插入”选项卡中的“页眉和页脚”组中操作。在页面设置中，还可以设置页面和页脚在页面上的位置，及奇偶页是否相同、首页与其他页面是否相同等。

给文档添加页眉和页脚最常见的是静态文本信息，添加后，每个页面的页眉/页脚中都会出现相同的文本信息。而页码、日期等一般是动态信息，随着文档页面而变化，可通过相关选项进行设置。

实践活动

制作“中国茶树树种”文档

中国茶文化源远流长，其历史可追溯至数千年前。在中国，茶不仅被视为珍贵的礼物，更承载着深厚的文化价值，它超越了普通饮品的范畴，成了中国文化与哲学不可或缺的重要组成部分。现需针对茶文化，设计一张“中国茶树树种”科普宣传文档。

操作演示

【主要操作步骤】

1. 设置文档页面格式

设置上下左右页边距均为 2.5 厘米；为文档插入页眉，录入页眉标题“三茶小知识”，字体格式设置为“华文新魏、四号、绿色”，并设置页眉距边界 2 厘米。插入页眉的操作如图 3-2-11 所示。

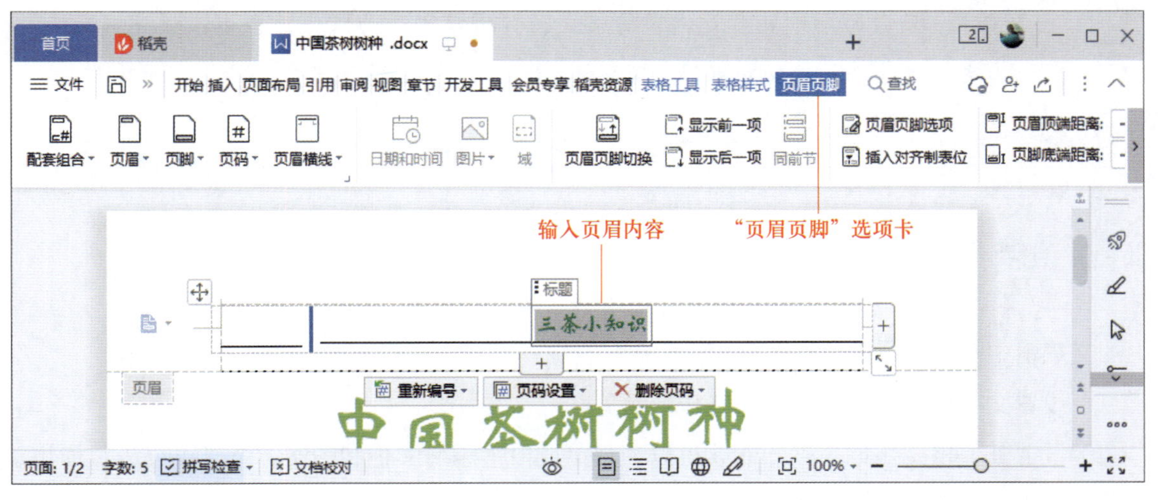

图 3-2-11　插入页眉的操作

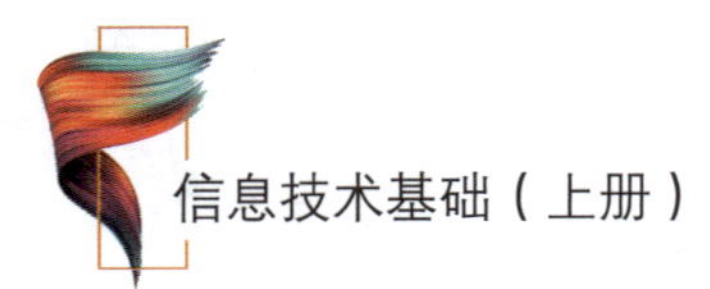

2. 设置文档编排格式

（1）将标题设置为艺术字，样式为“填充－橄榄色”，字体为“华文新魏、初号”，位置为“顶端居中，四周型文字环绕”。

（2）将正文第 1 段的字体设置为“微软雅黑、加粗、小四、褐色”，并为其添加红色的双波浪线下画线。

（3）将正文第 2 ~ 8 段的字体设置为“华文中宋、小四、深蓝色”；将正文各段的间距设置为“段前、段后各 0.5 行”，第 1 段的行距设为“1.5 倍行距”，第 2 ~ 8 段的行距设为“固定值 22 磅”。

（4）为正文第 2 ~ 8 段添加项目符号，并设置该格式为“左侧缩进 0 字符，悬挂缩进 2 字符”。

（5）保存设置格式后的文档，参考效果如图 3–2–12 所示。

三茶小知识

中国茶树树种

中国是茶叶的故乡，拥有丰富的茶树树种。这些茶树树种在中国茶叶产业的发展中起到了重要的作用。中国茶树树种有很多类型，像植物园的山茶园就种植了山茶、油茶和茶梅。可是放眼望去，它们好像都长得差不多，很难区分。不过掌握了下面这些差异点，就可以轻松地识别它们了。

- 树高不同：山茶和油茶属于常绿灌木或小乔木，成年山茶高可达 15 米，成年油茶高达 8 米，成年茶梅为灌木，高达 3 米。
- 叶的大小不同：茶梅叶片较小，叶长在 5 厘米以下，山茶和油茶的叶片较大，长度都在 5 厘米以上，而且山茶的叶片比油茶的更长一些。
- 叶色不同：山茶和油茶叶片颜色较浅，茶梅叶片颜色较深。
- 叶脉明显程度不同：茶梅网状叶脉不明显；山茶较茶梅明显，但两者网状脉基本不突出；油茶网状叶脉较前两者明显，并且背面的脉络明显突出。
- 叶缘锯齿锋利程度不同：油茶叶缘锯齿比较锋利，触摸有扎手的感觉；而山茶和茶梅叶缘锯齿较为圆滑，触摸不感到扎手。
- 花期不同：山茶的花期在 1 至 3 月，油茶则是 9 月到第二年 2 月，而茶梅的花期在 11 月至第二年 1 月。
- 落花形态不同：山茶花是整朵地凋落；茶梅花是一片片地散落；油茶花落花形态介于二者之间，有的花整朵凋落，有的花则片片散落。

图 3–2–12　科普宣传文档参考效果

提示

在进行格式设置时，可使用“格式刷”功能快速实现对字体、段落等格式的复制。选中格式样例内容，单击“格式刷”按钮，再圈选需要设置格式的内容即可。如需连续设置多处内容的格式，可将单击改为双击，全部设置完成后，再单击“格式刷”按钮即可停止复制。

二、页面美化

图文编辑中页面美化的方法主要有：

（1）设置文字格式：改变字体、字号、颜色。

（2）设置其他格式：如边框和底纹可以为文字或段落添加颜色和图案，背景可以为页面添加图案、图片、水印，还可以灵活使用分栏、页眉和页脚等格式。

（3）使用绘图功能：可以在页面中插入大量自选图形，如星星、多边形等。

（4）使用艺术字：艺术字可以使文字效果更加丰富。

（5）使用文本框：可以在页面中插入“横排”或“竖排”的文本框，改变页面布局。

（6）插入图片：在页面中插入合适的图片，使文档图文并茂。

1. 文档背景

文档背景是指文档页面的背景图像或背景颜色。设置合适的文档背景能给人一种整洁、专业或个性化的感觉，为读者呈现更好的阅读体验和视觉效果。

2. 水印

水印是指添加在文档背景中的文字或图像，通常采用较淡的颜色并设置一定透明度，以免干扰页面上的内容。与页眉和页脚一样，水印通常显示在文档的所有页面上，封面除外。

实践活动

美化“中国茶树树种”文档

在前面对“中国茶树树种”文档进行文本、段落格式设置的基础上，为了有更好的输出效果，现需要对文档进行页面格式设置与页面美化。

操作演示

主要设置内容如下：

1. 页面纸张：设置纸张为 A4。
2. 页边距：上、下、左、右设置为“2.8 厘米”。
3. 行距：文档正文行距设置为“固定值 28 磅”。
4. 艺术字：设置标题为绿色的艺术字，如选择“填充 - 深灰绿、着色 3、粗糙”。
5. 背景：插入素材库中的图片“茶叶背景”作为背景图像。
6. 图片插入：插入素材库中的图片“茶叶”作为装饰图像，并调整最佳位置。
7. 水印：重新设置颜色为“绿”，透明度为 75%。

设置完成后保存文档，参考效果如图 3-2-13 所示。

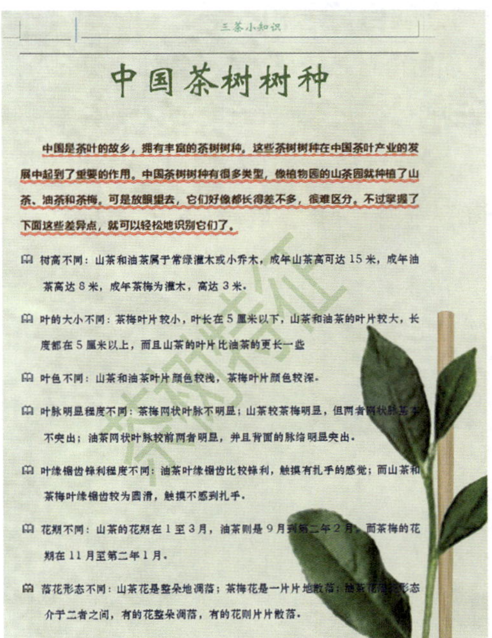

三茶小知识

中国茶树树种

中国是茶叶的故乡，拥有丰富的茶树树种。这些茶树树种在中国茶叶产业的发展中起到了重要的作用。中国茶树树种有很多类型，像植物园的山茶园就种植了山茶、油茶和茶梅。可是放眼望去，它们好像都长得差不多，很难区分。不过掌握了下面这些差异点，就可以轻松地识别它们了。

- 树高不同：山茶和油茶属于常绿灌木或小乔木，成年山茶高可达 15 米，成年油茶高达 8 米，成年茶梅为灌木，高达 3 米。
- 叶的大小不同：茶梅叶片较小，叶长在 5 厘米以下，山茶和油茶的叶片较大，长度都在 5 厘米以上，而且山茶的叶片比油茶的更长一些
- 叶色不同：山茶和油茶叶片颜色较浅，茶梅叶片颜色较深。
- 叶脉明显程度不同：茶梅网状叶脉不明显；山茶较茶梅明显，但两者网状脉基本不突出；油茶网状叶脉较前两者明显，并且背面的脉络明显突出。
- 叶缘锯齿锋利程度不同：油茶叶缘锯齿比较锋利，触摸有扎手的感觉；而山茶和茶梅叶缘锯齿较为圆滑，触摸不感到扎手。
- 花期不同：山茶的花期在 1 至 3 月，油茶则是 9 月到第二年 2 月，而茶梅的花期在 11 月至第二年 1 月。
- 落花形态不同：山茶花是整朵地凋落；茶梅花是一片片地散落；油茶花[illegible]形态介于二者之间，有的花整朵凋落，有的花则片片散落。

茶树特征

图 3-2-13　美化的科普宣传文档参考效果

交流与讨论

在学习了页面格式的基本设置后，思考并讨论以下效果应如何实现：

（1）新建一个文档，将文档设置为 20 行 ×20 列的方格稿纸格式。

（2）在插入页眉和页脚时，设置奇偶页采用不同的页眉和页脚，并且不显示首页页眉。

（3）在文档的页眉或页脚中插入页码，设置页码格式为“-1-”的形式。

（4）将“中国茶树树种”文档中第 2 ~ 8 段内容分为栏宽不等的 3 栏，标题不参与分栏。

三、其他常用页面设置

1. 项目符号和编号

项目符号是放在文本（如列表中的项目）前添加的起强调效果的点或其他符号，即在各项目前所标注的符号。编号是文章中对一系列文字内容编排的序号。在前面的任务中已初步体验过，除了手动录入外，文字处理软件还支持按照用户设定自动添加，从而提高文字编辑效率。项目符号和编号的按钮在“开始”选项卡下的“段落”组中，如图 3-2-14 所示。在自然段前加入项目符号的效果如图 3-2-15 所示。

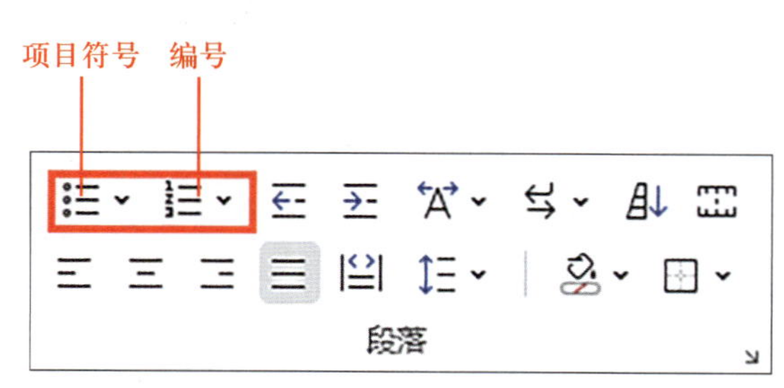

图 3-2-14　项目符号和编号的按钮

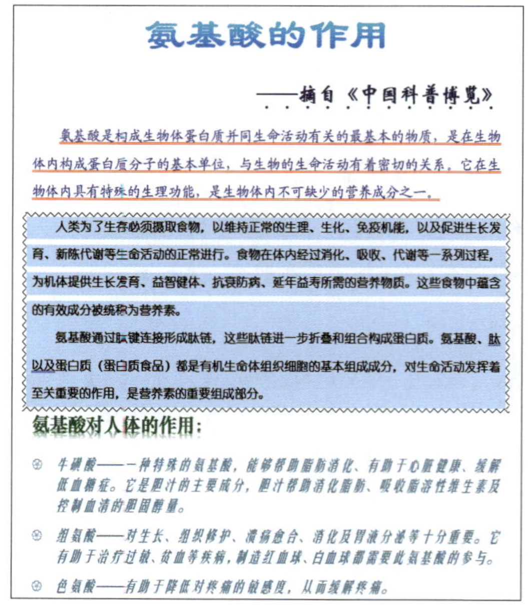

氨基酸的作用

——摘自《中国科普博览》

氨基酸是构成生物体蛋白质并同生命活动有关的最基本的物质，是在生物体内构成蛋白质分子的基本单位，与生物的生命活动有着密切的关系。它在生物体内具有特殊的生理功能，是生物体内不可缺少的营养成分之一。

人类为了生存必须摄取食物，以维持正常的生理、生化、免疫机能，以及促进生长发育、新陈代谢等生命活动的正常进行。食物在体内经过消化、吸收、代谢等一系列过程，为机体提供生长发育、益智健体、抗衰防病、延年益寿所需的营养物质。这些食物中蕴含的有效成分被统称为营养素。

氨基酸通过肽键连接形成肽链，这些肽链进一步折叠和组合构成蛋白质。氨基酸、肽以及蛋白质（蛋白质食品）都是有机生命体组织细胞的基本组成成分，对生命活动发挥着至关重要的作用，是营养素的重要组成部分。

氨基酸对人体的作用：

- 牛磺酸——一种特殊的氨基酸，能够帮助脂肪消化、有助于心脏健康、缓解低血糖症。它是胆汁的主要成分，胆汁帮助消化脂肪、吸收脂溶性维生素及控制血清的胆固醇量。
- 组氨酸——对生长、组织修护、溃疡愈合、消化及胃液分泌等十分重要。它有助于治疗过敏、贫血等疾病，制造红血球、白血球都需要此氨基酸的参与。
- 色氨酸——有助于降低对疼痛的敏感度，从而缓解疼痛。

图 3-2-15　在自然段前加入项目符号的效果

2. 分节符和分页符

对于较长的文档，在文字处理软件中可以用“分节符”将文档分为若干节，同一节内的页面基本格式设置元素是相同的，如页边距、页面的方向、页眉和页脚、页码格式及顺序等。节是文档内部的一种格式划分，在文档最终显示效果中并不出现“分节符”。

“分页符”的功能则是将文本内容分隔为不同的页面，即将“分页符”后面的内容另起一面排。“分页符”前后的内容仍属于同一节。

各种“分节符”和“分页符”命令在“页面布局”选项卡中，如图 3–2–16 所示。

3. 样式

每次编辑、美化文档时都手动逐一对格式进行设置，操作烦琐，费时费力。实际上，对于重复性的操作，文字处理软件都提供了“样式”这一功能，用于对格式的快速设置。“样式”的相关设置一般是通过“开始”选项卡中的“样式”组进行，如图 3–2–17 所示。选中待编辑文字，单击所需样式按钮即可完成设置。

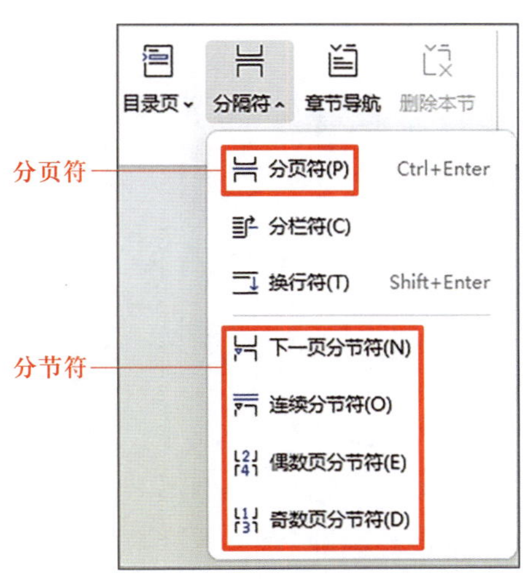

图 3–2–16 “分节符”和“分页符”命令

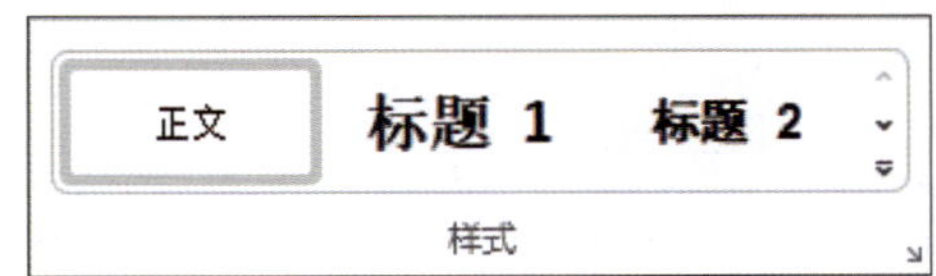

图 3–2–17 “样式”组

采用样式进行格式设置的一个优点是，需要对分布在全文中的、使用统一样式的大量文字进行格式修改时，只需使用鼠标右键单击该样式的按钮，在展开的快捷菜单中选择“修改样式”命令，对其中的格式设置进行调整即可。

实践活动

快速优化“生物材料的未来”文档

应用样式功能和素材中提供的模板文件，对“生物材料的未来”文档进行快速优化，并在模板基础上，根据需要对格式进行调整。

操作演示

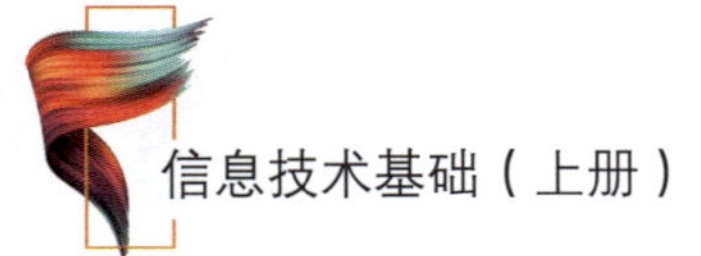

【主要操作步骤】

1. 应用样式

双击素材中的模板文件“KSDOTX3.dotx”创建新文档，将原素材文字复制进去。

将文档中第 1 行的样式设置为“标题”，第 2 行的样式设置为“副标题”，将正文第 1 段的样式设置为“正文段落 2”。如在默认列表中找不到所需样式，可参照图 3–2–18 查找使用。

2. 修改样式

（1）以正文为样式基准，对“文章正文”样式进行修改，设置字体为“华文行楷，加粗四号，深红色”，添加映像文本效果，如何选择“紧密 映像，接触”，更改行距为“1.5 倍行距”。自动更新对当前样式的改动，并将该样式应用于正文第 2 段，效果如图 3–2–19 所示。

（2）对模板中提供的“列出段落”样式进行以下修改：设置字体为“华文细黑、加粗、倾斜、四号、褐色”；更改段落间距为“段前、段后各 0.5 行”。自动更新对当前样式的改动，并将该样式应用于正文第 3 段。

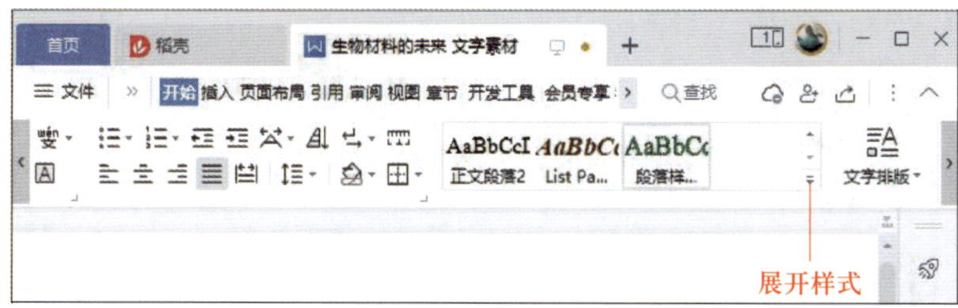

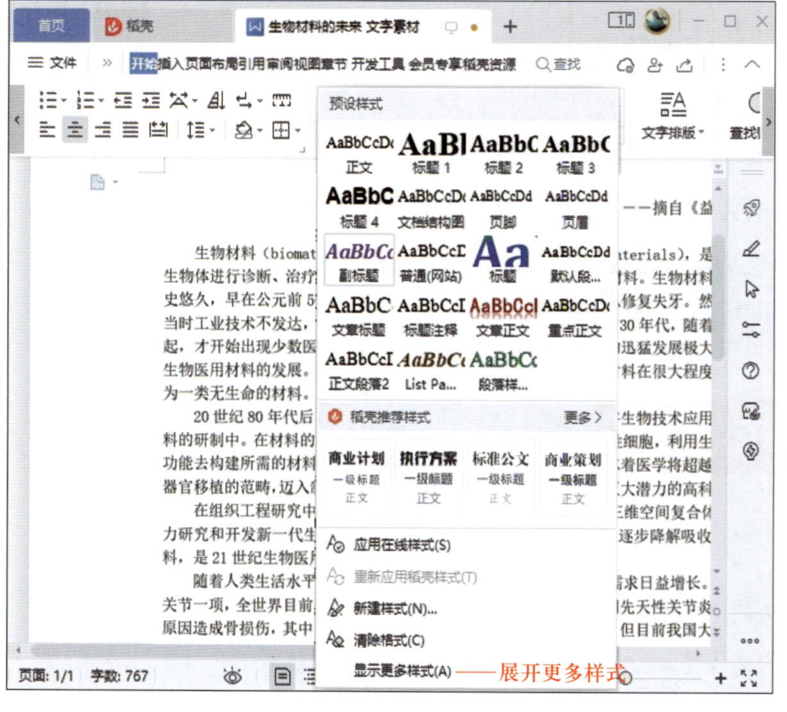

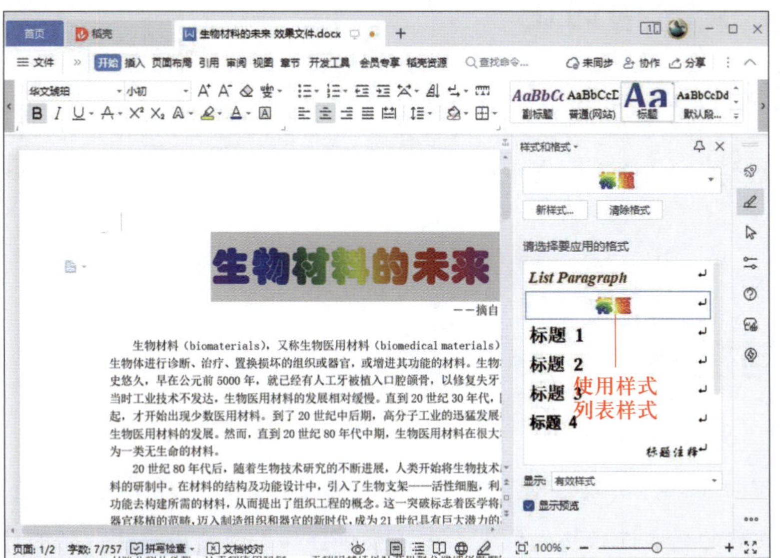

图 3-2-18　样式的查找使用

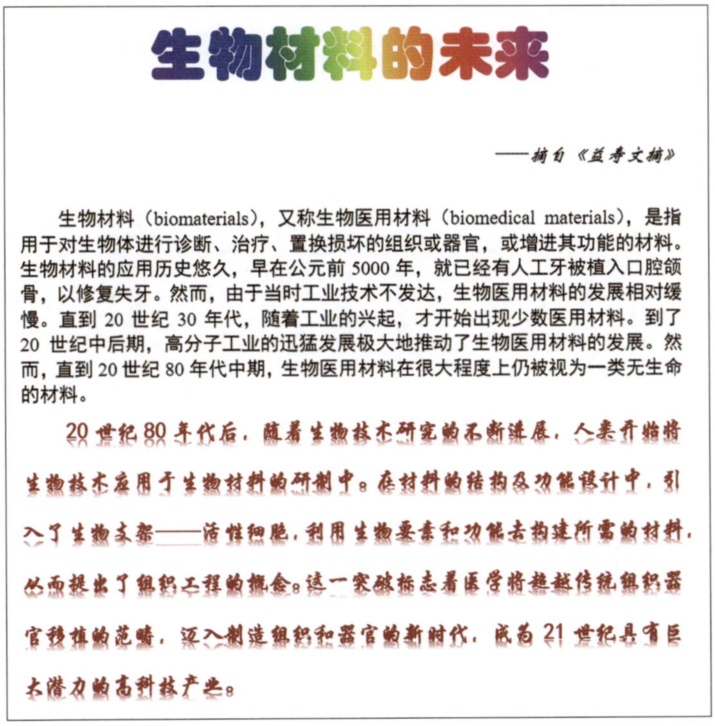

生物材料的未来

——摘自《益寿文摘》

生物材料（biomaterials），又称生物医用材料（biomedical materials），是指用于对生物体进行诊断、治疗、置换损坏的组织或器官，或增进其功能的材料。生物材料的应用历史悠久，早在公元前 5000 年，就已经有人工牙被植入口腔颌骨，以修复失牙。然而，由于当时工业技术不发达，生物医用材料的发展相对缓慢。直到 20 世纪 30 年代，随着工业的兴起，才开始出现少数医用材料。到了 20 世纪中后期，高分子工业的迅猛发展极大地推动了生物医用材料的发展。然而，直到 20 世纪 80 年代中期，生物医用材料在很大程度上仍被视为一类无生命的材料。

20 世纪 80 年代后，随着生物技术研究的不断进展，人类开始将生物技术应用于生物材料的研制中。在材料的结构及功能设计中，引入了生物支架——活性细胞，利用生物要素和功能去构建所需的材料，从而提出了组织工程的概念。这一突破标志着医学将超越传统组织器官移植的范畴，迈入制造组织和器官的新时代，成为 21 世纪具有巨大潜力的高科技产业。

图 3-2-19　修改样式应用效果

3. 新建样式

以正文为样式基准，新建样式并为其命名，以便未来使用时识别，设置字体格式为“华文彩云、四号、绿色”，为文本添加 0.75 磅的“圆点”短划线轮廓线的文本效果，行距为“固定值 20 磅”，段前、段后间距均为 0.5 行，并将该样式应用于正文的最后两个段落。

交流与讨论

日常处理电子文档时，对文档应用样式后，能否快速选定应用同一样式的所有文本？软件本身提供了许多内置样式，是否可以对其进行修改？

巩固与提高

打开前面各个“实践活动”中制作完成的文档或其他现有文档，应用“实践活动”中修改后的样式进行格式调整，进一步体会样式的使用方法、功能特点和优势。

课题三

制作表格

学习目标

1. 能理解表格制作的基本概念和功能。
2. 能用多种方式新建表格。
3. 能设置表格的格式。
4. 能处理表格数据，将文本与表格进行转换。

在日常生活中，我们在编辑文档的过程中经常需要使用表格。合理地运用表格可以让我们更好地组织和展示数据，让信息更加清晰和易于理解。

任务1　新 建 表 格

· 任务引入 ·

表格可以取代大量的文字描述，在文档编辑中起着至关重要的作用。通过表格简明扼要的表达方式，能使用户的文档内容更为直观、高效地体现出来。本任务将初步了解在文字处理软件中创建表格的方法。

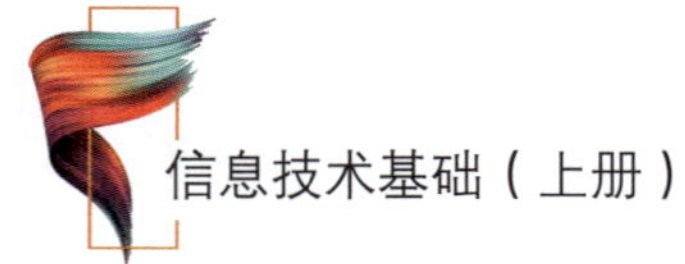

表格由水平的行和垂直的列组成，行列交汇处的方格称为单元格。表格的基本元素如图 3–3–1 所示，表格使资料内容条理化，简明清晰，便于检查数字的完整性和准确性，以及对比分析。

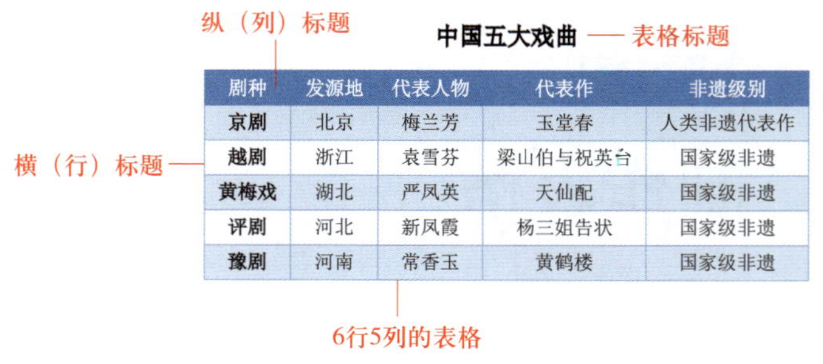

中国五大戏曲

剧种	发源地	代表人物	代表作	非遗级别
京剧	北京	梅兰芳	玉堂春	人类非遗代表作
越剧	浙江	袁雪芬	梁山伯与祝英台	国家级非遗
黄梅戏	湖北	严凤英	天仙配	国家级非遗
评剧	河北	新凤霞	杨三姐告状	国家级非遗
豫剧	河南	常香玉	黄鹤楼	国家级非遗

图 3–3–1　表格的基本元素

在文字处理软件中可以通过“插入”选项卡中的相关命令完成表格的创建。表格的创建有多种方法，常用的有按指定行列数创建表格（见图 3–3–2）、圈选图示快速创建表格（见图 3–3–3）、手动绘制表格、插入预置模板表格等。

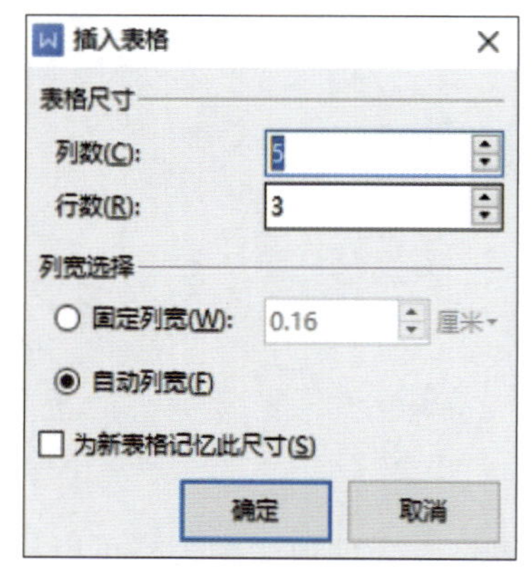

图 3–3–2　按指定行列数创建表格

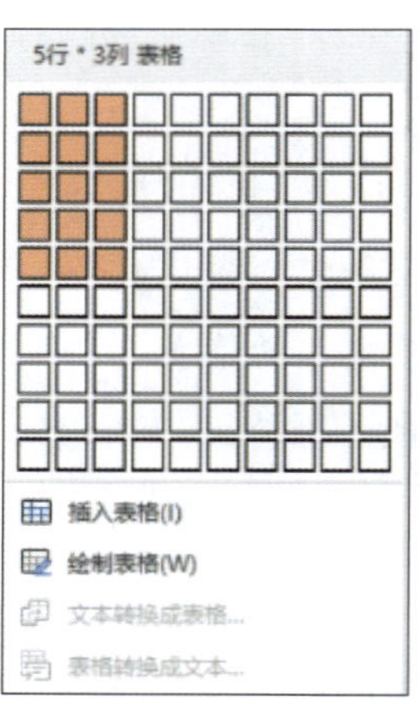

图 3–3–3　圈选图示快速创建表格

对于创建好的表格，还可根据内容需要，对其中相邻的若干单元格进行合并，或者对某个单元格进行拆分。选中需要处理的单元格，单击鼠标右键，在弹出的快捷菜单中选择相应的命令即可。

实践活动

制作“春节产品入库单”表格

春节临近，公司市场部需要扩充产品库存，新增了多个不同类别的新产品。现需制作一份产品入库单作为凭据，参考效果如图 3–3–4 所示。

操作演示

【主要操作步骤】

1. 输入标题文本“春节产品入库单”，设置文本格式为“黑体、小一、居中对齐”。
2. 创建一个 9 列 13 行的表格，如图 3–3–5 所示。合并第 13 行的第 1 ～ 4 列单元格。

春节产品入库单

序号	产品名称	类别	单价（元）	应收数量（kg）	实收数量（kg）	金额合计（元）	入库日期	备注
1	香蕉	水果	2.5	30	28.5	71.25	2025-1-5	
2	苹果	水果	5.5	40	39	214.50	2025-1-5	
3	开心果	坚果	45	20	44.2	1,989.00	2025-1-5	
4	松子	坚果	65	20	63.5	4,127.50	2025-1-5	
5	鸡蛋	副食品	8.5	25	22	187.00	2025-1-5	
6	羊肉	副食品	30	40	40	1,200.00	2025-1-10	
7	李子	水果	3	30	29	87.00	2025-1-10	
8	火龙果	水果	6	28	26.8	160.80	2025-1-10	
9	核桃	坚果	68	26	25.6	1,740.80	2025-1-10	
10	猪肉	副食品	22.5	50	50	1,125.00	2025-1-10	
11	牛肉	副食品	55	40	40	2,200.00	2025-1-10	
合计				349	408.6	13102.85		

图 3-3-4 “春节产品入库单”表格效果

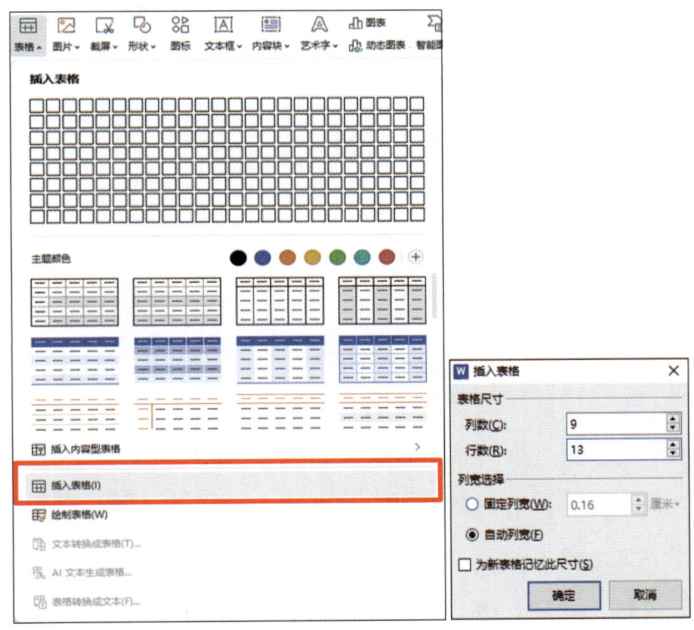

图 3-3-5 创建表格

3. 参照效果图输入相关文字信息并调整格式。设置文本对齐方式为“居中对齐”；将第 1 行单元格的字体格式设置为“黑体、小四”并设置底纹，如样式可选择“白色，背景 1，深色 5%”；将最后一行合并单元格的文本格式设置为“华文细黑、加粗、五号”并设置底纹，如样式可选择“白色，背景 1，深色 5%”；表格其他文字的字体格式设置为“宋体、五号”。

4. 选中整个表格，设置对齐方式为“水平居中”。

5. 参照图 3-3-4，拖动各列的框线及表格右下方控制点，调整表格的行高、列宽，使文字布局更加美观。

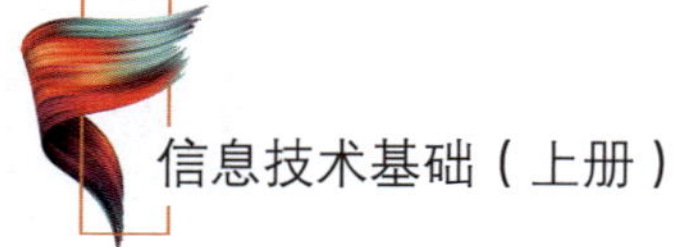

6. 美化边框样式。将整个表格边框线设置为“虚线”，线宽 0.5 磅，颜色为蓝色，如图 3-3-6 所示。将最后一行的上边框的线型修改为“双实线”。

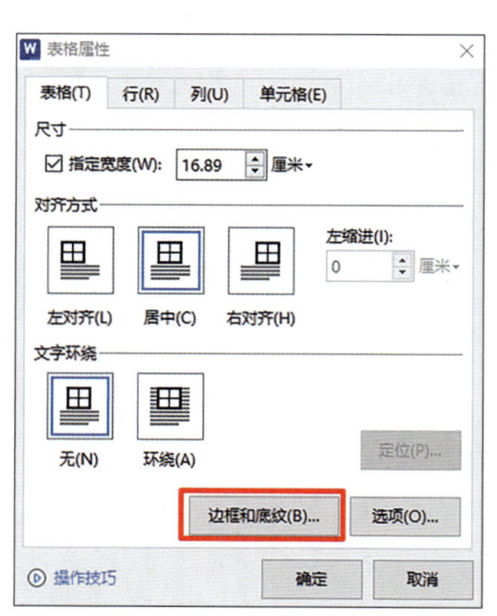

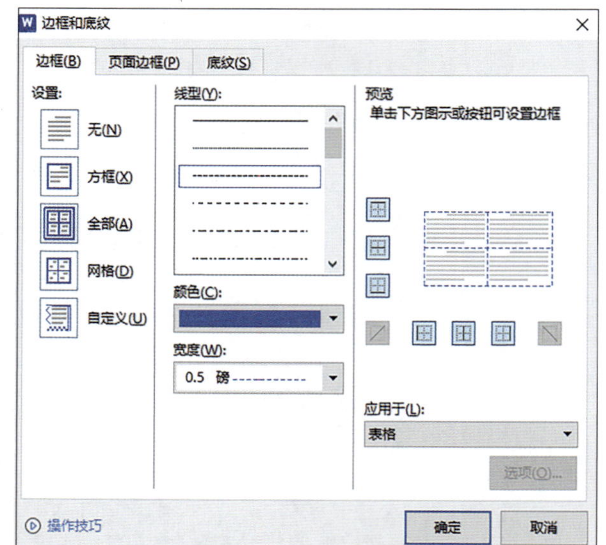

图 3-3-6　设置边框样式

知识拓展

自动调整列宽和行高

在表格中输入数据时，列宽和行高可能会自动调整，以便容纳所有数据。然而，有时这种自动调整不是我们想要的。要禁用此功能，可单击“表格属性”对话框中的“选项”按钮，在“表格选项”对话框中取消“自动重调尺寸以适应内容”复选框的勾选，如图 3-3-7 所示。

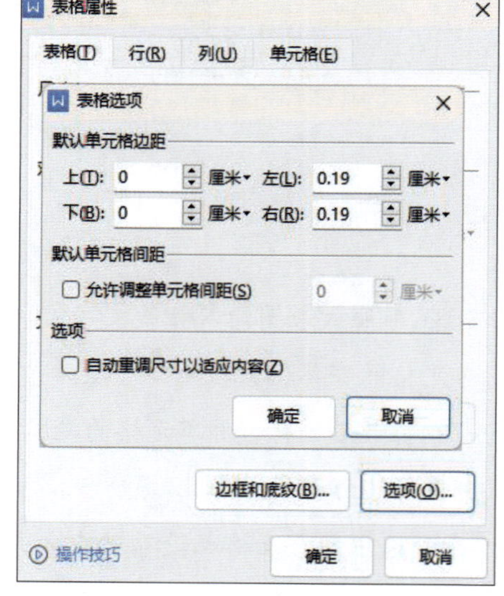

图 3-3-7　“表格选项”对话框

交流与讨论

对于已存在的表格，如何修改表格的行、列数？除教材中已提及的，还有哪些方法可以对几列或几行表格进行合并？小组讨论，在软件菜单中查找、试用，必要时通过互联网等渠道查阅资料，解答这一问题。

巩固与提高

学校一年一度的社团招新开始了，MJ 街舞社需要招收新社员。为了方便对社团成员进行管理，规范申请流程，现需设计并制作一张社员申请表。制作好的表格效果如图 3-3-8 所示。

<table>
<tr><th colspan="7">社员申请表</th></tr>
<tr><td>姓名</td><td></td><td>性别</td><td></td><td>出生年月</td><td></td><td rowspan="4"></td></tr>
<tr><td>籍贯</td><td colspan="5">（省） （市） （区/县）</td></tr>
<tr><td>学院</td><td></td><td>年级</td><td></td><td>专业班级</td><td></td></tr>
<tr><td>编号</td><td></td><td>联系方式</td><td colspan="3"></td></tr>
<tr><td>自我
简述</td><td colspan="6"></td></tr>
<tr><td>入社
理由</td><td colspan="6"></td></tr>
<tr><td>入社
申请</td><td colspan="6">本人承认并愿遵守 MJ 街舞社章程，自愿申请加入 MJ 街舞社。
请批准。
申请人（签名）：__________
年 月 日</td></tr>
<tr><td>审批
意见</td><td colspan="6">经综合考核面试，社团理事会同意吸收__________为本协会社员。
理事长(签名)：__________
年 月 日</td></tr>
<tr><td>备注</td><td colspan="6">此申请程序符合规定，并于 年 月 日，交秘书处存档。</td></tr>
</table>

图 3-3-8 表格效果

操作要点：

1. 创建新文档并保存。
2. 页面设置：A4 纸，纵向，页边距为上、下 2.3 cm，左、右 2 cm。
3. 输入表格标题，设置样式为“楷体、二号、居中”。
4. 参照样例，插入一个 9 行 7 列的表格。表格文本格式为“楷体、四号、单倍行距”。

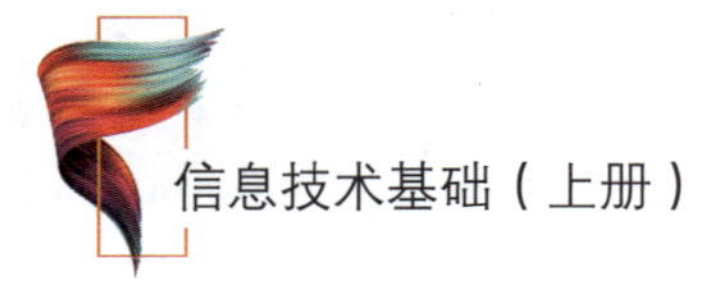

5. 表格前四行指定行高为 0.8 cm，其余行高根据内容和布局调整。设置第 1 列列宽为 1.44 cm，其余列宽根据内容和布局调整，让表格布局在一张 A4 纸上。

任务 2　设置表格格式

· 任务引入 ·

输入基本的文本信息后，和正文一样，为使表格更加美观，表达含义更加直观、形象、突出重点，还需要对表格的格式进行设置。

创建好一个表格后，往往还需要对表格进行修饰，如添加底纹、美化文本等。表格的格式设置包括对文本数据进行修饰，对表格及单元格底纹、边框、使用样式等进行设置，这些操作主要在“表格属性”对话框或“设计”选项卡中进行。

一、对齐方式

在文档编辑过程中，对齐方式是一个重要的排版要素，可以使文档内容更加整齐、美观。选中表格后，可在表格布局相关的选项卡中找到相应按钮，也可在表格上单击鼠标右键，在弹出的快捷菜单中选择“表格属性”等命令。

1. 表格的对齐方式

表格的对齐方式是指表格在整个文档中相对于整个页面的对齐方式，一般有三种，分别为左对齐、居中和右对齐，如图 3–3–9 所示。

2. 单元格的对齐方式

单元格的对齐方式是指在表格内部，每个单元格内的文字等内容的对齐方式。表格常用的单元格对齐方式有水平方向上的左对齐、水平居中、右对齐，和垂直方向上的顶端对齐、居中、底端对齐，如图 3–3–10 所示。

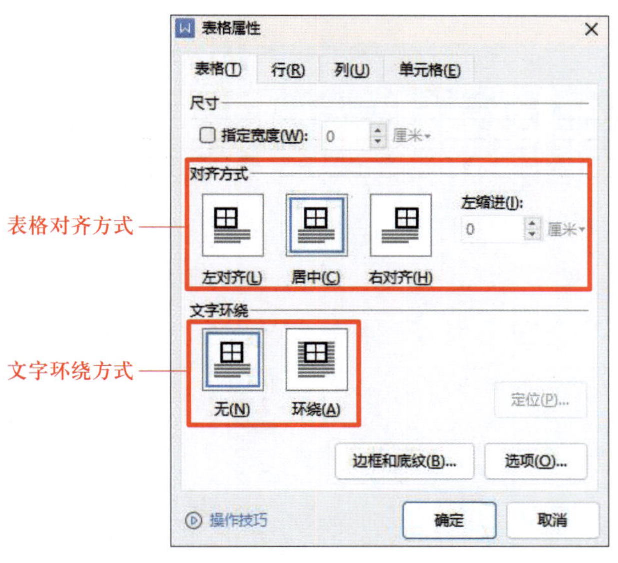

图 3-3-9 表格对齐方式和文字环绕方式

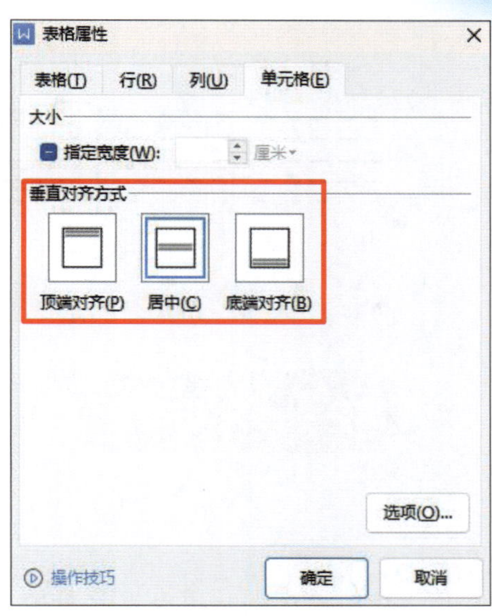

图 3-3-10 单元格垂直对齐方式

二、环绕方式

表格在文档中可以设置为“无”和“环绕”两种文字环绕方式，在“表格属性”对话框中可进行环绕方式的设置，图 3-3-11 和图 3-3-12 所示分别为表格在文档中两种设置下的样式。环绕方式的设置也是在“表格属性”对话框中完成的（见图 3-3-9）。

中国五大戏曲

我国戏曲经过长期的发展演变，逐步形成了以京剧、越剧、黄梅戏、评剧、豫剧五大戏曲剧种为核心的中华戏曲百花苑。

剧种	发源地	代表人物	代表作	非遗级别
京剧	北京	梅兰芳	玉堂春	人类非遗代表作
越剧	浙江	袁雪芬	梁山伯与祝英台	国家级非遗
黄梅戏	湖北	严凤英	天仙配	国家级非遗
评剧	河北	新凤霞	杨三姐告状	国家级非遗
豫剧	河南	常香玉	黄鹤楼	国家级非遗

一、京剧

京剧在我国的地位极为重要，和“中国画”“中国医学”一起被誉为三大国粹。

京剧的前身是徽剧，其历史可以追溯到清代乾隆年间。唱、念、做、打是京剧表演的四种艺术手段，同时也是京剧表演的四项基本功。“唱”指唱功，“念”指具有音乐性的念白，二者相辅相成，构成京剧表演艺术中歌舞化元素两大要素之一的“歌”；“做”指舞蹈化的形体动作，“打”指武打和翻跌的技艺，二者相互结合，构成京剧表演艺术中歌舞化元素两大要素之一的“舞”。

图 3-3-11 文字环绕方式设为“无”

中国五大戏曲

我国戏曲经过长期的发展演变，逐步形成了以京剧、越剧、黄梅戏、评剧、豫剧五大戏曲剧种为核心的中华戏曲百花苑。

剧种	发源地	代表人物	代表作	非遗级别
京剧	北京	梅兰芳	玉堂春	人类非遗代表作
越剧	浙江	袁雪芬	梁山伯与祝英台	国家级非遗
黄梅戏	湖北	严凤英	天仙配	国家级非遗
评剧	河北	新凤霞	杨三姐告状	国家级非遗
豫剧	河南	常香玉	黄鹤楼	国家级非遗

一、京剧

京剧在我国的地位极为重要，和“中国画”“中国医学”一起被誉为三大国粹。

京剧的前身是徽剧，其历史可以追溯到清代乾隆年间。唱、念、做、打是京剧表演的四种艺术手段，同时也是京剧表演的四项基本功。“唱”指唱功，“念”指具有音乐性的念白，二者相辅相成，构成京剧表演艺术中歌舞化元素两大要素之一的“歌”；“做”指舞蹈化的形体动作，“打”指武打和翻跌的技艺，二者相互结合，构成京剧表演艺术中歌舞化元素两大要素之一的“舞”。

图 3-3-12 文字环绕方式设为“环绕”

三、表格样式

文字处理软件中一般会提供多种预置的表格样式，在这些表格样式中，设置了一套完整的字体、边框、底纹等方案，选择其中的一种表格样式后，可以将它直接套用到当前表格中，既美观又便捷。编辑文档时，为了使表格更加美观和易于阅读，可以根据设计需要，选择不同的表格样式。

选中表格后，在上方功能区中即可看到表格设置的相关选项卡，“表格样式”在其中以图例形式展示，十分直观，便于用户选用，如图 3-3-13 所示。

图 3-3-13 “表格样式”图例

实践活动

设置“中国五大戏曲”表格格式

在学校戏剧社团整理资料的过程中，为了更系统地归纳相关信息，社团决定采用表格工具来整理有关中国五大戏曲的知识。为使表格编排更加美观，需要对表格格式进行设置，文档素材如图 3-3-14 所示。

中国五大戏曲

我国戏曲经过长期的发展演变，逐步形成了以京剧、越剧、黄梅戏、评剧、豫剧五大戏曲剧种为核心的中华戏曲百花苑。

剧种	发源地	代表人物	代表作	非遗级别
京剧	北京	梅兰芳	玉堂春	人类非遗代表作
越剧	浙江	袁雪芬	梁山伯与祝英台	国家级非遗
黄梅戏	湖北	严凤英	天仙配	国家级非遗
评剧	河北	新凤霞	杨三姐告状	国家级非遗
豫剧	河南	常香玉	黄鹤楼	国家级非遗

一、京剧

京剧在我国的地位极为重要，和“中国画”“中国医学”一起被誉为三大国粹。

京剧的前身是徽剧，其历史可以追溯到清代乾隆年间。唱、念、做、打是京剧表演的四种艺术手段，同时也是京剧表演的四项基本功。“唱”指唱功，“念”指具有音乐性的念白，二者相辅相成，构成京剧表演艺术中歌舞化元素两大要素之一的“歌”；“做”指舞蹈化的形体动作，“打”指武打和翻跌的技艺，二者相互结合，构成京剧表演艺术中歌舞化元素两大要素之一的“舞”。

图 3-3-14 文档素材

【主要操作步骤】

1. 设置表格边框线，两侧不加边框线，上下外边框线为“1.5 磅双实线”。“边框和底纹”对话框如图 3-3-15 所示。

2. 为使表格更加美观、更易查看，可对不同行、列的底纹进行差异化的设置。标题行设置为较深的蓝色底纹（如选择“钢蓝，着色 1，浅色，40%”），其下各行具体内容设置为无底纹与浅蓝色底纹（如选择“钢蓝，着色 1，浅色，80%”）间隔的形式，首列则设置为浅蓝色带斑点的底纹（如选择“钢蓝，着色 1，浅色，40%”，并在图案样式中选择“5%”）。

3. 设置表格中的文本格式为“微软雅黑、小五”。

4. 保存美化后的表格，参考效果如图 3-3-16 所示。

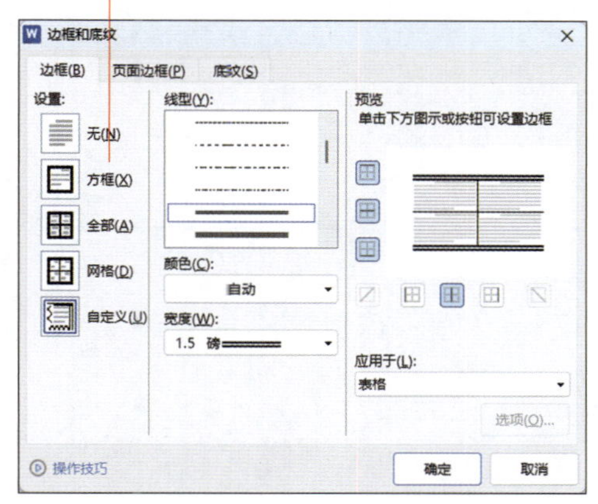

图 3-3-15 “边框和底纹”对话框

中国五大戏曲

我国戏曲经过长期的发展演变，逐步形成了以京剧、越剧、黄梅戏、评剧、豫剧五大戏曲剧种为核心的中华戏曲百花苑。

剧种	发源地	代表人物	代表作	非遗级别
京剧	北京	梅兰芳	玉堂春	人类非遗代表作
越剧	浙江	袁雪芬	梁山伯与祝英台	国家级非遗
黄梅戏	湖北	严凤英	天仙配	国家级非遗
评剧	河北	新凤霞	杨三姐告状	国家级非遗
豫剧	河南	常香玉	黄鹤楼	国家级非遗

一、京剧

京剧在我国的地位极为重要，和“中国画”“中国医学”一起被誉为三大国粹。

京剧的前身是徽剧，其历史可以追溯到清代乾隆年间。唱、念、做、打是京剧表演的四种艺术手段，同时也是京剧表演的四项基本功。“唱”指唱功，“念”指具有音乐性的念白，二者相辅相成，构成京剧表演艺术中歌舞化元素两大要素之一的“歌”；“做”指舞蹈化的形体动作，“打”指武打和翻跌的技艺，二者相互结合，构成京剧表演艺术中歌舞化元素两大要素之一的“舞”。

图 3-3-16 美化后的表格参考效果

知识拓展

使表格更易于阅读

为使表格中的文字更加直观、易于阅读，有时需要对表格中行、列做一些差异设置。如对作为表头的行、列，铺设较数据单元格更深的底色，加以区分；为避免阅读时读串行，将奇偶行（列）铺设不同的底纹颜色等。文字处理软件在表格的设计菜单中提供了这些功能的快速设置，避免了手动逐一修改的麻烦，如图 3-3-17 所示，效果对比如图 3-3-18 所示。

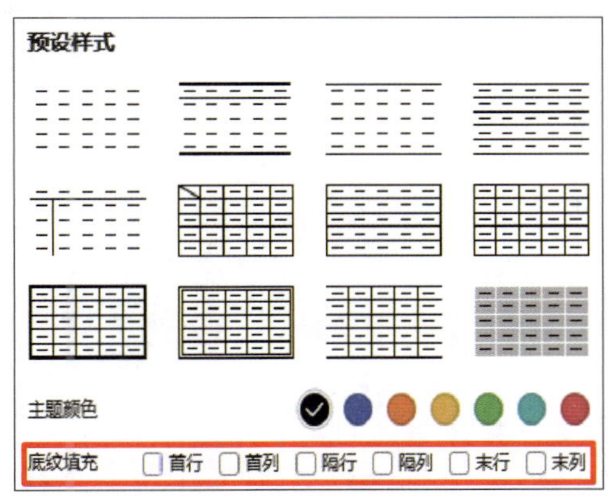

a）

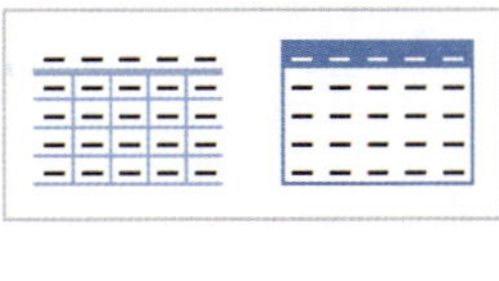

b）

图 3-3-17 表格行、列的样式设置

a）WPS 文字中的相关设置 b）Word 中的相关设置

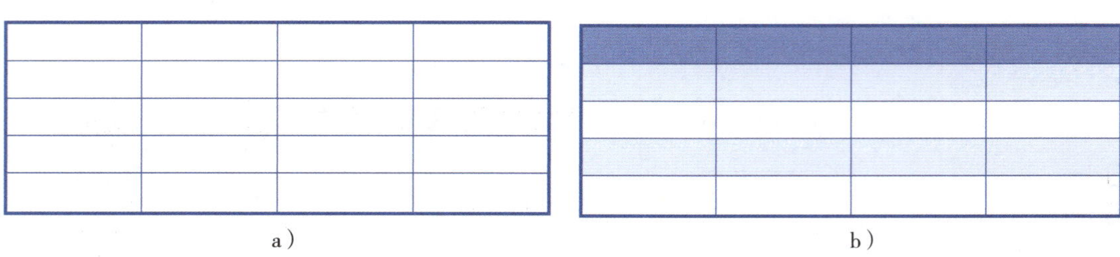

图 3-3-18　设置表头行底纹加深及奇偶行底纹不同颜色前后效果对比

a）设置前　b）设置后

交流与讨论

在编辑表格时，有时表格比较长，需要跨页显示。通常情况下，跨页的表格不会自动出现标题行，如果要使跨页的表格自动出现标题行，在“表格属性”对话框中应如何设置？

巩固与提高

图 3-3-19 所示素材表格为某学生会招新遴选活动的成绩表，该表格存在诸多问题，导致不够美观、规范，例如表格行的宽度、列的高度不统一，应合并的单元格未合并，表线样式不统一等。在文字处理软件表格设计的相关选项卡中，已给出了快速解决这些问题的设置功能，尝试找到相关命令，将该表修改得美观、规范、统一。

报名号	姓名	成绩		总分（100分）	是否录取
		演讲成绩（50分）	面试成绩（50分）		
S-01	赵德宇	45	40	85	是□　否□
S-02	孙娇丽	38	32	70	是□　否□
S-03	李悦昕	42	45	87	是□　否□
S-04	吴思源	35	38	73	是□　否□
S-05	郑雪莹	38	42	80	是□　否□
S-06	陈英博	40	35	75	是□　否□
S-07	蒋乐珍	32	36	68	是□　否□
S-08	沈欣欣	46	45	91	是□　否□

图 3-3-19　素材表格

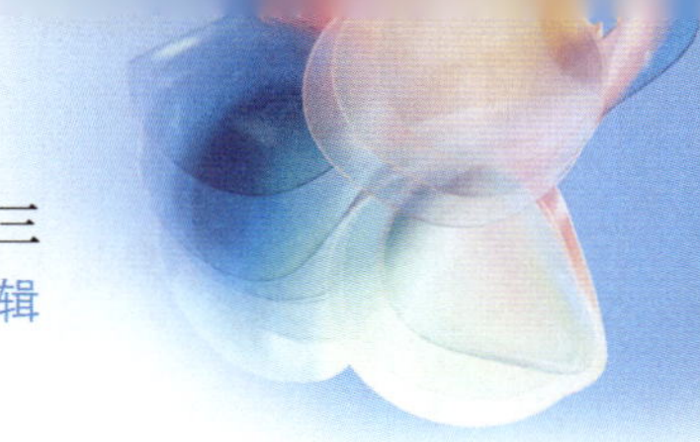

任务 3 处理简单表格数据

• 任务引入 •

在学习和生活中，经常需要处理各种表格数据，如学生成绩表、课程表、实验报告等。这些表格数据通常包含了大量的信息，需要对其进行整理、分析和展示。本任务将利用文字处理软件，完成一些简单的数据处理工作。

在文档编辑过程中，有时需要将文本方式呈现的内容转换为表格方式，或者将表格中的内容转换为文本，以减少数据的重复输入，文字处理软件中提供了文本和表格之间的相互转换功能。可转换为表格的文本包括带有段落标记的文本段落、以制表符或空格分隔的文本等。

一、文本与表格互相转换

文本和表格是常用的两种数据表达方式。工作中有时需要将文本和表格互相转换，以便更好地展示和处理数据。在文字处理软件中可以实现文本和表格的互相转换。

1. 将文本转换为表格

首先统一文本的格式，对于将属于不同单元格的文字，用空格或制表符（按 Tab 键）分隔清楚，然后选中所有需要转换的文字，在“插入”选项卡“表格”下拉按钮中选择“文本转换成表格”命令，即可将文本转换为表格。如需在页面中清楚地查看制表符等特殊字符的存在位置、数量等，可在软件的“选项”设置中，勾选相关的“格式标记”选项。

2. 将表格转换为文本

选中需要转换的表格，执行“表格转换为文本”命令，选择需要使用的分隔符，确认后即可将表格转换为文本。该命令在 Word 中位于表格的“布局”选项卡中，在 WPS 文字中位于“插入”选项卡“表格”下拉按钮中。

二、表格数据处理

常用的办公软件中一般都有专门的表格处理软件，如 WPS Office 中的 WPS 表格和 Microsoft Office 中的 Excel 等。在文字处理软件中，也可以使用其内置的表格工具来进行一些简单的数据处

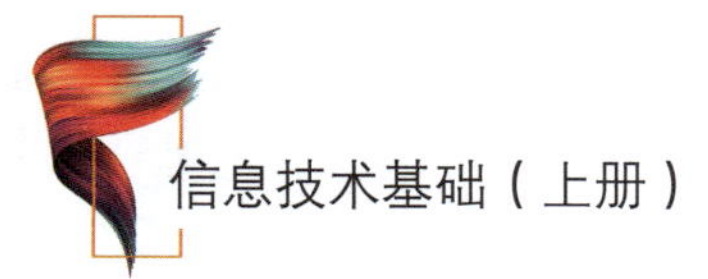

理和分析工作，如对表中数据进行基本的求和、求平均数、求最大值等简单计算，以及对表中数据进行排序等。对一些需求较为简单的场合，直接在文档编辑过程中完成简单的数据处理，避免了在不同软件中反复切换、复制粘贴的麻烦。

1. 简单计算

首先在表格中输入需要计算的数据，然后选中显示计算结果的单元格，如一列数据的下方或一行数据的右侧，单击“布局”或“表格工具”选项卡中的“公式”按钮，在弹出的“公式”对话框（见图 3–3–20）中，填写计算公式并单击“确定”按钮，软件将会自动计算出结果，并将结果显示在选中的单元格中。一些常用的简单公式有“=SUM(ABOVE)”（计算上方单元格数据的和）、“=SUM(LEFT)”（计算左侧单元格数据的和）、“=AVERAGE(ABOVE)”（计算上方单元格数据的平均值）、“=AVERAGE(LEFT)”（计算左侧单元格数据的平均值）等，更多公式可参考下一模块所学电子表格软件中的相关函数。

2. 排序

先选中需要排序的列或行，再单击“布局”或“表格工具”选项卡中的“排序”按钮，在弹出的“排序文字”对话框（见图 3–3–21）中，选择排序方式（升序或降序），并单击“确定”按钮，软件将会自动按照指定的排序方式对数据进行重新排列。

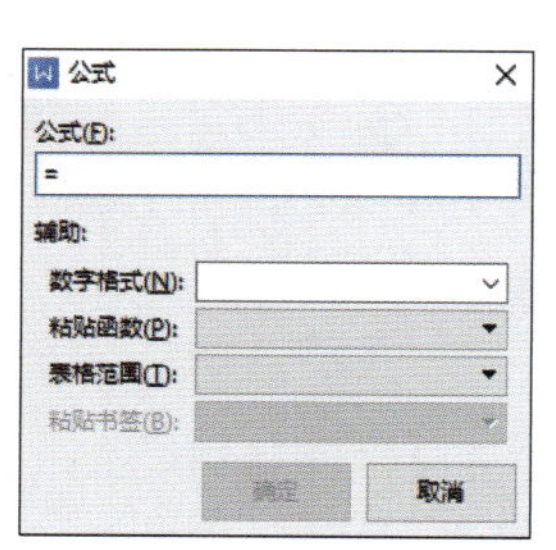

图 3–3–20 “公式”对话框

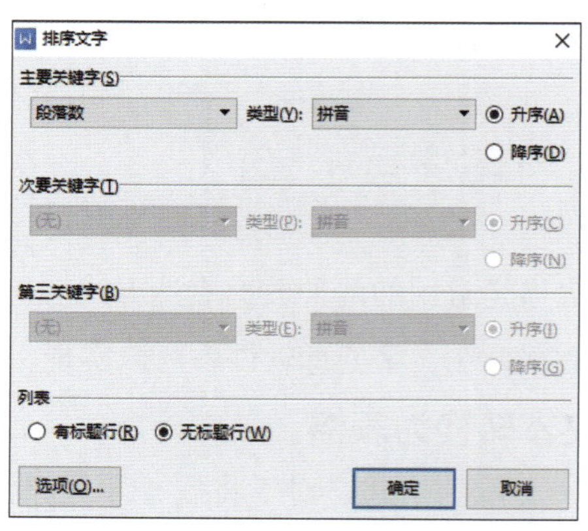

图 3–3–21 “排序文字”对话框

3. 筛选

选中需要筛选的数据区域后，单击“数据”选项卡中的“筛选”按钮，在弹出的菜单中选择需要进行筛选的条件，软件将会自动根据所选条件对数据进行筛选，只显示符合条件的数据。

实践活动

转换成绩数据文本

期中考试结束，教师要进行成绩统计与分析工作，现需将班级前 5 名同学的成绩数据文本以表格的形式呈现，并按总分由高到低排序。

操作演示

【主要操作步骤】

1. 打开“成绩分析”数据文本内容整理格式，按 Tab 键以制表符或按空格键以空格分隔文本（在软件选项中设置显示所有格式标记以便查看），按行列对齐方式排列，效果如图 3–3–22 所示。

2. 选择要转换的文本区域，切换到“插入”选项卡，在“表格”组中单击“表格”按钮，选择“文本转换成表格”命令，打开“将文字转换成表格”对话框，如图 3–3–23 所示。

3. 在该对话框中可以设置表格的列数、文字分隔位置等，完成设置后单击“确定”按钮。

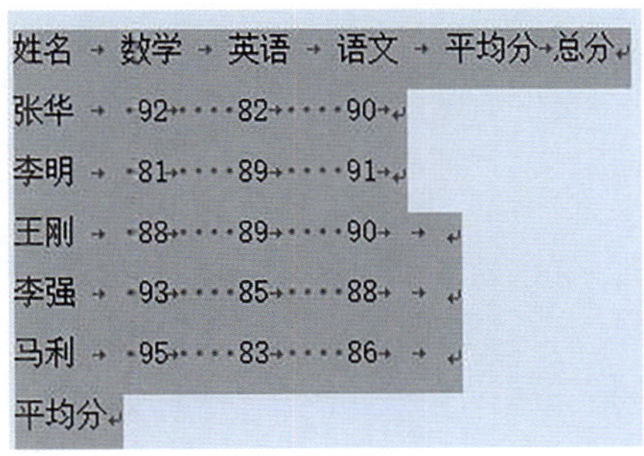

图 3–3–22 整理格式后的效果

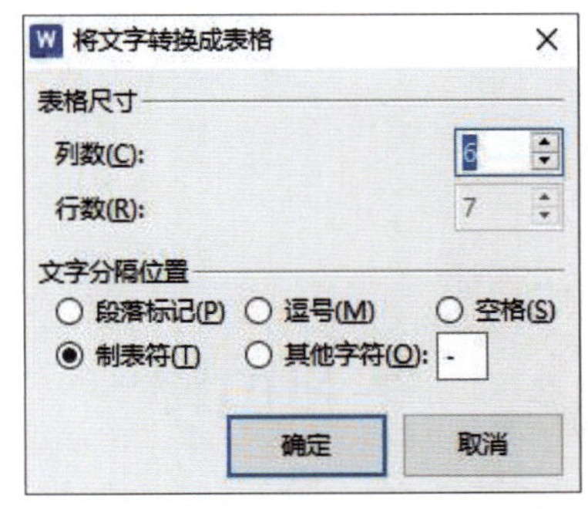

图 3–3–23 “将文字转换成表格”对话框

4. 最后，将表格中的平均分、总分补充完整，并按总分由高到低排序。

交流与讨论

如果需要将以上成绩数据表再转换成文本格式，有哪些操作方法？

巩固与提高

“实践活动”的最后一步中涉及平均分、总分的计算，除了自行手动计算外，还可以利用软件中的“公式”“计算”等功能自动完成，相关菜单如图 3–3–24 所示。找到相关命令，完成平均分、总分的计算，并查阅帮助文件或互联网资料归纳总结：在文字处理软件中可以实现哪些计算？应如何操作？

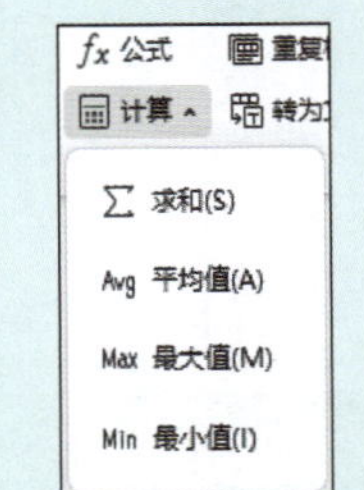

图 3–3–24 “公式”和“计算”相关菜单

课题四

编排图形

学习目标

1. 能对文档进行图、文、表的混排。
2. 能在文档中插入图片和艺术字。
3. 能根据要求绘制功能结构图。
4. 能在文档中编制模型与简单公式。

日常生活中，人们接触到的宣传单、公益海报和温馨小贴士等精美文档都包含文本、图片、艺术字、图形、表格等。在文档中插入图片并配合文字说明，既能直观地表达作者的意图，又可以美化文档页面。使用列表图、流程图、层次结构图和关系图等，可以绘制出体现事物间逻辑关系的功能结构图。

任务1　编排简单图形

• 任务引入 •

在日常工作与学习中，文字处理软件被广泛应用于文档的排版和设计。除了文本内容外，插入一些简单的图形元素可以使文档更加生动、直观，并增加阅读者的视觉吸引力。在本任务中，将应用一些简单的图形元素，使文档更加美观和吸引人。

文字处理软件提供了丰富的图形工具，除了常见的形状外，还包括线条、流程图、标注、星与旗帜等图形。应用这些图形，可以描述组织架构和操作流程等，将文本与文本连接起来，并更直观地表示彼此之间的关系，使文档简单明了，易于阅读。

一、插入形状

文字处理软件中提供了矩形、圆形、箭头等多种预设形状，可以直接用于文档编辑。其使用方法是，将光标置于需要插入形状的位置，单击“插入”选项卡中的“形状”按钮，在弹出的形状库（见图 3–4–1）中单击选择需要的形状，即可将其插入文档中。

图 3–4–1　形状库

用户可以在文档中使用形状元素来增强文档的可读性和吸引力，这对于制作报告、海报和其他宣传材料非常有用。

二、插入艺术字

艺术字在前面任务中已有所使用，它对传统的字体进行有创意的、特殊的美化与修饰，以形态美突出其内涵。艺术字广泛应用于广告、商品包装、书籍装帧等领域“艺术字”的种类很多，用户可根据需要，在“艺术字”菜单中选择，如图 3–4–2 所示。

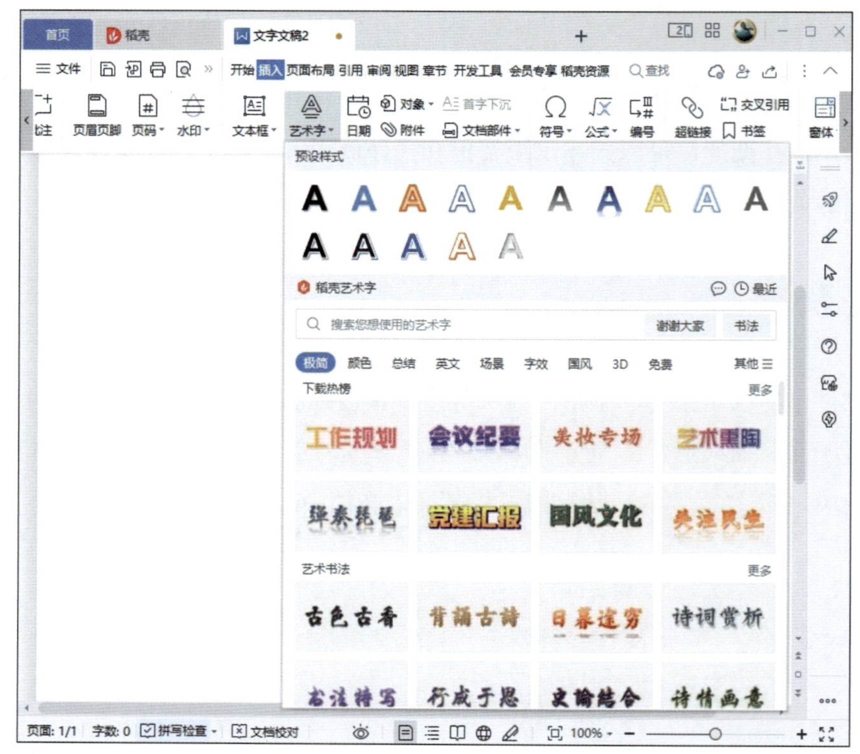

图 3–4–2 “艺术字”菜单

用户可以在文档中使用具有艺术效果的文字元素来增强文档的视觉效果和吸引力，这对于制作宣传册、名片和其他设计材料非常有用。

实践活动

制作“守护绿色家园”宣传海报

每年的 4 月 22 日是世界地球日，旨在提高民众对于现有环境问题的认识，并动员民众参与到环保运动中。在世界地球日来临之际，为提高同学们保护森林的意识，学校团委计划举办一系列的保护森林活动，现需在现有素材基础上修改完善，制作一幅森林环保知识的宣传海报，效果如图 3–4–3 所示。

操作演示

【主要操作步骤】

1. 设置页面规格，上、下、左、右的页边距都是 2.5 cm。

2. 删去原标题，改用艺术字实现，选择合适的艺术字样式，如图 3–4–4 所示。插入艺术字后调整字号、位置，使布局更加美观。

图 3-4-3 “守护绿色家园”宣传海报效果

图 3-4-4 选择合适的艺术字样式

3. 插入图片并调整位置，实现图文混排的效果。

4. 插入形状并设置格式，输入倡议“保护家园　人人有责”。

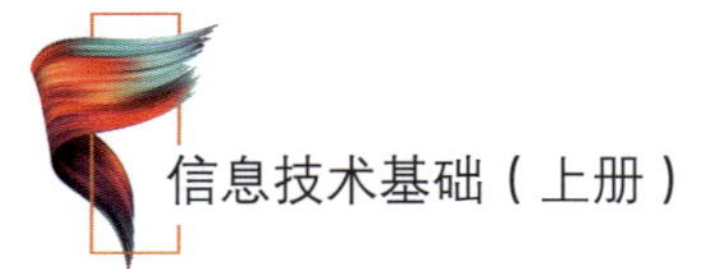

知识拓展

图形形状格式设置

文字处理软件中，除了插入和编辑简单图形外，还可以进一步对图形的形状格式进行编辑处理，以下是一些常见的图形形状格式设置功能：

1. 图形的属性设置：除了编辑样式（如颜色、填充、线条宽度等），还可以设置图形的属性，如边框、阴影、透明度等。通过调整这些属性的设置，可以增加图形的立体感和视觉效果。

2. 图形的旋转和翻转：通过拖动图形边缘或使用旋转按钮来进行图形的旋转操作。此外，还可以使用翻转功能将图形沿水平或垂直方向翻转。

3. 图形的组合和组合框：除了单个插入形状，还可以将多个形状组合在一起形成一个整体。可以使用剪切工具或选择工具来实现这一功能。

4. 图形的形状效果：除了基本的形状，软件还提供了一些形状效果选项，如柔化边缘、虚线、箭头等。

交流与讨论

将图片插入文档中后，常常需要对其大小进行调整，可使用鼠标直接拖动图片边缘、四角，还可以同时按住“Shift”“Ctrl”“Alt”等功能键进行操作。在软件中尝试进行以上操作并小组讨论，对比这些操作的功能有哪些不同。

巩固与提高

将图片插入文档后，还可以对其进行简单的编辑处理，如使用“设置透明色”功能去除图片的纯色背景、调整图片的亮度和对比度等，相关命令如图3-4-5所示。在“实践活动”所做文档的基础上，使用这些命令对图片进行调整并观察调整后的效果。

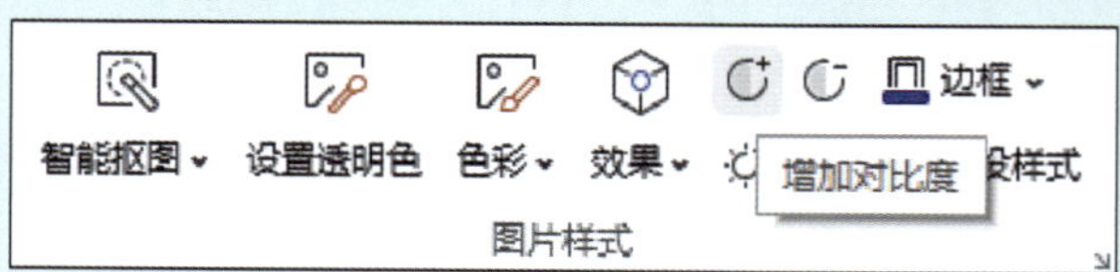

图3-4-5 图片样式相关设置命令

任务 2　编排复杂图形

• 任务引入 •

除插入简单的图片之外，文字处理软件还提供了众多较为复杂的图形插入功能，如功能结构图、数学公式等，以满足不同的文档排版需要，达到更好的表现效果。

文字处理软件提供的流程图可以帮助用户整理和优化组织结构，而且操作起来很方便。另外，文字处理软件还提供了多种流程图模板，如果在预设模板中没有找到自己想要的样式，还可以自行设计。

一、插入功能结构图

功能结构图是一种用于展示和组织文档内容的工具，它可以帮助用户更清晰地表达信息、整理思路，并使文档更具可读性，易于理解。为便于用户便捷地创建功能结构图，文字处理软件提供了多种不同样式的预设模板，包括智能图形、流程图、思维导图等，可在“插入”选项卡中找到，如图 3-4-6 所示。将图形插入文档中后，可根据文档需要对其中的文字内容进行编辑、修改、添加或删除。

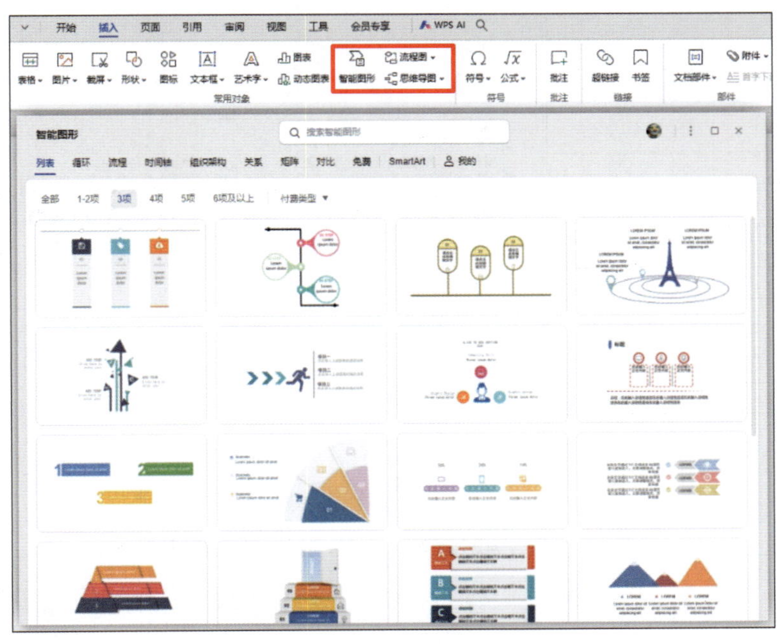

图 3-4-6 “功能结构图”相关命令

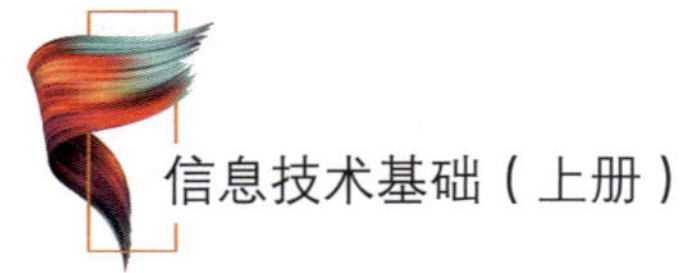

二、插入数学公式

除了常见的文档处理功能外，文字处理软件还提供了丰富的数学公式编辑功能，方便用户在文档中插入数学公式并进行编辑。用户可以在文档中插入各种数学公式，如二次方程、三角函数、指数函数等，以展示和呈现相关的数学概念和计算结果。在“插入”选项卡中可找到“公式”按钮，单击该按钮即可在展开的菜单中看到若干预置的常用公式（见图 3–4–7），单击其中一种即可将其插入文中，也可以单击“插入新公式”选项在文中插入一个空白公式自行编辑。公式使用实例及相关选项卡内容如图 3–4–8 所示。

使用此方式在文中编辑公式，相比直接用正斜体、上下标等字体设置功能进行编辑更加方便，灵活性更高，更能满足各种复杂的数学公式的编辑需要。同时，插入文中的公式既可以随时进行编辑修改，也可以作为整体像一个图片一样进行位置、大小的调整等操作。

对于较为复杂的公式，还可以在图 3–4–7 所示界面中单击“公式编辑器”按钮，弹出“公式编辑器”窗口（见图 3–4–9），在其中可以进行公式编辑，以实现更多、更全面的编辑功能。

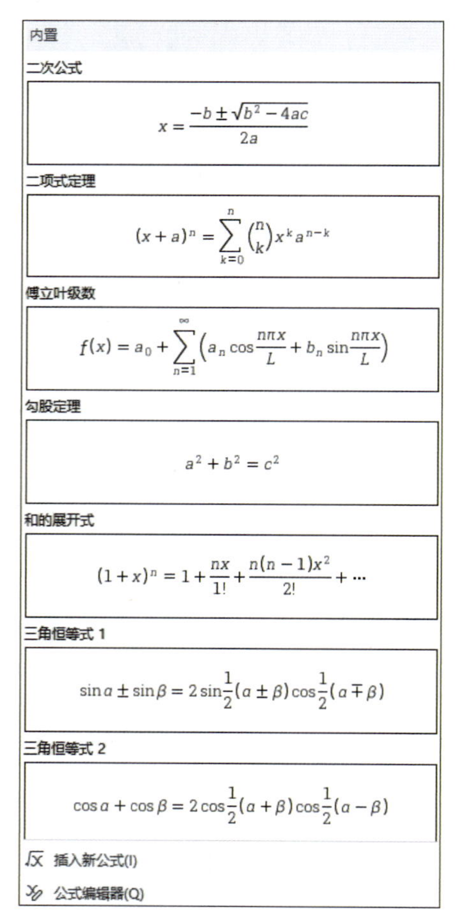

图 3–4–7 “公式”菜单

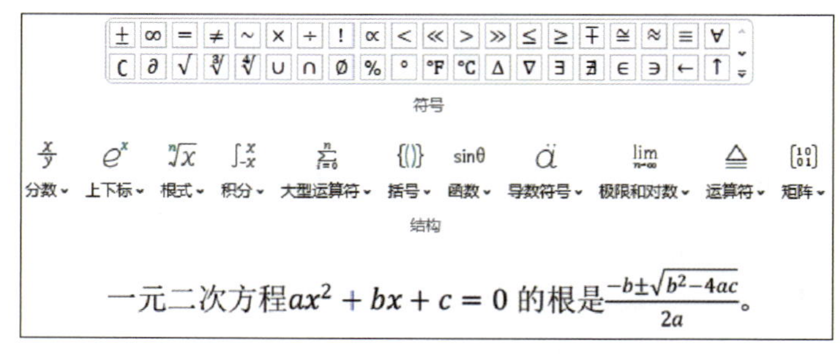

图 3–4–8 公式使用实例及相关选项卡内容

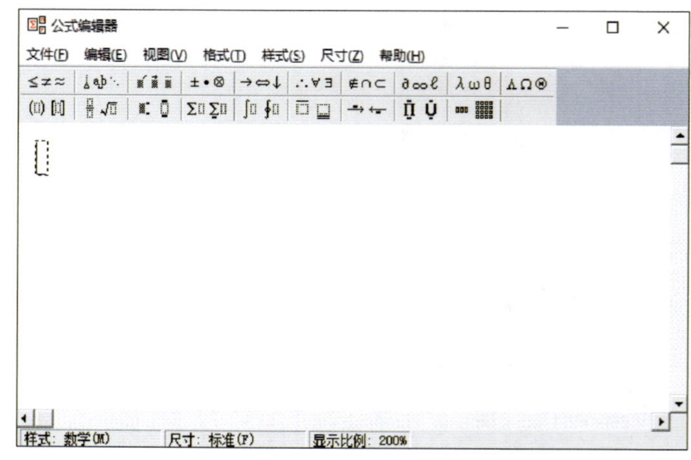

图 3–4–9 “公式编辑器”窗口

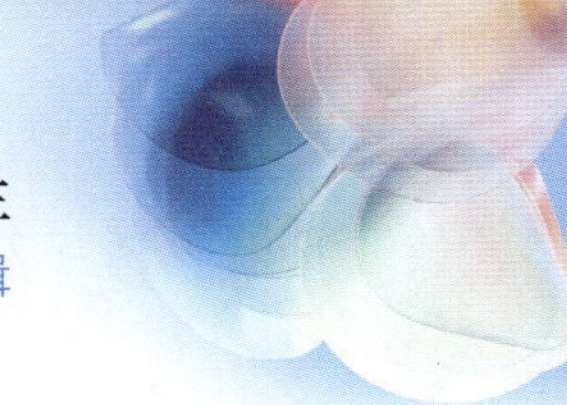

三、自由绘制复杂图形

文字处理软件除了可以编排文字，也支持对图形进行一些简单的编辑处理，以满足内容设计的需要。为方便用户使用，软件提供了多种预置的图片、图形，如前面提到的形状、功能结构图等。利用软件提供的丰富的形状，还可以按需绘制成各种不同的图案。绘制完成后，可按住 Shift 键用鼠标依次单击组成图案的各个图形，然后单击鼠标右键，在弹出的快捷菜单中选择“组合”，将其组合为一个整体，如图 3-4-10 所示。组合之后的图形可方便地在文档中调整其位置及大小。

图 3-4-10　利用不同形状绘制较复杂图形并组合

实践活动

绘制公司组织架构图

某科技有限公司刚刚对部门进行了调整，组织架构发生了变化，新的架构如图 3-4-11 所示，但该图较为简单，不够美观，现需利用文字处理软件重新设计制作一个新的组织架构图。

操作演示

【主要操作步骤】

1. 新建空白文档，如考虑到组织结构图横向比较长，可通过“页面布局”将纸张方向调整为横向。

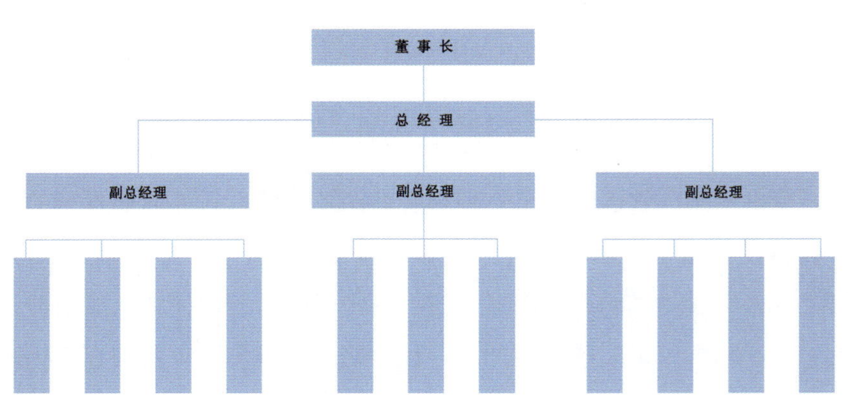

图 3-4-11 现公司组织架构图

2. 单击“插入”选项卡下的“智能图形”按钮，在弹出的“智能图形”中选择合适的预设图形。窗口中根据图形特征按列表、循环、流程等类型分标签显示，可在其中选择一种美观、适用的图形。其中“SmartArt”图形支持灵活添加图中的元素数目，对本任务更加适用，此处选择一种“SmartArt”图形，单击该图形可将其插入文中。

3. 删去不必要的方框，修改图形的预设文字。选中一个方框后，单击右侧按钮中的“添加项目”按钮（见图 3-4-12），可在其下方增加一个方框，用于填写“总经理”一项。

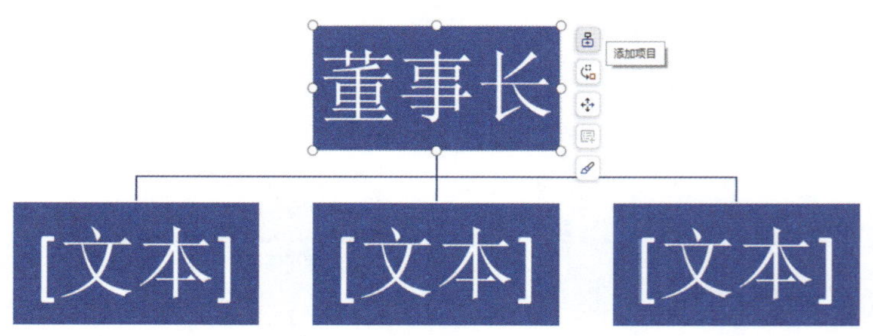

图 3-4-12 “添加项目”按钮

4. 继续在需要的位置添加方框，填入其他职务和部门的名称。

5. 修改文字的字体、字号，选择合适的配色、样式，对公司组织架构图做进一步美化。

知识拓展

创 建 图 表

文字处理软件提供了多种图表类型，如柱状图、折线图、饼图等。要创建图表，应先选中数据所在的单元格区域，然后选择“插入”菜单中的“图表”选项，选择合适的图表类型，如图 3-4-13 所示。

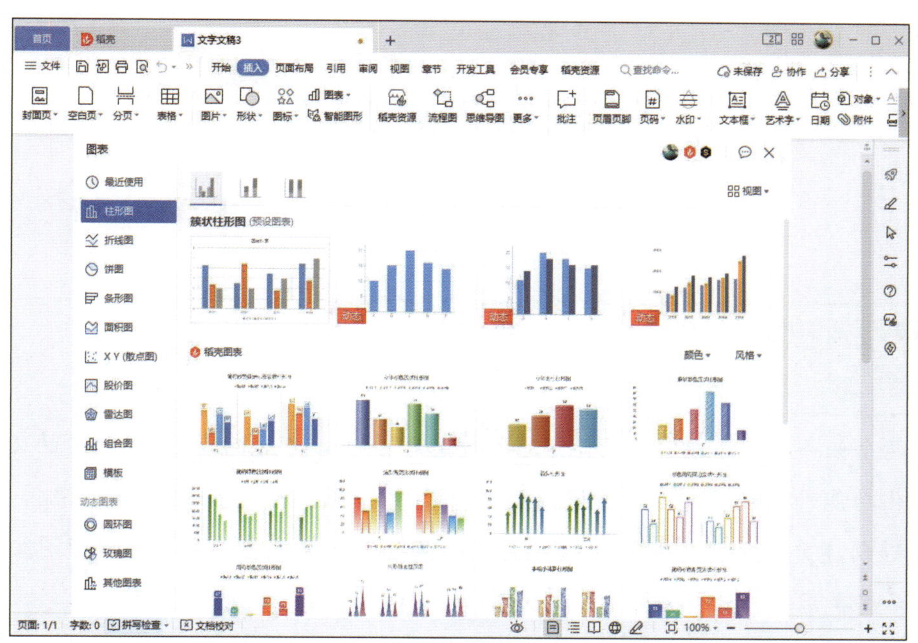

图 3-4-13　选择合适的图表类型

交流与讨论

详细查看文字处理软件所提供的智能图形或 SmartArt 的类型、样式，选择典型示例，小组讨论它们的特点和适用的场合，为未来制作相关文档做好准备。

巩固与提高

使用文字处理软件绘制图形，当不同图形位置重叠时，可以根据需要调整图形间的层次关系，从而实现不同的重叠效果。右键单击图形，在弹出的快捷菜单中即可选择将其置于顶层、置于底层、上移一层、下移一层等，如图 3-4-14 所示。自行创意，选配合适的图形、配色，利用组合、调整图形层次关系等功能，绘制一幅简单的插画作品。

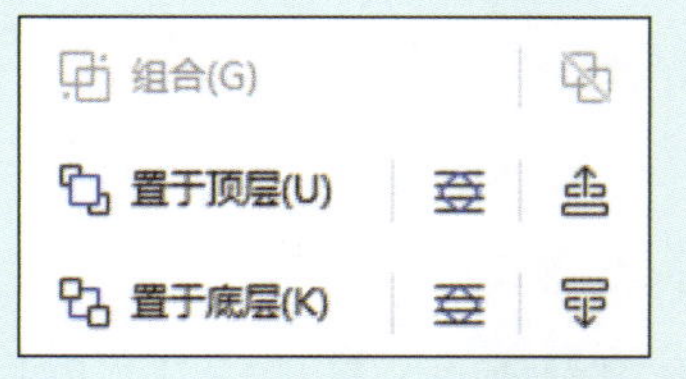

图 3-4-14　层次调整相关命令

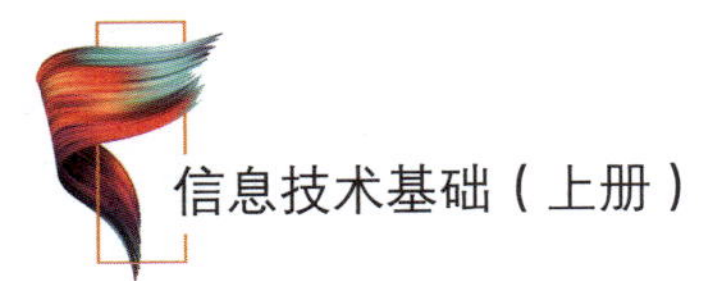

任务 3　图文表混排

• 任务引入 •

在前两个任务中，我们学习了如何对各种图形进行编辑和排版。除了基本的文本输入和格式化功能外，文字处理软件还提供了丰富的文字、图形、表格和图片混排功能，使我们能够创建更具吸引力和专业性的文档。在本任务中，将学习如何进行图文表混排，以展示更丰富的信息和视觉效果。

精美的文档中不仅包含文字，还应根据需要添加一些形状、表格、文本框和图片，它们的综合应用可以传递文字无法完全表达的信息，同时也起到美化版面的作用。

一、插入文本框和图片

使用文本框可以在文档中放置多个文字块，或使文字排列方向与文档中其他文字不同。插入文本框的方法是在“插入”选项卡的“文本”组中，单击“文本框”下拉按钮，选择合适的文本框样式。

在文档中插入图片的方法比较简单，在前面任务中已涉及，除了直接将图片拖入或使用“复制”“粘贴”操作外，还可以在“插入”选项卡的“插图”组中，单击“图片”按钮选择要插入的图片。

二、格式设置

图片和文本框都可以进行格式设置，包括大小、形状、样式、边框、环绕方式等，选中对象后，在出现的“绘图工具”（“图片工具”）的“格式”选项卡中进行相应设置。

三、文字环绕方式

文字环绕方式指形状、艺术字、表格、文本框、图片等对象在文字中的排列方式，在前面的任务中介绍了表格的文字环绕方式的设置，其他对象的设置与之类似，如文档中图片的文字环绕方式的设置在“绘图工具”（“图片工具”）的“格式”选项卡下的“排列”组中，单击“环绕文字”下拉按钮，选择一种文字环绕方式即可，具体效果见表 3-4-1。

表 3-4-1　　图片的文字环绕方式

名称	效果
嵌入型	图片环绕方式是指文字在图片周围的排列方式，包括“嵌入 型”“四周型环 绕”“紧密型环绕”“衬于文字下方”“浮于文字上方”等7种。插 入图片后，默认情况下，图片的环绕方式是嵌入型。
四周型环绕	图片环绕方式是指文字在图片周围的排列方式，包括“嵌入 型”“四周型 环绕”“紧密型 环绕”“衬于文 字下方”“浮 于文字上方”等7种。插入图片后，默认情况下，图片的环绕方式是 嵌入型。
紧密型环绕	图片环绕方式是指文字在图片周围的排列方式，包括“嵌入 型”“四周型环绕”“紧密型环 绕”“衬于文字下方” “浮于文字上方” 等7种。插入图片 后，默认情况下，图片的环绕方式是嵌入型。
穿越型环绕	图片环绕方式是指文字在图片周围的排列方式，包括“嵌入 型”“四周型环绕”“紧密型环 绕”“衬于文字下方” “浮于文字上方” 等7种。插入图片后，默认 情况下，图片的环绕方式是嵌入型。
上下型环绕	图片环绕方式是指文字在图片周围的排列方式，包括“嵌入 型”“四周型环绕”“紧密型环绕”“衬于文字下方”“浮于文字 上方”等7种。插入图片后，默认情况下，图片的环绕方式是嵌入 型。

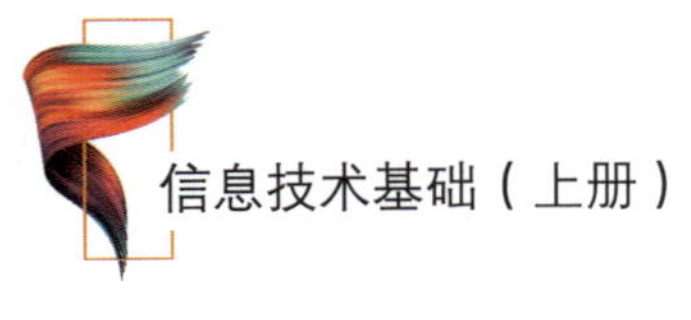

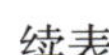
续表

名称	效果
衬于文字下方	图片环绕方式是指文字在图片周围的排列方式，包括“嵌入型”“四周型环绕”“紧密型环绕”“衬于文字下方”“浮于文字上方”等7种。插入图片后，默认情况下，图片的环绕方式是嵌入型。
浮于文字上方	图片环绕方式是指……排列方式，包括“嵌入型”“四周型环……方”“浮于文字上方”等7种……默认情况……方式是嵌入型。

提示

在以上环绕方式中，采用“嵌入型”后，图片相当于一个字符，编辑过程中将跟随前后的文字共同移动，其优点是页面发生变化时，其相对位置保持不变，避免图文位置错乱的情况发生。“穿越型环绕”和“紧密型环绕”的区别是，除均为文字紧贴四周排布外，“穿越型环绕”中的文字还可以进入图形凹陷的空白区域内。在 Word 中，可以通过“编辑环绕顶点”命令对环绕位置进行具体调节，如图 3-4-15 所示。

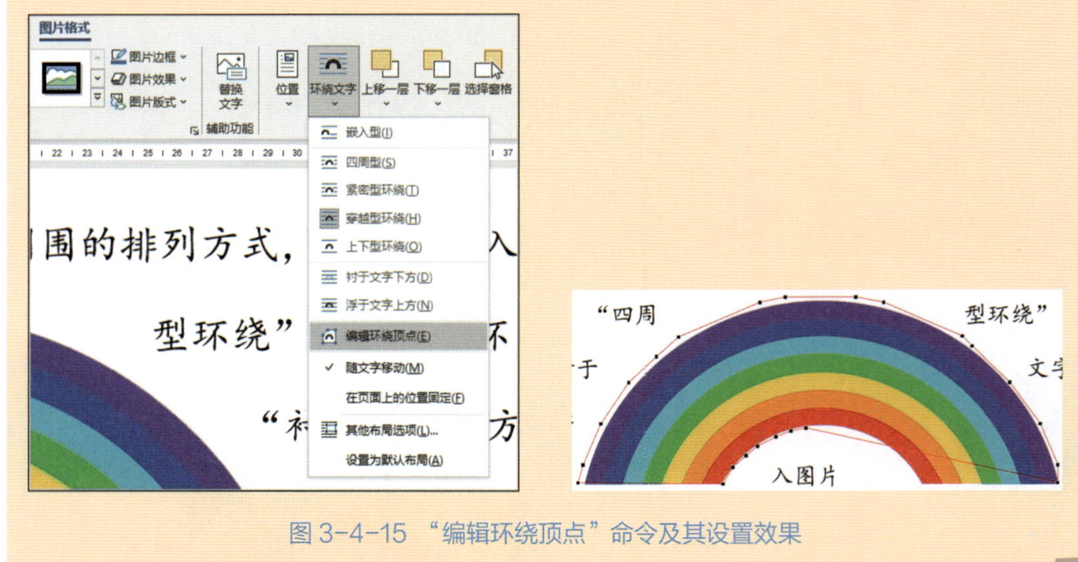

图 3-4-15 “编辑环绕顶点”命令及其设置效果

实践活动

“中国五大戏曲”文档图文表混排

为使“中国五大戏曲”文档内容更加充实，图文并茂，现需在前面完成的文档基础上，在文中添加两幅图片，调整文本框的内容，设置表格中字体的颜色。

操作演示

【主要操作步骤】

1. 打开前面任务完成的“中国五大戏曲”文档，在文档中插入一段介绍生、旦、净、丑四种角色的文本，使之成为“京剧”部分的第 3 段，并设置字体、字号。

2. 切换到“插入”选项卡，在“插图”组中单击“图片”按钮，打开“插入图片”对话框，选择素材中的“戏曲人物图 1”图片，单击“插入”按钮，如图 3-4-16 所示。

3. 调整图片的位置，使其大小适中，设置图片的文字环绕方式为“四周型环绕”。

4. 在“图片工具”→“格式”选项卡中，选择图片的样式，如可选择“柔化边缘椭圆 50 磅”。

5. 用同样的方法插入第 2 张图片，调整图片的位置、大小及文字环绕方式，设置其样式，如可选择“紧密倒影，接触”，如图 3-4-17 所示。

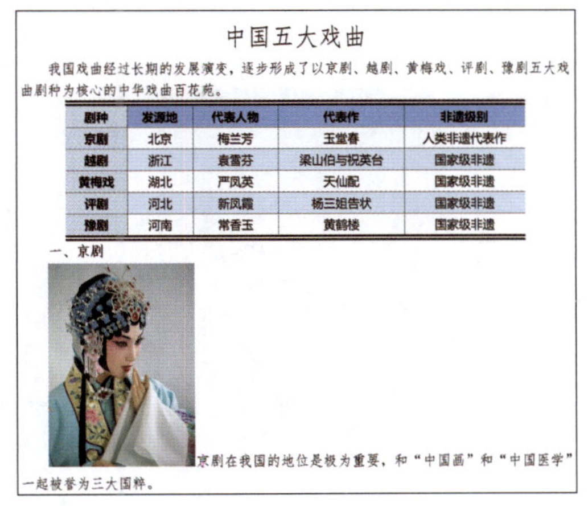

中国五大戏曲

我国戏曲经过长期的发展演变，逐步形成了以京剧、越剧、黄梅戏、评剧、豫剧五大戏曲剧种为核心的中华戏曲百花苑。

剧种	发源地	代表人物	代表作	非遗级别
京剧	北京	梅兰芳	玉堂春	人类非遗代表作
越剧	浙江	袁雪芬	梁山伯与祝英台	国家级非遗
黄梅戏	湖北	严凤英	天仙配	国家级非遗
评剧	河北	新凤霞	杨三姐告状	国家级非遗
豫剧	河南	常香玉	黄鹤楼	国家级非遗

一、京剧

京剧在我国的地位是极为重要，和“中国画”和“中国医学”一起被誉为三大国粹。

图 3-4-16　插入图像

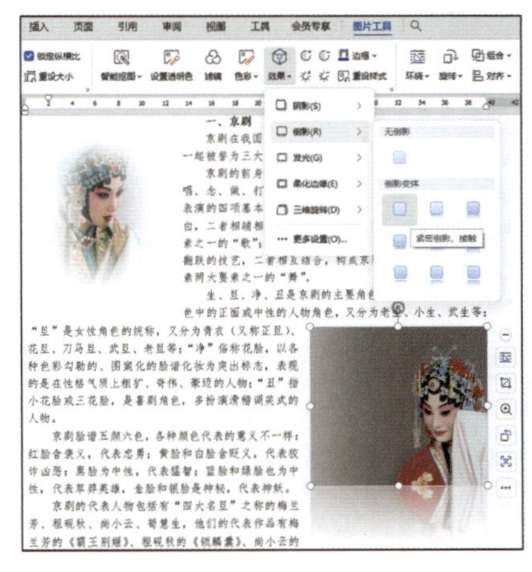

图 3-4-17　设置效果窗口

6. 给文档中中国五大戏曲表格添加标题“中国五大戏曲简介”，并设置表中各栏目的颜色，使每个栏目颜色区分开来。调整文档各元素的大小、位置等属性后，参考效果如图 3-4-18 所示。

中国五大戏曲

我国戏曲经过长期的发展演变，逐步形成了以京剧、越剧、黄梅戏、评剧、豫剧五大戏曲剧种为核心的中华戏曲百花苑。

中国五大戏曲简介

剧种	发源地	代表人物	代表作	非遗级别
京剧	北京	梅兰芳	玉堂春	人类非遗代表作
越剧	浙江	袁雪芬	梁山伯与祝英台	国家级非遗
黄梅戏	湖北	严凤英	天仙配	国家级非遗
评剧	河北	新凤霞	杨三姐告状	国家级非遗
豫剧	河南	常香玉	黄鹤楼	国家级非遗

一、京剧

京剧在我国的地位极为重要，和“中国画”“中国医学”一起被誉为三大国粹。

京剧的前身是徽剧，其历史可以追溯到清代乾隆年间。唱、念、做、打是京剧表演的四种艺术手段，同时也是京剧表演的四项基本功。“唱”指唱功，“念”指具有音乐性的念白，二者相辅相成，构成京剧表演艺术中歌舞化元素两大要素之一的“歌”；“做”指舞蹈化的形体动作，“打”指武打和翻跌的技艺，二者相互结合，构成京剧表演艺术中歌舞化元素两大要素之一的“舞”。

生、旦、净、丑是京剧的主要角色类型。“生”指男性角色中的正面或中性的人物角色，又分为老生、小生、武生等；“旦”是女性角色的统称，又分为青衣（又称正旦）、花旦、刀马旦、武旦、老旦等；“净”俗称花脸，以各种色彩勾勒的、图案化的脸谱化妆为突出标志，表现的是在性格气质上粗犷、奇伟、豪迈的人物；“丑”指小花脸或三花脸，是喜剧角色，多扮演滑稽调笑式的人物。

京剧脸谱五颜六色，各种颜色代表的意义不一样：红脸含褒义，代表忠勇；黄脸和白脸含贬义，代表狡诈凶恶；黑脸为中性，代表猛智；蓝脸和绿脸也为中性，代表草莽英雄；金脸和银脸表神秘，代表神妖。

京剧的代表人物包括有“四大名旦”之称的梅兰芳、程砚秋、尚小云、荀慧生，他们的代表作品有梅兰芳的《霸王别姬》、程砚秋的《锁麟囊》、尚小云的《汉明妃》和荀慧生《红娘》等。

图 3-4-18　图文表混排参考效果

巩固与提高

为迎接7月1日建党纪念日，深入学习党的二十大报告，培养学生的爱国爱党情怀，激励学生为实现中华民族伟大复兴努力学习新知识、新技能，学校团委拟在搜集相关资料的基础上，制作宣传海报，参考效果如图3-4-19所示。

要求如下：

1. 海报要有鲜明的主题，文字要简洁。
2. 标题用艺术字制作，样式自选。
3. 选取切合主题的图案或者图片对海报进行装饰。
4. 利用图文混排，突出主题。
5. 布局合理，排版美观。

图3-4-19 宣传海报参考效果

课题五
应用文档创编

学习目标

1. 能熟练地在文档中创建目录。
2. 能熟练地对文档中的对象添加题注。
3. 能利用模板批量生成文档。
4. 了解版式设计的基础知识。

文档在不同的场合下有不同的需求。例如，在毕业论文中要创建目录、题注；邀请函要根据给定的模板批量生成。这些特定的功能都可以利用文字处理软件快速、便捷实现。

任务1 创建目录和题注

• 任务引入 •

在工作与学习中，经常需要创建各种文档，如报告、论文等。为了更好地使读者了解文档结构，快速把握文档内容，需要在文档中创建目录和题注。本任务的主要内容是学习使用文字处理软件快速自动生成目录和题注。

一、创建目录

目录是一种用于列出文档中各个部分及其页码的工具。它可以使读者快速定位到所需内容的位置，提高文档的可读性和易用性。目录通常位于文档的开头，并按照一定的格式进行排版，以便读者能够轻松地浏览和查找所需信息。

创建目录的方法是在“引用”选项卡的“目录”组中，单击“目录”按钮，在其下拉列表中选择一种内置目录样式，如图 3-5-1 所示。

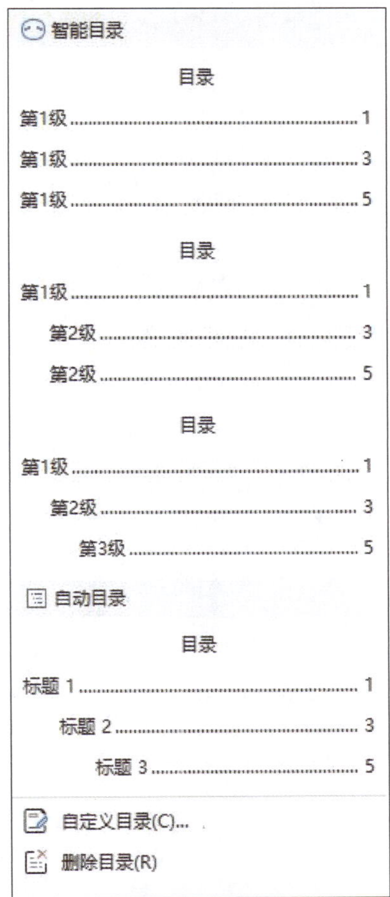

图 3-5-1 “目录样式”下拉列表

二、使用题注

题注是指为文档中的图片或其他对象添加的标注，用于说明图片的序号、备注内容等，示例如图 3-5-2a 所示。

使用题注的方法是，将插入点放置在需要插入题注的对象的下方，在“引用”选项卡的“题注”中，单击“插入题注”按钮，打开“题注”对话框进行设置。题注的序号可自动生成，标签可在预设选项中选择，也可以单击“新建标签”按钮自行定义（见图 3-5-2b），编号的样式也可自行设置。

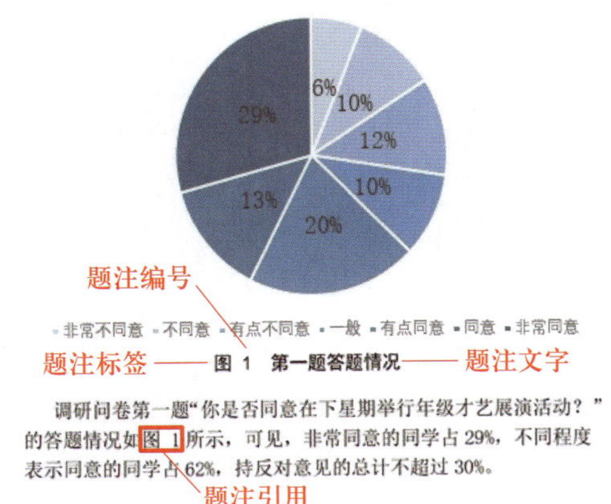

a）

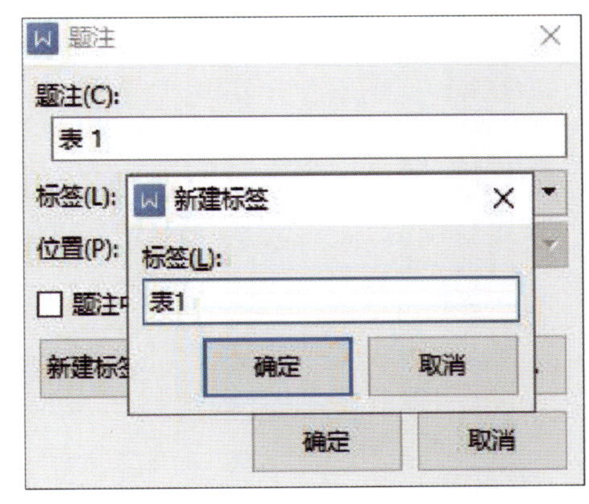

b）

图 3-5-2 题注示例及“题注”对话框

a）题注示例 b）“题注”对话框

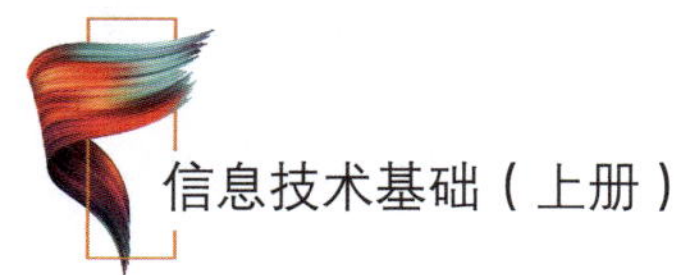

实践活动

创建“中国传统节日简介”文档目录

现有一份介绍中国传统节日的文档，为了方便读者查阅，需要对该文档创建目录。

【主要操作步骤】

1. 打开要创建目录的文档，将预定义标题样式应用到文档中要出现在目录中的标题上，如设置一级标题“一、春节”为“标题 1”样式。

2. 将插入点定位在要建立目录的位置，一般是在文档的最前面。

3. 在“引用”选项卡的“目录”组中，单击“目录”按钮，在其下拉列表中选择“自动目录 1”项目，在文档中按内置的格式（见图 3-5-3）自动插入目录。

4. 保存设置后的文档，参考效果如图 3-5-4 所示。

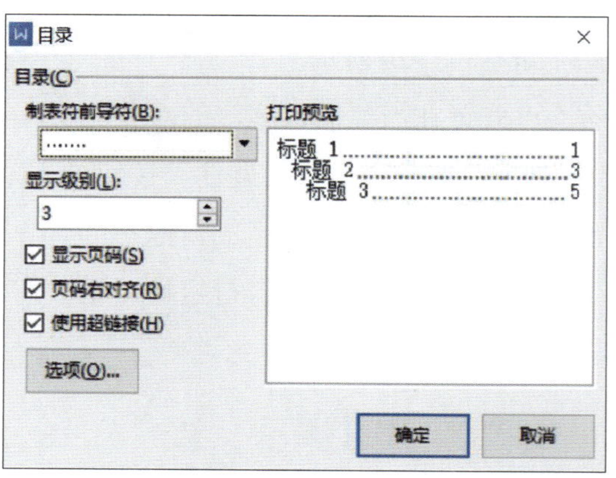

图 3-5-3 “目录”对话框

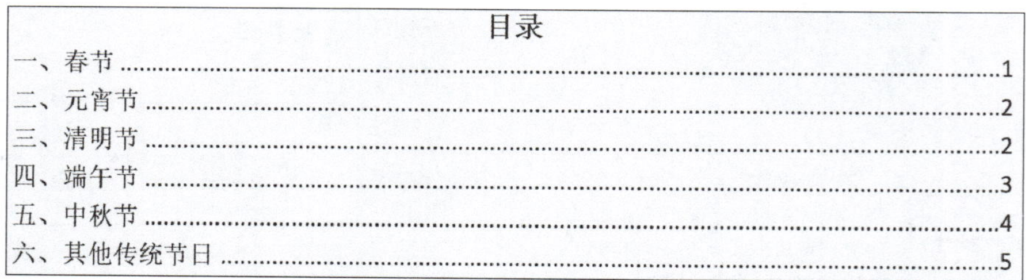

目录

一、春节 1
二、元宵节 2
三、清明节 2
四、端午节 3
五、中秋节 4
六、其他传统节日 5

图 3-5-4 应用标题样式创建的目录参考效果

提示

实际操作中，常会遇到插入目录后文档的页码不符合实际需要的情况，这时可利用在适当位置插入分节符、在页眉或页脚中设置页码的起始编号等方法进行调整。

知识拓展

更新目录

在完成目录创建后，如果文档的正文内容又有增删或章节发生变动，可以使用“更新域”命令更新目录。

1. 单击“引用”选项卡中的“更新目录”按钮，弹出“更新目录”对话框，如图 3-5-5 所示。

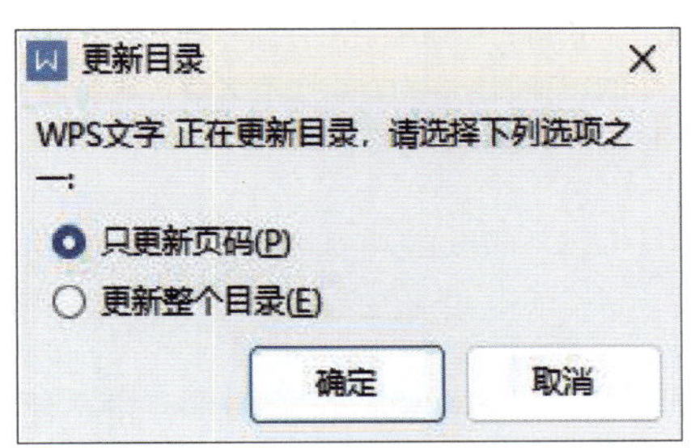

图 3-5-5 “更新目录”对话框

2. 如果只是正文内容有增减，而章节或标题级别没有发生变化，可以选中“只更新页码”单选框，如果章节或标题级别发生了变化，就需要选中“更新整个目录”单选框，单击“确定”按钮，完成目录更新。

也可以将鼠标指向已生成的目录区域并单击鼠标右键，在弹出的快捷菜单中单击“更新域”命令，同样可弹出“更新目录”对话框，从而完成目录的更新。

交流与讨论

有时在撰写论文等文档时，需要为文中的图、表编制目录，查看软件中的相关功能，图表目录能否也像文档目录一样能实现自动生成？

巩固与提高

除了“题注”外，文字处理软件中还提供了另外一个名称类似的功能——“脚注”。“脚注”是印在书页下端或页面底部的注文，用于对文中某些内容或资料进行说明或补充。“脚注”的相关命令也在“引用”选项卡下。在“实践活动”完成的文档中，尝试为文中内容添加“脚注”。“脚注”的样式及相关命令如图 3-5-6 所示。

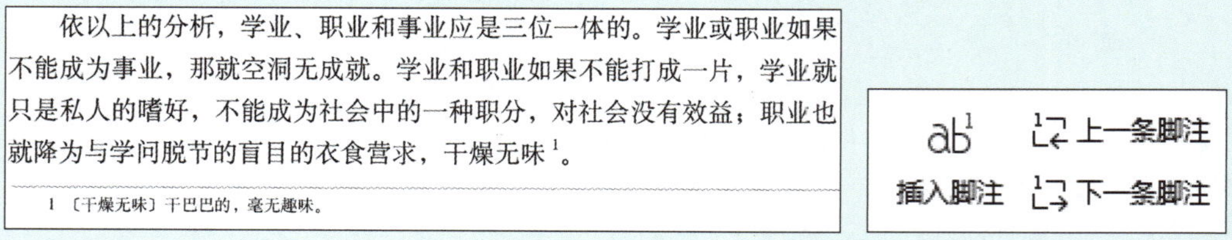

依以上的分析，学业、职业和事业应是三位一体的。学业或职业如果不能成为事业，那就空洞无成就。学业和职业如果不能打成一片，学业就只是私人的嗜好，不能成为社会中的一种职分，对社会没有效益；职业也就降为与学问脱节的盲目的衣食营求，干燥无味[1]。

1 〔干燥无味〕干巴巴的，毫无趣味。

插入脚注　上一条脚注　下一条脚注

图 3-5-6 “脚注”的样式及相关命令

任务 2　批量生成文档

• 任务引入 •

在工作与学习中，常遇到需要针对一批不同对象发放相似内容文件的情况，如会议通知、录取通知、邀请函等，这些文档的特点是内容格式相同，差异只是个别栏目，如姓名、单位等不同。创建此类文档时，如果逐个输入，效率会很低，此时可以运用“邮件合并”功能，将差异信息合并到主文档的固定位置，从而快速完成这类内容的输入。

邮件合并是文字处理软件中的一种批处理的功能，在批量制作各类会议通知、成绩单、邀请函等日常工作中，操作尤其方便。之所以称其为“邮件合并”，是因为该项功能最初的目的是用于批量制作不同收件人、不同称谓、不同收件地址，但内容相同的信件，在实际应用中，这项功能已不仅仅局限于制作信件，也可以扩展到其他类似的应用场合。

“邮件合并”功能的基本使用方法如下。

一、准备工作

如前所述，可以用“邮件合并”功能批量生成的文档，其特征是既有相同的部分（如信件正文），又有位置相同但内容不同的部分（如信件抬头）。相应地，在进行邮件合并之前需要准备两个文档。一个是邮件合并的数据源，即包含文档中不同部分的数据，一般采用 .xlsx、.xls 等格式的电子表格文档，图 3-5-7 所示为一个数据源表格示例。另一个是主文档，即这些文档中相同的部分，图 3-5-8 所示为一个主文档示例，其中“×××”（待补充的不同老师的姓名）即为各文档不同的部分。

教师姓名	授课班级	授课科目
张伟明	数媒 2501 班	语文
李晓华	数媒 2501 班	英语
王志刚	数媒 2501 班	数学
赵洪涛	数媒 2501 班	信息技术基础
陈丽君	数媒 2501 班	计算机网络技术
刘建平	数媒 2502 班	语文
韩晓东	数媒 2502 班	英语
孙丽华	数媒 2502 班	数学
周志强	数媒 2502 班	信息技术基础
吴秀娟	数媒 2502 班	计算机网络技术

图 3-5-7　邮件合并数据源表格实例

> 尊敬的×××老师：
>
> 您好！
>
> 在这金风送爽、硕果累累的季节里，我们迎来了又一个温馨而庄重的节日——教师节。值此佳节之际，我谨代表全班同学，向您致以最诚挚的节日问候和最深切的感激之情！

图 3-5-8　邮件合并主文档实例

二、导入数据源

打开主文档，在邮件合并的相关菜单中找到导入命令，WPS 文字中为“导入数据源”，Word 中为“选择收件人”（对于外部数据，应选择其中的“使用现有列表”选项），如图 3-5-9 所示。执行相应命令后，在弹出的对话框中选中已准备好的数据源文件，即可完成导入。

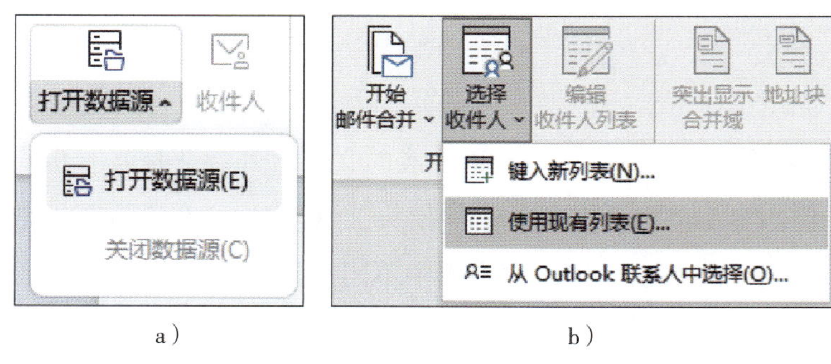

a）　　　　b）

图 3-5-9　导入数据源的相关命令

a）WPS 文字中的命令　b）Word 中的命令

三、插入合并域

合并域是一个占位符，用于从数据源提取信息，并自动填充到文档中的相应位置。例如，在图 3-5-8 中，删去“× × ×”，在其位置插入合并域，选择数据源中的“老师姓名”列的数据，即可完成插入。插入合并域的相关命令如图 3-5-10 所示，插入后的效果如图 3-5-11 所示。

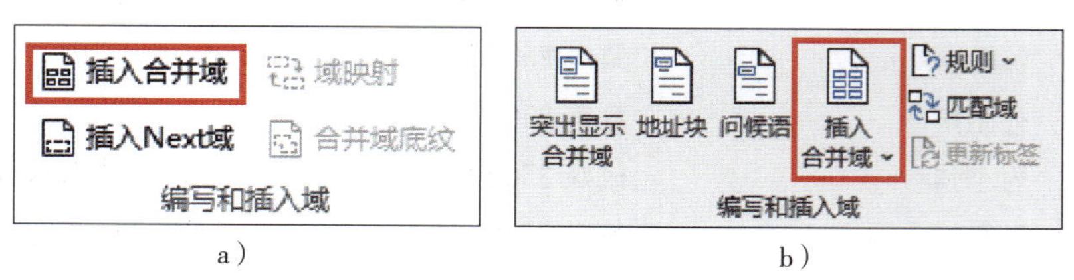

a）　　　　b）

图 3-5-10　插入合并域的相关命令

a）WPS 文字中的命令　b）Word 中的命令

尊敬的«老师姓名»老师：

您好！

在这金风送爽、硕果累累的季节里，我们迎来了又一个温馨而庄重的节日——教师节。值此佳节之际，我谨代表全班同学，向您致以最诚挚的节日问候和最深切的感激之情！

图 3-5-11　插入合并域后的效果

四、预览效果

合并域插入完成后，可预览制作效果，相关命令如图 3-5-12 所示。可以发现，图 3-5-11 中用于占位的“《老师姓名》”已被具体的人名所代替，数据源中的每一条信息生成一页文档。

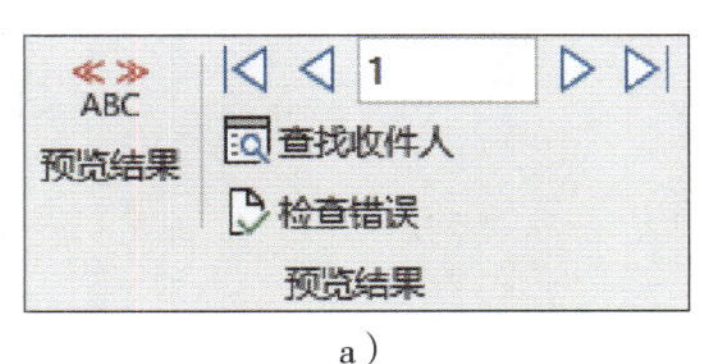

a）

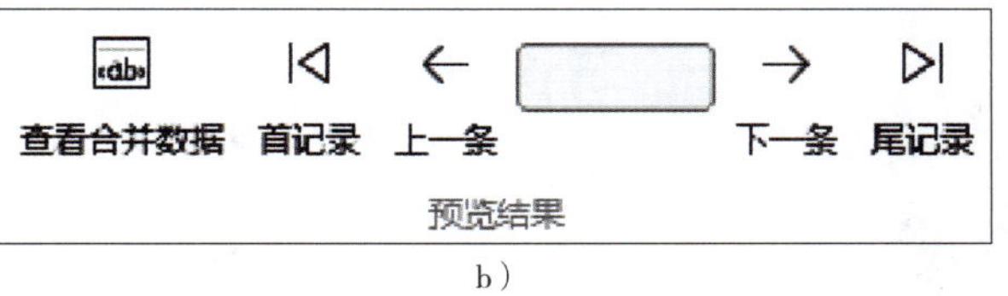

b）

图 3-5-12　预览效果的相关命令

a）WPS 文字中的命令　b）Word 中的命令

五、完成制作

确认无误后，可执行合并命令，根据不同需要，可将制作完成的文档合并到新文档、合并到不同新文档、直接输出到打印机或通过电子邮件发送。

实践活动

批量生成“荣誉证书”文档

学期末，学院根据学生思想品德、学业成绩、体育成绩、劳动考核、集体活动 5 个方面表现，评选出 100 名 2024—2025 学年“三好学生”，并为其颁发荣誉证书。现需按图 3-5-13 所示参考样式和学院办公室提供的数据文档（入选名单），为这 100 名学生批量制作证书。

操作演示

荣 誉 证 书

____同学：在 2024—2025 学年中，表现突出，成绩优异，被评为“三好学生”。特发此证，以资鼓励。

计算机学院（盖章）

年　月　日

图 3-5-13　荣誉证书参考样式

【主要操作步骤】

1. 确认名单以及荣誉证书文档文字内容，明确哪些是固定的内容，哪些是变化的内容。
2. 导入名单数据。
3. 在正确的位置插入合并域。
4. 结合所用纸张规格，调整证书格式，包括字体、字号、段落间距、对齐方式等，使其更加正式、庄重、美观。
5. 预览制作效果，执行“合并到新文档”命令，生成荣誉证书文件。
6. 根据需要，将文件保存提交或打印出来。

交流与讨论

按前面所学方法制作的文档，每条数据对应一个文档页面。但当所制作内容较少（如制作工资条）时，页面留有大量空白，打印时浪费纸张。通过互联网查阅资料并小组讨论，如何实现在同一页面上显示多条数据的文档内容？

巩固与提高

期末考试结束，班主任统计好班级学生成绩，为达到家校共同促进学生进步的目的，现需根据“班级学生成绩表”制作成绩通知单，并以电子邮件附件的形式发给家长，要求如下：

1. 建立班级学生成绩表，包括学生姓名、5 门课程成绩及家长邮箱。
2. 建立邮件主文档，即要发送给家长的邮件内容。
3. 用邮件合并功能完成此任务。

“班级学生成绩表”数据电子文档从素材中获取，主文档文字内容和样式请自行设计。

任务 3　初识版式设计

• 任务引入 •

在工作与学习中，会经常见到不同版式的文档。例如，党政机关下发的公文、学术期刊论文等一般有固定规范的版式要求；画册、海报、网页页面等设计则比较灵活，一般根据设计主题和视觉需求，将文字、图片、图形及色彩等视觉传达信息要素，进行组合设计，以达到有效传递信息的目的。想要制作符合内容需要的高质量的文档，除了掌握软件的基本操作方法外，还需要了解并正确运用版式设计的相关知识。

版式设计主要是指将文档版面的各种构成要素（如文本、图形、色彩等）通过点、线、面的不同组合与排列，并采用比喻、夸张、象征等各种手法来体现不同的视觉效果，以起到传递信息和美化版面的作用。精美的版式设计不仅能够呈现出令人愉悦的风格，同时也有醒目的标题、精致的内容，让读者可以在赏心悦目的状态下阅读文档内容。

通常可以按照以下思路来完成文档的版式设计工作：首先，可通过绘制图形、插入图片、设置文本格式等操作，使这些对象在文档中呈现出美的感觉；其次，我们需要锻炼自己的色彩运用能力，精确到位的色彩组合、具有良好效果的色彩搭配都是提升文档美感的有效手段，为文档中的各个对象应用合适的色彩，会极大地提升版面效果；最后，可通过对版面上点、线、面的逻辑思考，打破固定和呆板的版面空间，让版面更加灵活、生动，这也会极大地提高文档的美观性。

下面简单介绍几类常见的版式设计及规范。

一、严谨型版式设计

这类版式设计常应用于书籍，往往采用竖向通栏、双栏等形式，使用大量文本和少数图片混合排列，给人以严谨、和谐、理性的感受，让书籍内容既显得理性有条理，又显得活泼而具有弹性。图 3-5-14 所示为书籍内页的版式效果。

二、全图型版式设计

这类版式设计较常应用于各种出版物的封面或插图页面，往往以图像撑满页面，用少量文本进行说明，有较强的视觉冲击力。图 3-5-15 所示为杂志封面的版式效果。

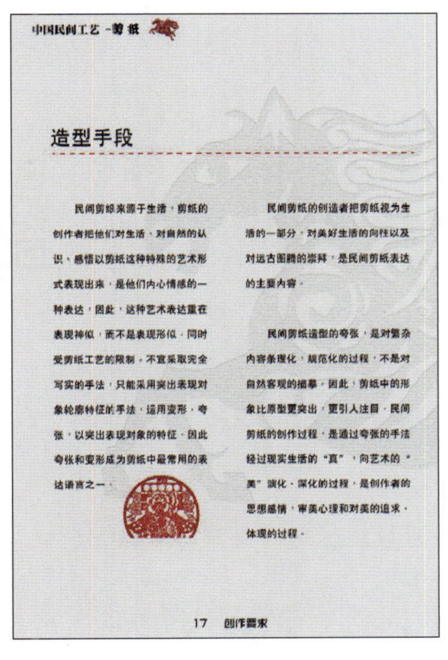
中国民间工艺 -剪纸

造型手段

民间剪纸来源于生活，剪纸的创作者把他们对生活、对自然的认识、感情以剪纸这种特殊的艺术形式表现出来，是他们内心情感的一种表达，因此，这种艺术表达重在表现神似，而不是表现形似。同时受剪纸工艺的限制，不宜采取完全写实的手法，只能采用突出表现对象轮廓特征的手法，运用变形、夸张，以突出表现对象的特征。因此夸张和变形成为剪纸中最常用的表达语言之一。

民间剪纸的创造者把剪纸视为生活的一部分，对美好生活的向往以及对远古图腾的崇拜，是民间剪纸表达的主要内容。

民间剪纸造型的夸张，是对繁杂内容条理化、规范化的过程，不是对自然客观的描摹。因此，剪纸中的形象比原型更突出，更引人注目。民间剪纸的创作过程，是通过夸张的手法经过现实生活的“真”，向艺术的“美”演化、深化的过程，是创作者的思想感情，审美心理和对美的追求，体现的过程。

17 创作要求

图 3-5-14　书籍内页的版式效果

图 3-5-15　杂志封面的版式效果

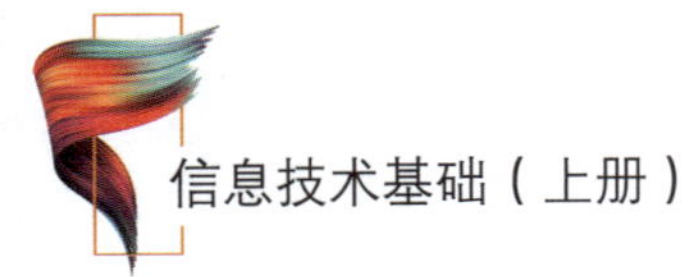

三、图文混排型版式设计

这类版式设计较常应用于杂志内页，其版式设计灵活多变，强调使用图文混排的设计风格达到美观、精致等效果，如图 3-5-16 所示。

图 3-5-16　杂志内页的版式效果

实践活动

编排杂志内页

杂志内页的排版通常比较灵活，版面美观，给人以美的享受。学校社团要出版一期内部杂志，现需根据所学知识，对杂志内页进行编排，效果如图 3-5-17 所示。

操作演示

【主要操作步骤】

1. 打开素材文件夹中的"杂志内页 .docx"文档。
2. 将文档分为目录、生活哲理、运动和水果 4 节。
3. 为文档添加页眉和奇偶页不同的页码，并删除目录页的页码。
4. 以版面美观为原则，参照图 3-5-17 为文档分栏。
5. 参照图 3-5-17，修改系统提供的标题样式并为模块标题和文章标题应用样式。展开并应用样式的方法如图 3-5-18 所示。
6. 为文档提取目录，并对其进行美化，生成的目录如图 3-5-19 所示。

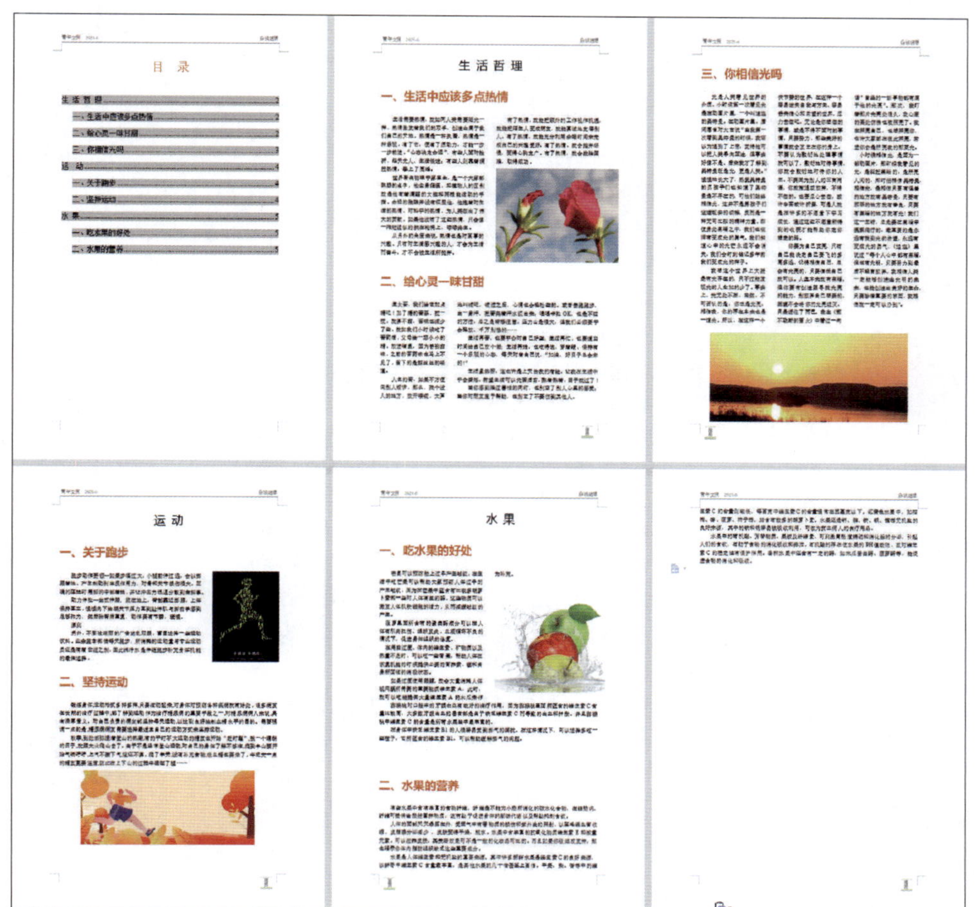

图 3-5-17　杂志内页的编排效果

图 3-5-18　展开并应用样式的方法

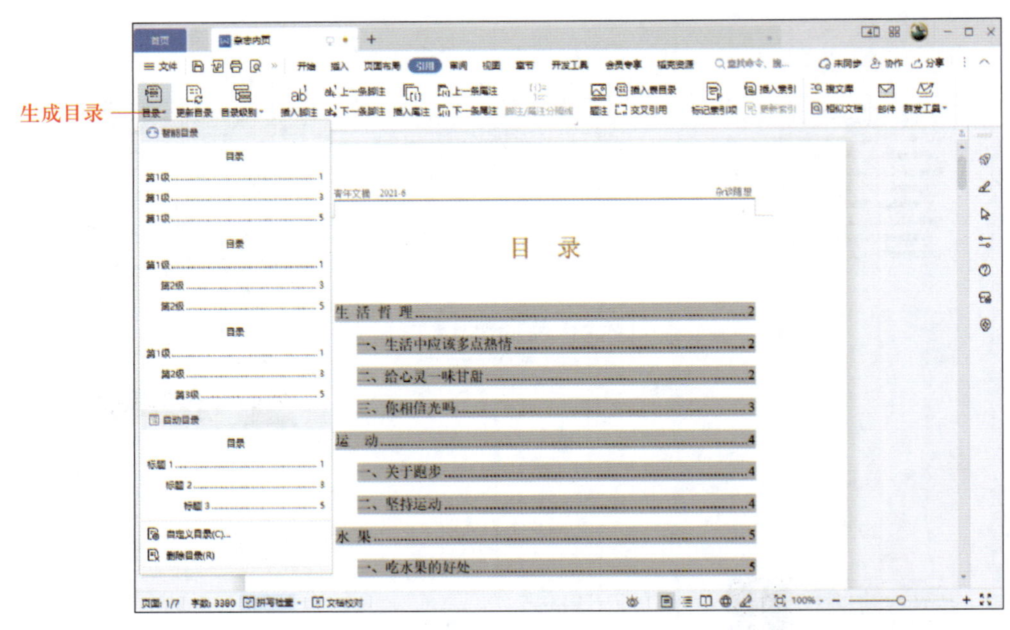

图 3-5-19 生成的目录

知识拓展

文档模板

文档模板是文字处理软件中内置的包含固定格式设置和版式设置的模板文件，用于帮助用户快速生成特定类型的版式文档。除了通用的空白文档模板外，文字处理软件还内置了多种文档模板，包括书法字帖、创意简历、求职信、报表设计等。借助这些模板，可以创建版式比较专业的文档。

随着技术的发展，现在的文字处理软件借助方便、快捷的互联网资源，克服了以往本地存储空间有限、更新不便等缺点，提供了海量的、不断更新的文档模板资源，可以全面覆盖工作、生活中各种不同领域的使用需要。灵活选择合适的模板，对制作高质量的文档可以起到事半功倍的效果。

交流与讨论

浏览文字处理软件的模板选择页面，看看软件都提供了哪些类型的模板供用户选择。小组讨论，如何快速、准确地根据内容需要选择模板？除软件本身外，还有哪些渠道可以获得文档模板？

巩固与提高

使用模板制作就业指导主题讲座宣传海报

为树立学生正确的就业观，促进学生积极就业，在毕业季来临之前，现需根据工作安排，使用模板制作一张就业指导主题讲座宣传海报，参考效果如图 3-5-20 所示。

操作步骤：

1. 规划海报的内容，确定主题、举办的时间、地点，准备有关图片、文字等。

2. 新建文档，从文字处理软件提供的在线模板中搜索关于“宣传单”的模板，如图 3-5-21 所示。

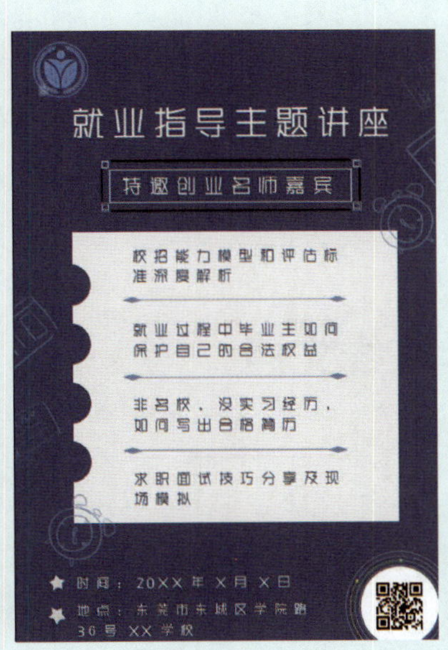

图 3-5-20　就业指导主题讲座宣传海报参考效果

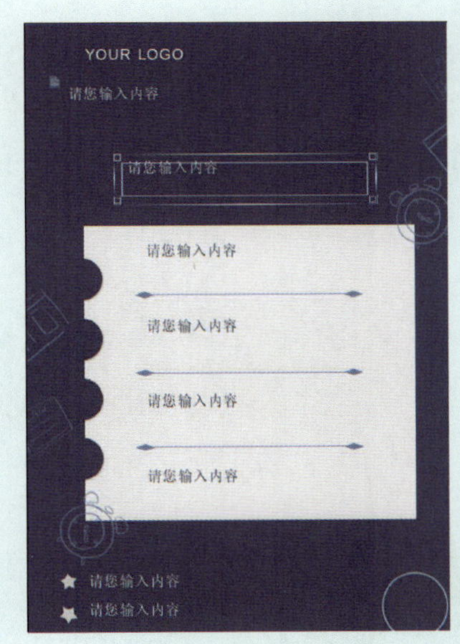

图 3-5-21　“宣传单”模板

3. 在模板的每个模块单元位置插入相应的内容，或删除多余的模块单元，然后调整图片的位置和大小，设置字体、字号及颜色等。

4. 海报制作完成后，查看海报版式、颜色等设计是否符合主流风格，最后定稿保存。

课题六

在线文档应用

学习目标

1. 能对在线文档平台进行基本操作，并熟练地登录、注册、上传、下载、编辑和分享在线文档。
2. 能在多人合作的情况下，实时共享和更新在线文档，并能处理冲突和版本控制。
3. 了解常见的网络安全威胁和防范措施，能设置密码、加密和权限管理，从而保护在线文档的安全性。

在数字时代，在线文档已经成为人们日常工作中不可或缺的工具之一。从简化文档管理到实现协作共享，在线文档的便利性和灵活性正在改变我们的工作方式和效率。

任务1　体验在线文档

• 任务引入 •

在线文档允许用户在互联网上创建、编辑和共享文档。这些文档可以是文档、表格、幻灯片等不同类型，以适应不同的需求和场景。在线文档的特点包括可实时同步数据、便于管理和存储、可多人协作实时更新、支持版本控制以追踪修改历史、支持共享权限管理以保证文件的安全性和保密性等。在线文档的便利性和灵活性正在改变我们的工作方式和效率。

一、在线表单

在线表单是一种通过互联网收集信息的工具，它可以帮助用户快速、方便地填写表格，并将填写的数据自动提交到指定的数据库中。在线表单可以用于各种场景，如市场调查、客户反馈、报名注册等。常用的在线表单工具有问卷星、腾讯问卷等，WPS Office 中也提供了在线表单功能，其制作界面如图 3-6-1 所示。

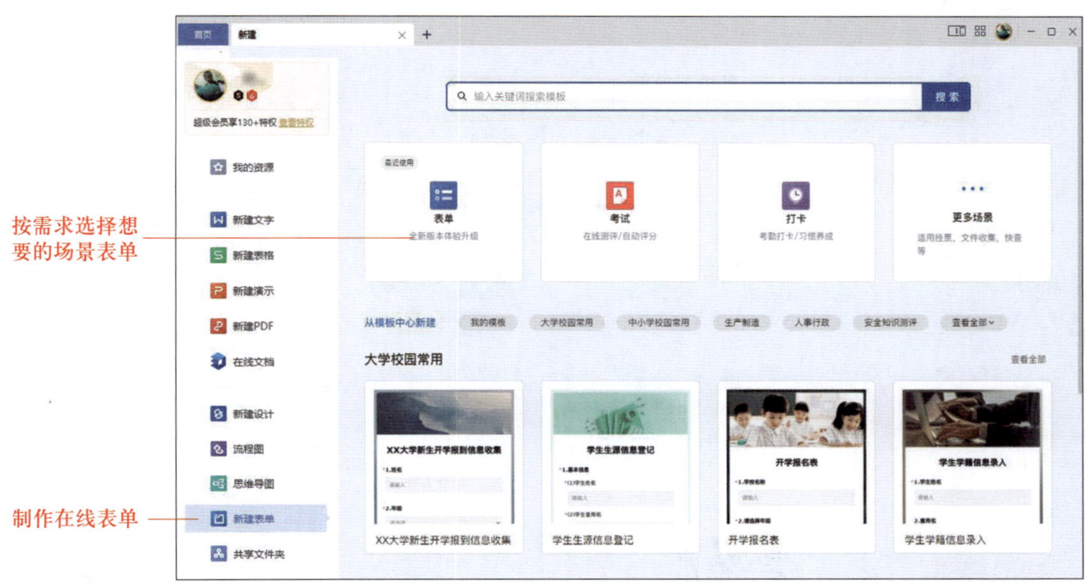

图 3-6-1　在线表单的制作界面

在线表单主要的特色功能如下。

1. 表单设计：可根据用户需求和业务需求，使用表单控件（如文本框、复选框、单选按钮等）来创建用户界面。表单设计界面示例如图 3-6-2 所示。

2. 数据收集：可实现对用户数据或意见的收集。

3. 响应式设计：响应式设计是一种网页设计方法，它可以根据不同设备的屏幕大小和分辨率自动调整网页的布局和内容显示。

4. 数据验证：用于确保用户输入的数据的准确性和完整性。

5. 安全性保护：对于可能会涉及敏感信息的在线表单，可采取措施保护用户的隐私和数据安全，如图 3-6-3 和图 3-6-4 所示。

6. 自动化处理：在某些情况下，将用户提交的表单数据自动进行处理和分析。

图 3-6-2　表单设计界面示例

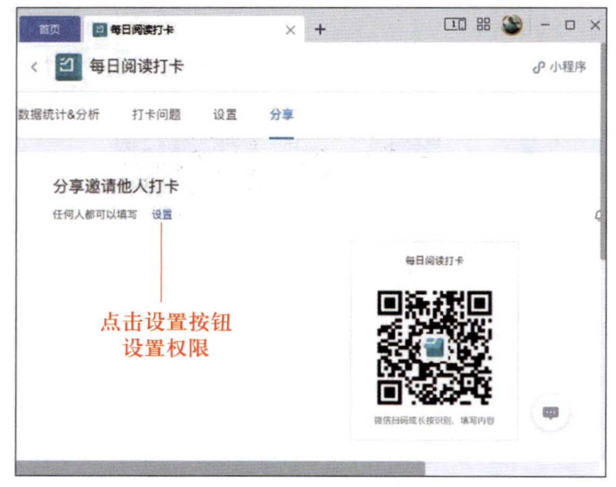

图 3-6-3　设置填写权限界面 1

图 3-6-4　设置填写权限界面 2

二、在线文档

在线文档是指存储在云端服务器上的文档，可通过互联网进行访问和编辑。与传统的本地文档相比，在线文档具有实时协作、版本管理、跨平台共享等特点。

在线文档主要的特色功能如下：

1. 共享文档：在线文档是一种可以在网络上共享和协作的文档。它允许多个用户同时访问、编辑和评论同一份文档。

2. 版本控制：在线文档通常采用版本控制机制来跟踪和管理文档的修改历史。

3. 权限管理：为了保护文档的安全性和隐私性，在线文档通常具备权限管理机制。管理员可以控制谁可以查看、编辑和评论特定的文档。

4. 模板库：在线文档通常提供丰富的模板库，以满足不同用户的需求。
5. 多语言支持：为了满足全球用户的需求，许多在线文档工具支持多种语言。

实践活动

制作活动在线签到表

为缅怀先烈，学院团委组织 50 名学生干部到当地烈士陵园进行扫墓活动，为做好活动组织工作，现需制作一份活动在线签到表。

操作演示

【主要操作步骤】

这里以 WPS Office 中的“在线文档”模块为例，简要说明操作步骤。

1. 创建一个新的“空白在线文字”文档，如图 3-6-5 所示。

图 3-6-5　创建“空白在线文字”文档

2. 在在线文档中插入表格及内容，如图 3-6-6 所示。

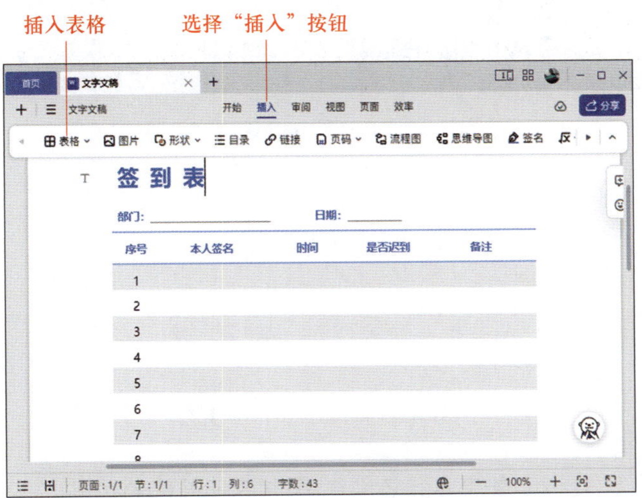

图 3-6-6　插入表格及内容

3. 完善在线表格内容后分享表格，生成链接，复制并发送链接，如图 3–6–7 所示。

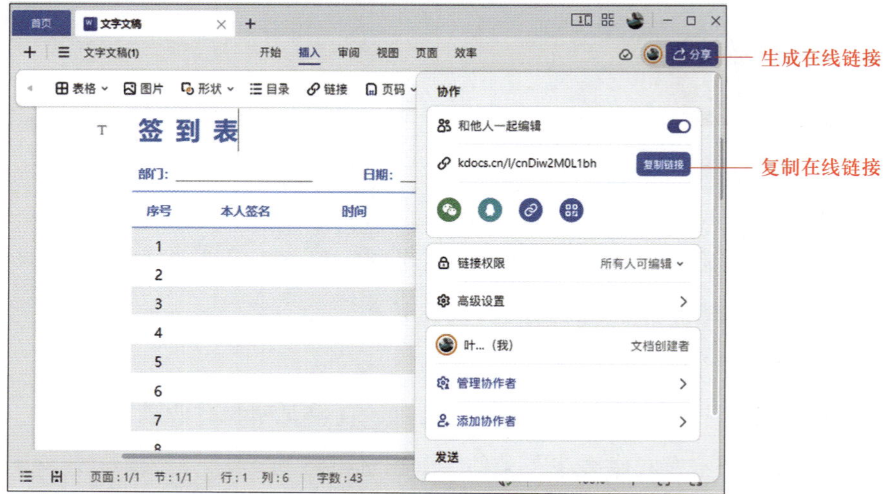

图 3–6–7　分享表格并生成链接

4. 接收方打开链接，登录并编辑内容，如图 3–6–8 所示。

图 3–6–8　登录并编辑内容

知识拓展

在线文档的利与弊

在数字时代，在线文档已成为各行各业工作中不可或缺的工具，其卓越的实时协作、云存储和版本控制功能极大地便利了我们的工作。然而，伴随而来的安全和隐私问题同样值得我们高度重视并妥善解决。

1. 在线文档的优点

（1）多人同步编辑

在线文档工具允许多人同时在线协同编辑和评论，团队成员能够实时协作，共同编辑文档、表格或幻灯片，这种实时通信和协作显著提升了任务完成的效率。

（2）实时共享与同步

协作工具能实现内容的实时共享与同步更新，编辑好的内容即刻自动保存，并能在不同终端设备上实时查看，促进了实时沟通和协调，进一步提高了工作效率。

（3）云端数据同步

支持云端数据存储和在线同步，团队成员可以将文档存储在云端并共享，便于随时查阅、编辑和分享，打破了时间和空间的限制，同时降低了数据和文档丢失的风险，有利于大范围内的协作。

（4）多设备兼容

这些工具通常支持多种设备（如台式计算机、笔记本计算机、平板计算机、手机等）访问，使团队成员能在不同地点灵活工作，促进了远程团队协作的便利性。

2. 在线文档的弊端

（1）功能差异与限制

不同的在线文档协作工具功能各异，虽然普遍具备常用功能，但某些特定功能可能受限，且部分高级功能需要付费才能使用。

（2）存在安全隐患

在线协作文档的数据存储在云端，存在数据安全和隐私泄露的风险，平台的安全措施和隐私保护机制至关重要。

（3）网络依赖性强

在线文档的协作高度依赖网络状态，稳定的网络连接是实时编辑与共享的前提，否则可能无法正常访问文档。

交流与讨论

使用在线文档工具收集信息时，需要注意哪些事项？

巩固与提高

新生信息统计收集

在每年新生入学时，学工处都需要统计新生的基本信息。今年，学工处决定用在线表格的方式完成信息收集。现需创建在线学生信息统计收集表，其样式示例如图 3-6-9 所示。

操作要求如下：

1. 设置编辑权限，只有本班级学生可编辑。
2. 统一设置格式、字体、行间距，学生按照格式要求填写信息即可。

学号	姓名	手机	父亲姓名	联系方式	母亲姓名	联系方式	家庭地址	宿舍号

图 3-6-9　新生信息统计收集表样式示例

任务 2　体验协同编辑

• 任务引入 •

在现代办公中，协同编辑已经成为一种常见的工作方式。无论是在学校、企业还是在团队合作中，有时需要多人共同编辑一份文档或电子表格，以实现信息的共享和协作的情况。目前，文字处理软件都提供了丰富的功能和工具，使协同编辑变得更加便捷和高效。

文档协同编辑是在前一任务所体验的在线编辑、填写文档的基础上，允许多个用户同时编辑同一文档的功能。这种功能使不同的用户可以在同一时间内对文档进行修改、添加或删除内容，而且这些修改会立即在其他用户的屏幕上呈现出来，从而实现多人同时操作的目的。

多人在线协同工作是指在计算机环境中，多个用户同时编辑和共享文档或项目，以实现协同工作的流程。多人在线协同工作的相关概念包括：

1. 实时协作：多人在线协同工作可以实时地查看和修改彼此的编辑内容，无须等待其他用户完成操作，如图 3–6–10 所示。

2. 版本控制：多人在线协同工作可以通过版本控制功能记录文档的修改历史，方便回溯和恢复之前的版本，如图 3–6–11 所示。

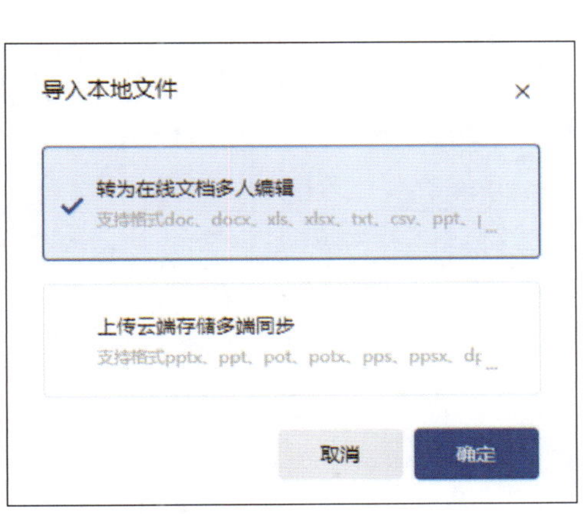

图 3–6–10　多人在线协同工作

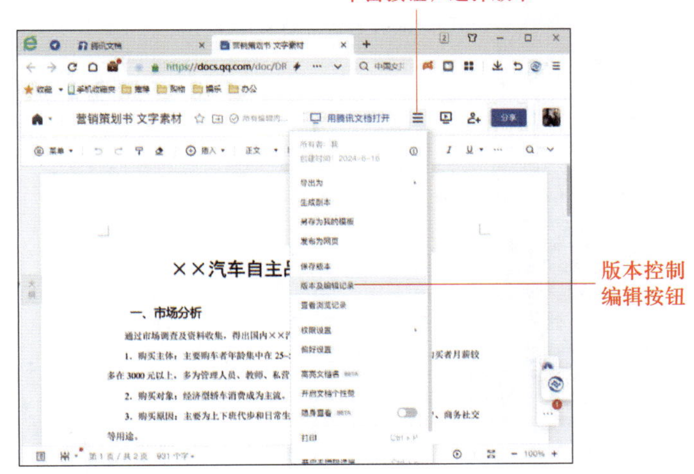

图 3–6–11　版本控制

3. 权限管理：多人在线协同工作可以设置不同的权限级别，确保只有授权的用户才能进行特定的操作，如编辑、删除或共享文档。

4. 任务分配与跟踪：多人在线协同工作可以将不同的任务分配给不同的用户，并通过任务跟踪功能了解任务的进展情况。

5. 评论与批注：多人在线协同工作时，用户可以对文档进行评论和批注，以便与其他用户交流意见和提供反馈。

6. 冲突解决：多人在线协同工作可能会遇到冲突，如不同用户的编辑冲突或版本冲突，需要通过冲突解决机制来处理这些问题。

7. 通知与提醒：多人在线协同工作可以通过通知和提醒功能提醒用户有关文档的更新和重要操作。

8. 文件共享与导出：多人在线协同工作可以将文档共享给其他用户或导出为其他格式的文件，以便在不同设备之间进行访问和编辑。

实践活动

在线协同编辑营销策划书

操作演示

某汽车公司即将推出一款新车型，需撰写一份营销策划书，为更好地收集部门同事对策划书的意见及建议，现计划利用在线文档编辑工具实现对策划书进行协同编辑。可利用“腾讯文档”实现该功能，在线编辑好的文档参考效果如图 3-6-12 所示。

××汽车自主品牌营销策划书

一、市场分析

通过市场调查及资料收集，得出国内××汽车的消费者特点：

1. 购买主体：主要购车者年龄集中在 25~50 岁，且占总购车者的比例较高。购买者月薪较多在 3000 元以上，多为管理人员、教师、私营企业主等。

2. 购买对象：经济型轿车消费成为主流。

3. 购买原因：主要为上下班代步和日常生活代步，兼顾中短途旅游、接送客户、商务社交等用途。

4. 购车地点：4S 店是主要购车场所。

5. 购买时间：车主大多选择促销活动期间、车展期间购买。

6. 购买方式：多数车主选择一次性付款。

二、营销活动的目标

目前，中国自主品牌和外资品牌汽车已短兵相接，面临巨大的竞争压力。重压之下，××汽车依旧有条不紊地自主研发新产品，适应国内市场需求，并有力地打开国外市场。20××年，××汽车制定了 70 万的销量目标，其中包括 14 万辆的出口目标，这一数字相比上一年增长 47.37%。本次营销活动目标为 3 天内销售 25 辆××汽车。

三、营销策略

1. 产品策略

××汽车股份有限公司是中国著名的 SUV 和皮卡制造企业，产品大量出口国外市场。××汽车凭借其自主产品的创新研发和完善的汽车产业链已进入行业顶尖企业行列。××汽车的主要业务涵盖皮卡、SUV、轿车三大种类，具备发动机变速器和车桥等核心部件的自主配备能力。随着社会发展、经济水平的提高，研发高品质的高端产品成了××汽车的首要任务。未来××汽车将在进一步提升皮卡、SUV 品牌的同时，加强轿车的研发。本次活动中，我们将采取丰富的产品组合的营销策略，对 SUV、皮卡及轿车等产品进行不同款式的组合。对汽车附带品进行捆绑销售，以达到较好的销售目的。

2. 价格策略

××汽车拥有 6 个整车生产基地，具备核心零部件的自主配备能力，大大减少成本，这样一来，既能自主研发出高端产品，又能保证价格。本次活动将对不同的产品采取不同的价格营销模式，针对较为大众化的皮卡等汽车进行大力度的价格优惠，团体销售价格也将达到最低。而针对产品等级较高的轿车等将保持高价突出产品优势，附带汽车产品销售。

四、销售服务

提升顾客满意度，从客户角度出发，满足客户的需求，并及时积极地为客户解决疑难问题，才能让品牌深入人心。面对现阶段的竞争，××汽车实施售前售后同时发力的策略：严把售前质量关，品质保障的同时追求产品的升级及改善；强化售后服务，做到及时、切实地为客户解决问题，为客户提供用车双保险。

五、总体费用预算

活动经费预算表

物品名称	单价（元）	数量	金额（元）
礼品	90	4	360
派发材料	350	0.5	175
室外布置			100
展位费	350	3	1 050
音响	70	3	210
模特	100	3	300
合计	2 195（元）		

图 3-6-12　营销策划书编辑后的参考效果

【主要操作步骤】

1. 在计算机上启动并登录腾讯 QQ，然后单击腾讯 QQ 主界面下方的“腾讯文档”按钮（见图 3-6-13），打开“腾讯文档”在线编辑页面，导入素材文件夹中的本地文件“营销策划书 .docx”到“腾讯文档”在线编辑页面，如图 3-6-14 所示。

2. 打开导入的文档，单击文档编辑页面右上方的“邀请他人一起协作”按钮（见图 3-6-15），根据提示邀请要一起编辑该文档的好友（QQ/TIM 好友或微信好友）。

3. 协作人员开始阅读文档，对不妥的地方进行修改，在需要添加内容的位置添加相应内容，直到共同完成该文档的编辑。

图 3-6-13 “腾讯文档”按钮

图 3-6-14 导入营销策划书

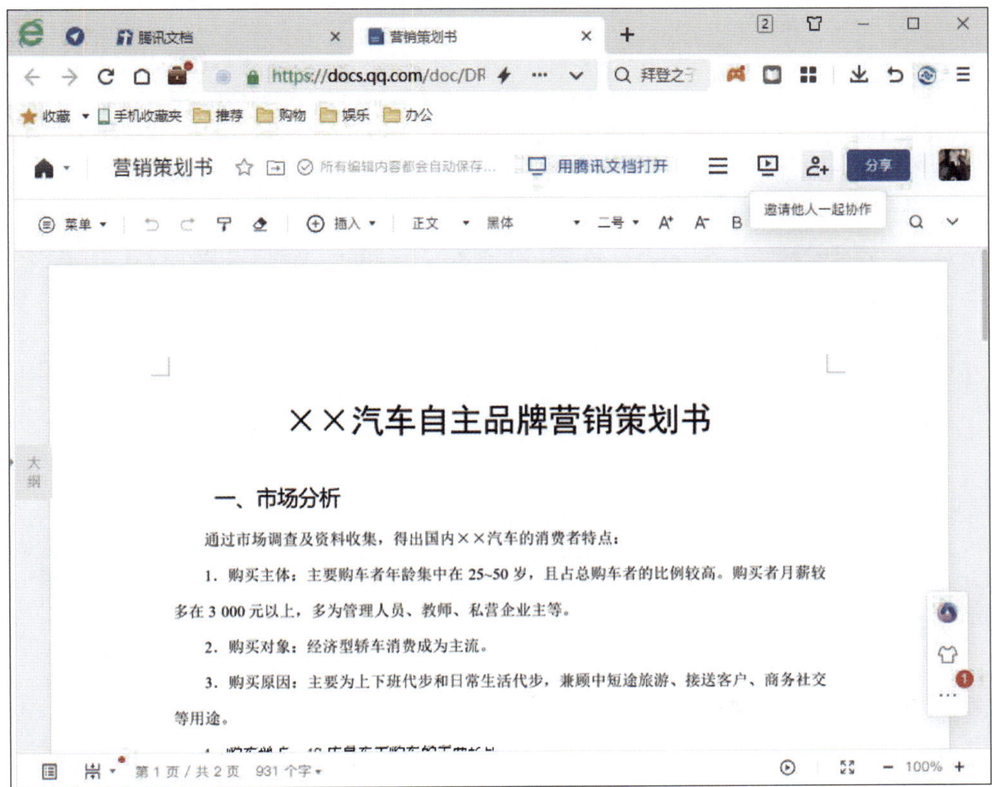

图 3-6-15 邀请他人一起协作

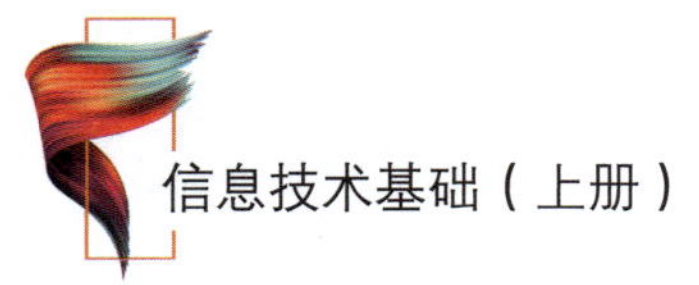

交流与讨论

在文档协同操作中，如何确保信息安全？

巩固与提高

在线协同编辑学生会招新策划书

学院学生会准备进行招新工作，现需利用 WPS Office 的文档协同编辑功能邀请微信及 QQ 好友在线协同编辑一份“学生会招新策划书”。编辑完成的策划书参考效果如图 3-6-16 所示。

学生会招新策划书

一、招新目的

为了保证学生会有新鲜的血液注入，有足够的高素质后备力量，能更有效地开展学生会工作，实现学生会干部的新老交替，培养和壮大学生会干部队伍，保证学生会工作的连续性，充分发挥学生的主体作用，同时，响应国家提出的素质教育目标，全面提高学生的综合能力，鼓励学生在学习必要的专业知识技能之余，更多地投入学校的各种活动中，积极的锻炼自己，“德、智、体、美、劳”全面发展，培养服务精神，服务学院、服务同学。

二、组织单位

主办单位：技师学院学生会

策划、承办单位：商学院学生会

协办单位：技师学院学生会各部门

三、招新领导小组

院学工办教师：

总负责人：

图 3-6-16　学生会招新策划书参考效果

模块四

发掘数据价值

——数据分析与处理

生活

生活中，人们经常接触到各种各样的数据，为了更好地记录和计算数据，可以借助数据处理软件的数据存储和便捷的自动计算等功能。例如，为了更好地管理自己的零用钱，可以使用数据处理软件制作一个零用钱收支明细表。

学习

学习中，某些专业经常需要对实验、训练等数据进行记录和计算等处理。例如，为更好地记录实验情况，及时调整实验参数，尽快达成实验目标，可以借助数据处理软件，对实验数据进行统计和分析。

工作

工作中，人们经常需要对获得的数据进行加工，迅速创建各类图表，更加直观地展示数据。例如，某些公司营销部门通常借助数据处理软件制作销售报表和业绩图表，使销售数据更加直观和易于理解。

动画小剧场
扫描二维码观看

在信息时代，面对海量的数据，能熟练运用包括电子表格软件在内的数据分析与处理工具，就如同获得了一把打开数字世界大门的金钥匙。

在工作中，利用电子表格软件，我们能够系统地整理和分析工作中的各类数据，从中挖掘规律、识别关键特征，为团队提供更具洞察力的分析报告，与合作伙伴实现更精准、高效的沟通协作。在日常生活中，电子表格软件也能帮助我们实现家庭收支的科学管理，为个人理财决策提供可靠依据。

数据分析与处理技术已成为现代人必备的基本素养，它不仅能够提升我们的工作效率，更能培养理性思维，帮助我们在复杂的信息环境中做出科学、准确的判断。

课题一
认识数据处理

学习目标

1. 能叙述数据的基本概念。
2. 能列举常见数据处理工具。
3. 能完成电子表格的基本操作。

在大数据时代，人们常常需要与大量数据打交道，数据是一种资源，通过数据处理可以产生有价值的信息。数据处理软件可以帮助用户进行数据存储、计算、分析等工作，将繁杂的数据转化为有用信息，在教育、科研、商业等领域应用广泛。学习和掌握数据处理软件的使用方法有利于提高数据处理及分析能力，进而提高工作效率。

任务1　认识数据采集

· 任务引入 ·

生活中柴米油盐酱醋茶的数量、价格等是数据，学习中的实验数据、成绩等是数据，工作中的产量、销量、薪资等也是数据，要想通过这些数据获取有价值的信息，首先要了解它们的特点，并学会如何采集数据。

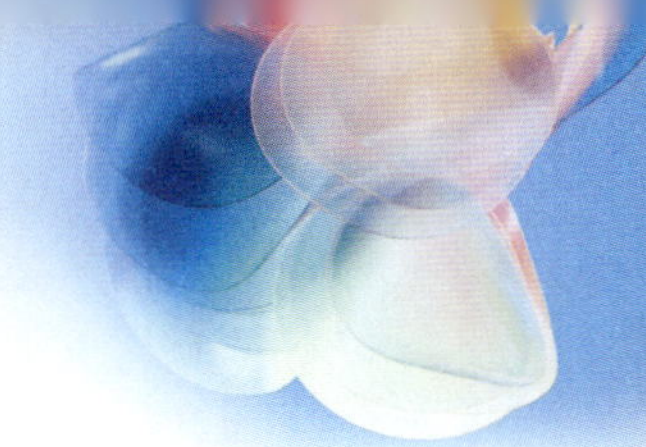

一、数据的基本概念及类型

1. 基本概念

数据是人们对客观事物的性质、状态以及相互关系等进行记录的符号或符号的组合，是用于表示客观事物的原始素材。

2. 数据类型

数据按结构特点不同主要分为三种类型，见表 4–1–1。

表 4–1–1 数据类型

主要类型	特点	示例
结构化数据	能够用统一的结构加以表示，存储和排列有规律，通常存储在电子表格或关系型数据库中	学生成绩表、列车时刻表
非结构化数据	没有固定结构，一般直接按整体进行存储，而且一般存储为二进制的数据格式	图片、视频、音频等
半结构化数据	数据的结构和内容混在一起，没有明显的区分，是介于完全的结构化数据和完全的非结构化数据之间的数据	网页、电子邮件

二、数据采集方式

数据采集是指对目标领域、场景的特定原始数据进行采集的过程。数据采集根据数据源的不同可以分为不同的方式，主要有传感器采集、网络爬取、问卷调查、人工录入、工具导入、接口采集等。

1. 传感器采集

通过温湿度传感器、气体传感器、视频传感器等外部硬件设备与系统进行通信，将传感器监测到的数据传至物联网系统中进行采集使用。例如，智能家居中的新风系统的自动开关就是通过对温度传感器采集的温度数据的分析和判断来控制的。

2. 网络爬取

对于互联网数据，如新闻资讯类数据，可以通过编写“网络爬虫”程序，设置好数据源后进行有目标性的爬取数据。

3. 问卷调查

通过发放问卷等方式来获取要调查的数据。例如，为了了解周边居民的健身需求，社区居委会通过发放问卷来获取人们对健身器械等方面的需求信息。

4. 人工录入

通过使用系统录入页面将已有的数据录入计算机系统。例如，学生通过学校提供的数据采集页面，将自己的个人信息录入学生管理信息系统中。

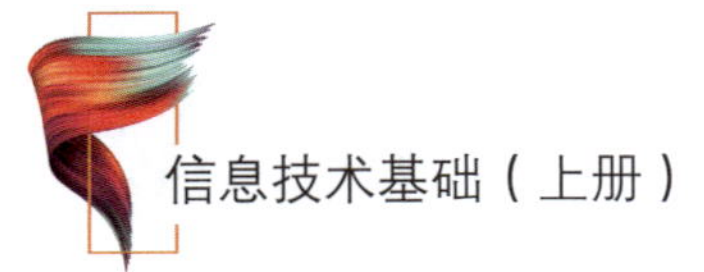

5. 工具导入

针对已有的批量的结构化数据，可以通过导入工具将其导入计算机系统中。例如，使用数据库系统自带的工具可以将电子表格中的数据导入数据库系统中。

6. 接口采集

为了进行综合分析，某些系统数据可以通过应用程序接口（API）将其数据采集到其他系统中。例如，将教工管理系统、学生管理系统、课程管理系统中的教工信息、学生信息和课程信息通过 API 采集进行排课、选课安排。

实践活动

设计“学生基本情况”调查问卷

新生入学后，班主任通常希望快速了解所带班级学生的基本情况，如学生的生日、籍贯、家庭住址、联系电话、交通方式、个人兴趣等，请帮助班主任设计一份“学生基本情况”调查问卷。

操作演示

【主要操作步骤】

1. 创建问卷

进入“问卷星”或其他可制作问卷的网站，创建问卷，围绕生日、籍贯、家庭住址、联系电话、交通方式、个人兴趣等信息，插入“选择题”“填空题”等多种题型，编辑问卷。

2. 设置问卷

（1）对问卷进行基本设置，如时间控制、答题密码等。

（2）发布问卷，将生成的问卷链接或二维码发送给调研对象，并要求其按时完成问卷。

3. 分析问卷

查看问卷统计结果，下载答卷数据，分析调查结果。

知识拓展

数据采集的准绳——数据安全法

数据采集者不能无限制地随意收集所需信息，应严格遵循国家相关法律法规对数据信息收集所设定的范围与界限，以及所规定的收集方式与方法。当前，我国已出台一系列法律法规及其他规范性文件，旨在全面规范数据信息的收集活动。

《中华人民共和国数据安全法》已由中华人民共和国第十三届全国人民代表大会常务委员会第二十九次会议于 2021 年 6 月 10 日通过，自 2021 年 9 月 1 日起施行。

交流与讨论

结合生活学习经验，小组讨论，你所了解的数据采集方式有哪些？举例说明。

巩固与提高

“学生基本情况”问卷设置中的时间控制、答题密码起什么作用？

任务 2　认识常见数据处理工具

· 任务引入 ·

随着经济的快速发展，各行各业每天都会产生大量的数据，也急需对这些数据进行处理，得出有价值的信息，而传统的数据处理方式已然不能满足人们的需求，了解并学习常见数据处理工具的使用方法势在必行。

一、常见数据处理工具

1. 电子表格软件

电子表格软件，如常用的 WPS 表格和 Excel，可以方便地管理结构化的表格数据。表格中的数据项存储在电子表格的单元格中，单元格中的数据类型和数据呈现形式可以进行个性化的设置。电子表格软件提供表格的插入、删除、移动、选择等基本操作功能，通过函数等可以实现数据的自动生成和再加工，通过排序和筛选等可以方便数据的浏览，通过图表等可以实现数据的可视化分析，具有强大的数据分析处理能力。电子表格软件常用于日常办公和学习，如表格制作、数据处理与分

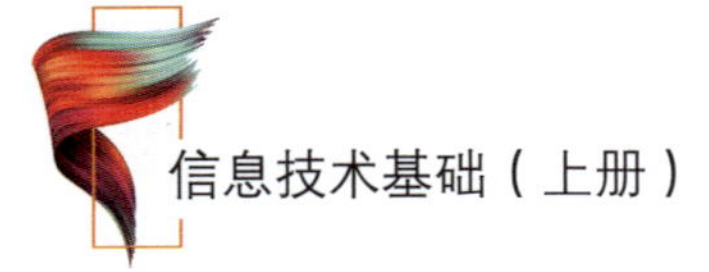

析、财务管理等。

2. 数据库软件

随着数据量的增长以及人们对数据共享的要求越来越高，数据库软件逐渐发展起来。数据库软件是一种专业的管理和存储数据的软件工具。使用数据库软件可以集中存储大量数据，确保数据的一致性和完整性，能够有效管理多个用户同时对数据进行读写操作，还可以根据需要添加更多硬件资源或采用分布式部署，以应对数据量和用户增长的需求。此外，数据库允许定期进行数据备份，并提供相应的恢复机制，以防止数据丢失或损坏。数据库软件主要用于网站运营或各领域的企业级专业管理，如 Web 应用开发、客户关系管理、供应链管理等。

3. 在线数据处理软件

随着云计算等新一代信息技术的飞速发展，一些企业推出了在线数据处理软件，提供在线数据处理服务，如金数据、图表秀、百度统计等。人们可以通过这些工具软件来实现数据的处理和分析，方便个人或企业进行协同工作，提高工作效率。在线数据处理软件主要适用于需要协同办公、远程合作等的学习或工作场景。

二、电子表格软件及常用操作

1. 电子表格软件界面

WPS 表格和 Excel 两种电子表格软件的界面较为相似，主要包括标题栏、菜单栏、工具栏、编辑栏、工作区及状态栏等组成部分，图 4-1-1 所示为 WPS 表格的操作界面。通常一个电子表格文件也称为一个工作簿。一个工作簿可以包含若干表格，称为工作表，在编辑和查看时通过单击工作表标签进行切换。

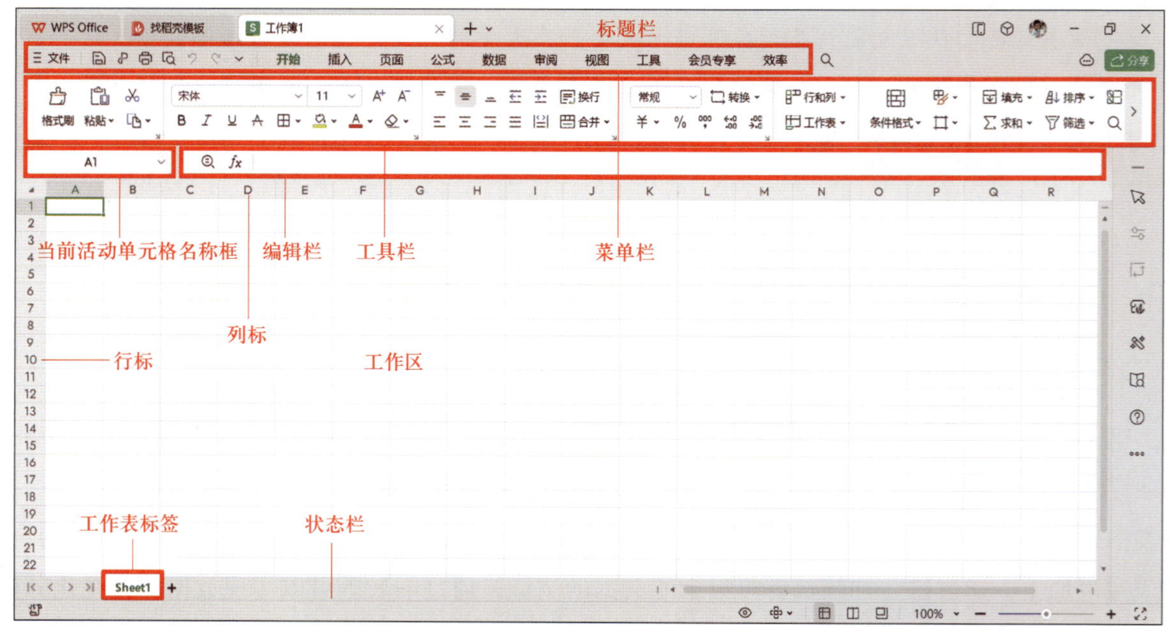

图 4-1-1 WPS 表格的操作界面

2. 基本操作

电子表格软件的启动、新建、保存、退出等基本操作，保存（Ctrl+S）、复制（Ctrl+C）、粘贴（Ctrl+V）、撤销（Ctrl+Z）等常用快捷键，文字样式、对齐等基本格式设置的操作，与文字处理软件基本相同。

提示

文字处理软件中的撤销 (Ctrl+Z)/ 恢复 (Ctrl+Y) 操作只作用于本文档，而电子表格软件中的撤销 (Ctrl+Z)/ 恢复 (Ctrl+Y) 操作同时作用于所有打开的窗口，打开多个窗口同时编辑时要注意区别。

实践活动

创建“零用钱收支明细”工作簿

很多同学从很小的时候就拥有了数额可观的零用钱，做好零用钱的计划，学会记账，做好收入与支出的对比，养成计划和合理用钱的习惯，对树立生活计划意识和现代家庭理财理念非常有意义。使用 WPS 表格等软件为自己创建一张“零用钱收支明细”工作簿，以便管理自己的零用钱，如图 4–1–2 所示。

操作演示

日期	收入摘要	收入金额	支出摘要	支出金额	余额

图 4–1–2　创建“零用钱收支明细”工作簿参考效果

【主要操作步骤】

1. 启动电子表格软件

通过电子表格软件，创建一个新的工作簿。

2. 录入表头

单击 A1 单元格，输入“日期”，按回车键确认录入的内容。用同样的方法录入“收入摘要”“收入金额”“支出摘要”“支出金额”“余额”等。

按住鼠标左键拖动，选择（可称为“拖选”）A1:F1 单元格区域，单击“开始”选项卡下的加粗按钮“B”，使表头文字加粗。

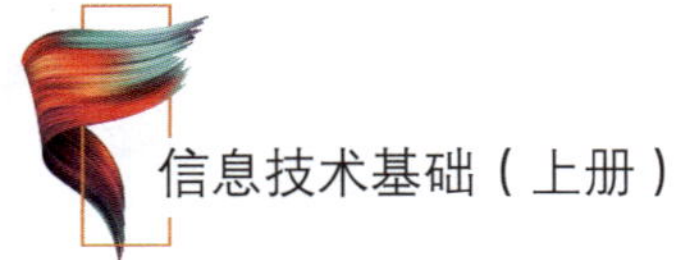

3. 保存工作簿

单击 WPS 表格窗口工具栏中的“保存”按钮，设置文件名为“零用钱收支明细”，设置保存位置并保存表格。

4. 退出电子表格软件

单击电子表格软件右上角的“关闭”按钮，退出该软件。

知识拓展

大量数据的专业处理工具——数据库

对于少量数据的处理，电子表格就够用了，但是在实际工作中数据量非常大的情况下，就需要使用数据库。数据库（database）是按照数据结构来组织、存储和管理数据的仓库，是一个长期存储在计算机内的、有组织的、可共享的、统一管理的大量数据的集合。实际工作中常用的数据库系统有 MySQL、SQL Server、Oracle、Redis 等。

交流与讨论

查看软件操作界面中的各项功能，并结合互联网资源和生活学习经验，小组讨论，举例说明，利用电子表格软件可以解决我们生活和学习中的哪些问题？

巩固与提高

参考图 4-1-2 中“零用钱收支明细”的表头格式，借助工具栏中的格式设置按钮，采用不同方式突出显示该表头。

课题二

输入数据及设置格式

学习目标

1. 能进行常用类型的数据输入。
2. 能导入外部数据。
3. 能进行数据格式的设置。

获取数据后，将数据录入或导入电子表格或数据库中，能更好地帮助人们进行数据的加工和分析，生成有用信息，进而提高效率。人们通常可以通过键盘输入、外部导入、自动生成等方式将数据存储到电子表格或数据库中，并可以通过格式设置美化数据或突出显示重点数据。

任务1 录入数据

· 任务引入 ·

数据的类型多种多样，有可以通过运算获取价值的数值型数据，有直接表达意思的文本型数据，有表示日期、时间的日期型、时间型数据，还有表示货币等的特殊数据，要想进行数据处理，先要正确录入数据。

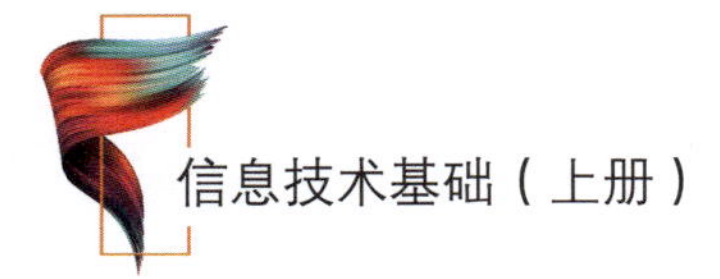

一、数值型数据及其录入

1. 数值型数据

在电子表格中，数值型数据是使用最多、最为复杂的数据类型。数值型数据由数字 0 ~ 9、正号、负号、小数点、分数号“/”、百分号“%”、指数符号“E”或“e”、货币符号“￥”或“$”和千位分隔号“,”等组成。默认情况下，录入的数值会沿单元格右侧对齐。

2. 数值型数据的录入方法

（1）单击单元格录入

单击要输入数据的单元格，然后输入数据即可。

（2）双击单元格录入

双击单元格，单元格内会显示光标，然后输入数据即可。

（3）通过编辑栏录入

单击单元格后，在编辑栏中输入数据，输入完毕后按键盘上的回车键或单击编辑栏中的“输入”按钮确认。

二、文本型数据及其录入

1. 文本型数据

文本是指由汉字、英文、数字、符号等组成的字符串。默认情况下，录入的文本会沿单元格左侧对齐。

2. 文本型数据的录入方法

其录入方法与数值型数据相同。若输入数据时发现错误，可以按“BackSpace”键将输错的文本删除；也可将光标定位在编辑栏中，在编辑栏中进行修改。单击编辑栏中的“取消”按钮或按“Esc”键，可取消本次输入。

三、特殊数据的录入

1. 输入百分比数据

直接在数值后输入百分号“%”。

2. 输入负数

在数字前加一个负号“-”，或给数字加上半角圆括号。

3. 输入小数

一般直接输入即可，但应注意软件会根据单元格的宽度对数据进行四舍五入，灵活调整显示的位数，即单元格中显示的数值不一定是数据的准确值。

4. 输入分数

电子表格软件中，分数以带分数的形式表示，格式为“整数部分　分子 / 分母”，如 $1\frac{2}{3}$ 表示为“1　2/3”。输入分数时，也应按此格式输入，应注意整数部分为0的不可省略，如 $\frac{2}{3}$ 应按“0　2/3”输入。如输入的是假分数，软件会自动将其转化为带分数表示，如输入“0　5/3”，会显示为“1　2/3”。

5. 输入日期

用“/”或者“-”来分隔日期中的年、月、日部分。首先输入年，然后输入 1 ~ 12 范围内的数字作为月，再输入 1 ~ 31 范围内的数字作为日。

6. 输入时间

输入时间时，用半角冒号“:”分隔时间的时、分、秒。电子表格中的时间一般默认采用 24 小时制。

四、数据录入技巧

1. 填充柄

填充柄是电子表格提供的快速填充单元格工具。在选定的单元格右下角会显示方形点，鼠标指针移动到上面时，会变成细黑十字形，拖动它即可完成对单元格的数据、格式、公式的填充。WPS 表格中的填充柄如图 4-2-1 所示。

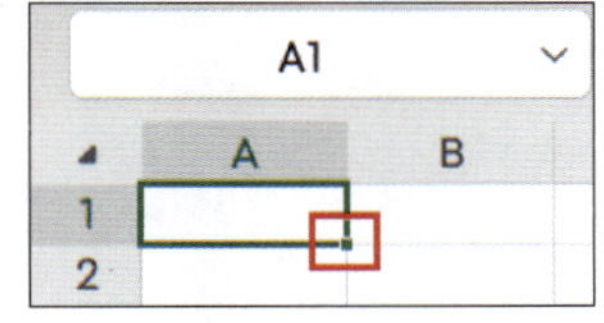

图 4-2-1　WPS 表格中的填充柄

2. 快捷键

（1）Ctrl+E（快速填充数据）

快捷键“Ctrl+E”提供智能识别数据规律后，向下快速填充数据的功能。用户只需在数据的左、右相邻列的第一个单元格给出示例，按下快捷键“Ctrl+E”后，软件即可自动根据示例的规则填充下面的单元格。利用这一功能可实现提取数据（如从“姓名”中提取“姓”）、合并数据（如将“姓”和“名”合并为“姓名”）、统一格式（如为书名统一添加书名号）、局部修改（如将学号中间四位修改为星号）等。具体应用示例如图 4-2-2 所示。

（2）Ctrl+Shift+1（快速调整数据显示格式）

选中数据后按快捷键“Ctrl+Shift+1”，即可将数据统一显示为添加了千位分隔符的整数格式（小数部分四舍五入），如将 12345.67 显示为 12,346。

3. 下拉列表

在日常工作中，表格里的下拉列表可以应用到很多场景，如设置性别等。下拉列表在电子表格中的制作方法如下（以 WPS 表格为例）：

（1）选定需要使用下拉列表的单元格，单击“数据”菜单，选择“下拉列表”，弹出“插入下拉列表”对话框，如图 4-2-3 所示。

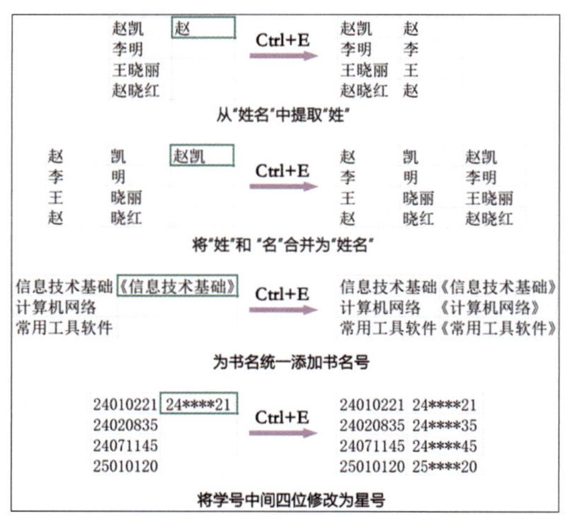

图 4-2-2 快捷键“Ctrl+E”应用示例

图 4-2-3 “插入下拉列表”对话框

（2）单击“ ”按钮添加下拉选项，如“男”和“女”，单击“ ”可删除已添加的选项。“手动添加下拉选项”适合选项较少的下拉列表，也可以选择“从单元格选择下拉选项”，这种情况适合选项较多的下拉列表。

实践活动

录入“零用钱收支明细”工作簿数据

创建好“零用钱收支明细”工作簿后，录入自己近几日的收支明细数据，参考效果如图 4-2-4 所示。

操作演示

	A	B	C	D	E	F
1	日期	收入摘要	收入金额	支出摘要	支出金额	余额
2	9月1日	父母	500	饭卡充值	300	200
3	9月2日			充话费	100	100
4	9月3日			买书	20	80
5	9月4日			充话费	50	30
6	9月5日			校外聚餐	60	-30
7	9月6日	兼职	200	日用品	50	120
8	9月7日			零食	50	70

图 4-2-4 录入“零用钱收支明细”工作簿数据参考效果

【主要操作步骤】

1. 录入数据并设置格式

打开创建好的“零用钱收支明细”工作簿。

单击 A2 单元格，输入“9 月 1 日”，按回车键确认录入的内容。用同样的方法录入“收入摘要”“收入金额”“支出摘要”“支出金额”“余额”等列的具体数据。

拖选 A1:F1 单元格区域，单击“开始”选项卡下的居中按钮“ 三 ”，设置表头的列标题居中。用同样方法设置 A1:A8，B1:B8，D1:D8 单元格区域数据居中。

拖选 A1:F8 单元格区域，单击“开始”选项卡下的边框按钮“ 田 ⌄ ”，为数据区域添加框线。

2. 保存数据并退出

单击保存按钮“ ”保存数据，单击关闭按钮“ × ”退出电子表格。

知识拓展

科学记数法

有时在电子表格软件中输入数字后，单元格内的数字并非显示原数，而是显示成类似“1.234E+4”的样子，这是怎么回事呢？这是因为当单元格较窄、数字位数又较多时，电子表格软件会将数字自动显示为科学记数法的形式。

科学记数法是一种记数的方法，它把一个数表示成 a 与 10 的 n 次幂相乘的形式（$1 \leq |a|<10$，a 为整数或小数，n 为整数）。要标记或运算某个较大或较小且位数较多的数时，用科学记数法较为便捷。

在电子表格软件中可以将单元格中的数值型数据设置成科学记数格式，以 WPS 表格为例，设置方法如下：

1. 打开 WPS 表格窗口，选中需要设置科学记数格式的单元格。右击选中的单元格，在打开的快捷菜单中选择“设置单元格格式”命令。

2. 在打开的 WPS 表格“设置单元格格式”对话框中，切换到“数字”选项卡。在“分类”列表中选择“科学记数”选项，并在右侧的“小数位数”微调框中设置小数位数，如图 4-2-5 所示，设置完毕单击“确定”按钮即可。

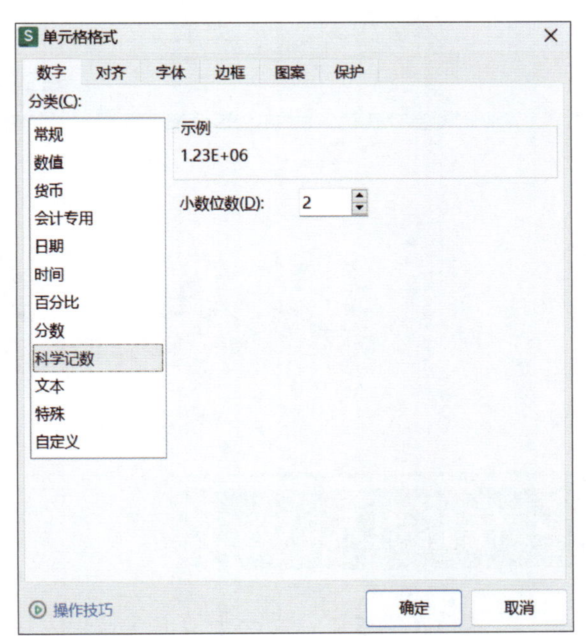

图 4-2-5　设置“科学记数法”

交流与讨论

在日常生活和学习中，在哪些场景中看到或用到过特殊数据？都有哪些特殊数据？

巩固与提高

打开素材文件夹中的“员工信息”工作簿，通过“手动添加下拉选项”或“从单元格选择下拉选项”的方式，创建“部门”下拉列表，参考效果如图 4-2-6 所示。

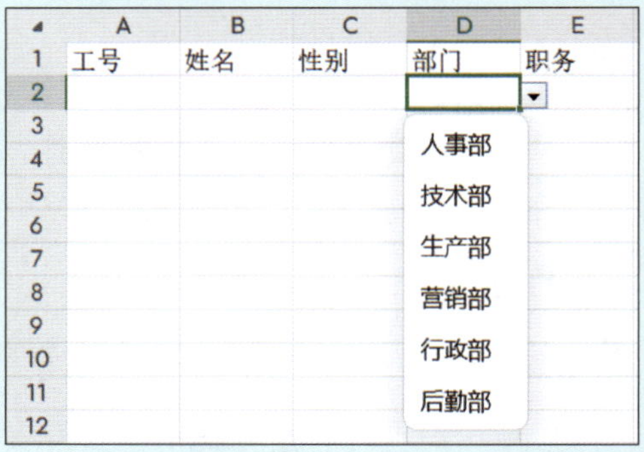

	A	B	C	D	E
1	工号	姓名	性别	部门	职务
2					
3					
4				人事部	
5				技术部	
6				生产部	
7				营销部	
8				行政部	
9				后勤部	
10					
11					
12					

图 4-2-6 “员工信息”工作簿参考效果

任务 2 导入数据

• 任务引入 •

当数据量较大时，逐一手动录入数据工作量大，费时费力，且极易出错，这时，通过文本文档、表格或网页将数据导入电子表格的方法则比较高效。导入数据时往往需要进行一些必要的处理，如选择、调整数据的格式和类型等。

一、文本文件导入

如果需要将文本文件中大量的数据导入表格中，可以使用文本导入向导。以 WPS 表格为例，具体步骤如下：

1. 在表格中选择需要导入数据的区域的左上角单元格。

2. 单击菜单栏中的“数据”，单击“获取数据”按钮，选择“导入数据...”。

3. 在出现的“导入向导”对话框中单击“选择数据源”按钮，如图 4-2-7 所示，选择需要导入的文件，可以是 txt、csv、xlsx 等格式的文件。

图 4-2-7 “导入向导”对话框

提示

为确保 txt 文件中的内容在导入后正确转换为表格，需要在导入前使用制表符等分隔符和回车键对文本内容进行列和行的分隔。

4. 设置数据分隔符。向导会默认根据文本分析分隔符类型，如果分析不准确，可以手动选择分隔符。

5. 设置导入的数据类型。可以根据实际情况，对导入的每列数据类型进行调整，如选择日期格式等。

6. 确认无误后，单击“完成”按钮即可完成文本数据的导入。

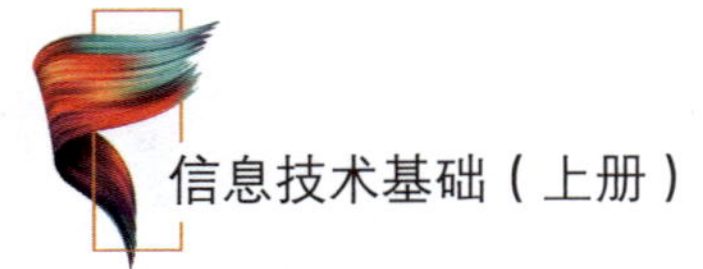

二、粘贴导入

对于数据量较小的表格，可以直接通过“复制”“粘贴”命令从文字处理软件、电子表格软件、网页浏览器等软件中复制粘贴表格数据。

当需要限定所复制数据的粘贴格式，如只需要粘贴数据的值，而不需要原始表格中的公式、链接等内容时，可以使用“选择性粘贴”。在电子表格中，复制数据后，在粘贴时会显示粘贴选项按钮“ ”，单击该按钮可弹出“粘贴选项”快捷菜单，如图 4–2–8 所示，在其中选择所需粘贴方式，即可完成相应方式下的数据引用。

三、其他方式导入

除以上两种方式外，电子表格软件还支持多种不同的导入方式，如通过 MySQL、SQL Server、Oracle 等数据库导入，通过网页直接导入等。其中，对于带有表格数据的简单网页，电子表格软件支持将网页中的数据直接导入表格中，十分方便。以 WPS 表格为例，具体步骤如下：

1. 在表格中选择需要放置导入数据的区域左上角的单元格，如 A1 单元格。

2. 单击菜单栏中的“数据”，单击“获取数据”按钮，在展开的快捷菜单中显示了各种可用于导入的数据源，从中找到“自网站”这一类型并单击。

3. 在出现的“新建 Web 查询”对话框中，输入数据所在的地址，单击“转到”按钮，打开该网页，如图 4–2–9 所示。

4. 确认网页中显示的数据无误后，单击“导入”按钮。

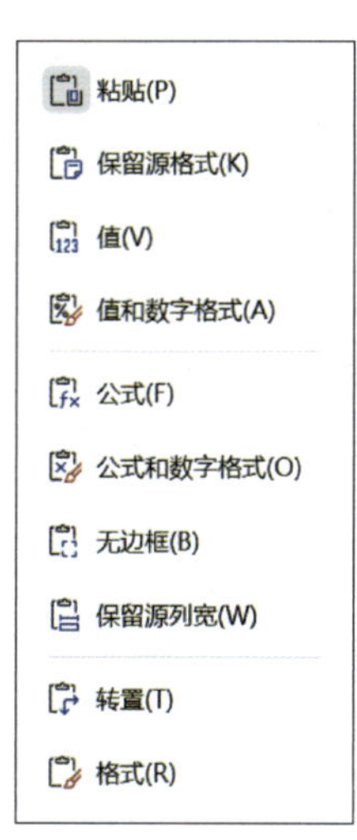

图 4–2–8 “粘贴选项”快捷菜单

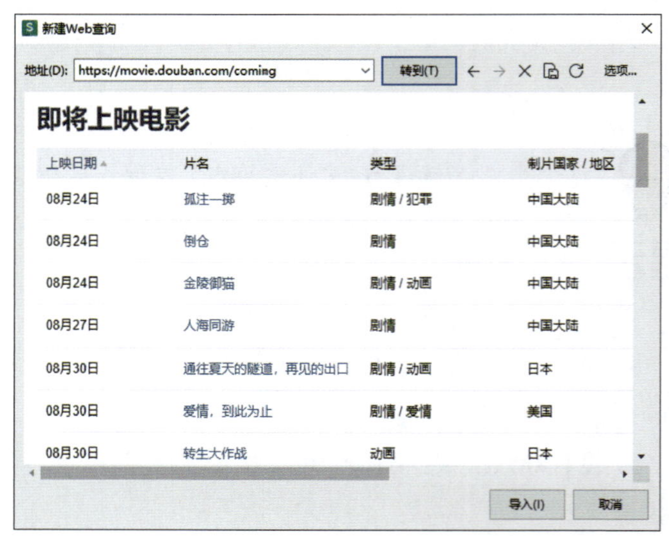

图 4–2–9 “新建 Web 查询”对话框

实践活动

导入“学生主科成绩”

通过导入数据方式获取数据，可以在保留原始数据的基础上，只抽取部分有用数据进行分析或处理。期末考试结束后，学生原始成绩往往需要保存提交，为了单独分析主科成绩，现需将素材文件“学生原始成绩.xlsx”中的语文、数学和英语等主科成绩导入电子表格中备用。

操作演示

【主要操作步骤】

新建电子表格文件。单击表格中任一单元格，依次单击“数据”→“获取数据”→“导入数据...”，在“导入向导”对话框中单击“选择数据源...”按钮，选择“学生原始成绩.xlsx”工作簿，单击“下一步”按钮，按提示操作选中需要导入的表格内容。

需要注意的是，在WPS表格中导入电子表格数据时，需要确保已经提前安装了Access Database Engine，否则无法导入成功。

导入成功后，单击保存按钮“”保存工作簿，单击关闭按钮“×”退出电子表格。

知识拓展

CSV文件

CSV（comma-separated values，逗号分隔值，有时也称字符分隔值）文件使用简单的纯文本格式，可以在不同的计算机系统和软件应用程序之间进行数据传输和交换，不依赖于特定的应用程序或操作系统。CSV格式被广泛应用于数据交换和存储中，尤其在以下场景中使用较多。

1. 数据导出和导入

各种数据库和电子表格软件都支持CSV格式，可以方便地将数据导出为CSV文件，或者从CSV文件中导入数据。

2. 数据交换

因兼容性好，易于处理，不同系统之间的数据交换通常采用CSV格式。

3. 数据备份

CSV文件体积小，适合作为数据备份的格式之一。

4. Web应用

在Web应用中，CSV格式常用于导出和导入用户数据、产品信息等。

交流与讨论

从外部导入数据到电子表格后，需要对数据进行哪些方面的检查？

巩固与提高

将素材中的“语文成绩”“数学成绩”“英语成绩”三个工作簿中的数据导入一个新工作簿，制作并保存为“学生主科成绩汇总表”，参考效果如图 4-2-10 所示。

	A	B	C	D	E	F
1	姓名	性别	语文	数学	英语	
2	王亚军	男	77	80	78	
3	周平	女	82	85	76	
4	张远	男	90	84	87	
5	冯征	男	60	71	62	
6	赵敬峰	男	84	72	76	
7	任征	男	95	90	93	
8	郝迪	女	70	72	76	
9	王丽坤	女	65	70	68	
10	李丽	女	70	62	69	
11	吴向伟	男	82	88	86	
12	陈风	男	88	93	82	
13	谢艳	女	77	79	81	
14	王烁	男	98	100	95	
15	孙萍	女	55	62	60	
16	刘忠	男	75	66	60	
17	何向	男	80	79	82	
18						

图 4-2-10 “学生主科成绩汇总表”工作簿数据参考效果

任务 3　设置数据格式

· 任务引入 ·

根据需要，人们可以对电子表格中的数据进行数据类型的转换，通过格式设置增强数据的可读性和辨识度，还可以通过对整个表格的样式设置，美化表格，使电子表格更赏心悦目。

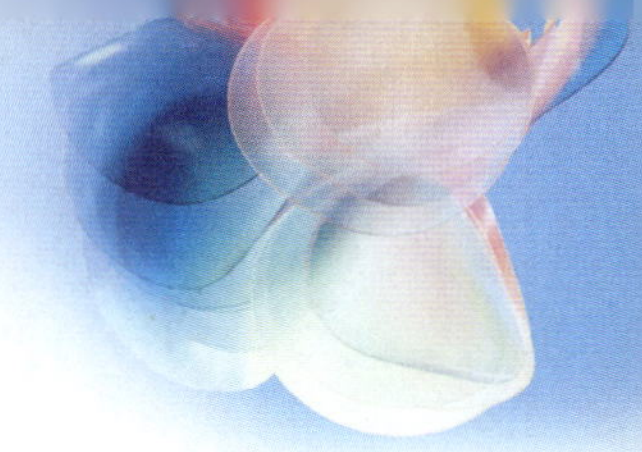

一、数据类型转换

1. 数值类型转文本类型

身份证号、手机号、邮政编码等编码类数字往往用来提供信息，不用于数值计算，为确保数据正确显示，一般应储存为文本类型，但在输入时，一般默认为数值类型，此时可以先输入英文半角单引号“' ”，再输入这些数字，软件会把数字自动作为文本处理。

2. 文本类型转数值类型

数据输入过程或处理过程中，如果把数值类型的数据处理成了文本类型，可以单击相应的单元格，再单击其旁边的按钮“ ”，从下拉菜单中执行“转换为数字”命令，即可将文本类型数字转换为数值类型数字。

二、单元格格式设置

1. 单元格格式

设置单元格格式的方法是，选择单元格或单元格区域，再右击选中区域，选择“设置单元格格式”，在弹出的“单元格格式”对话框（见图 4-2-11）中进行数字、对齐、字体、边框、图案、保护等方面的设置。

2. 单元格样式

电子表格软件通常内置了丰富的单元格样式，可以通过单元格样式快速对单元格进行格式设置，同时可以自行设置符合要求的样式。

选中要套用样式的单元格区域，单击“开始”选项卡下“样式”组中的单元格样式按钮“ ”，可以在展开的面板中选择所需的样式。同时，可以选择“新建单元格样式”命令，弹出“样式”对话框，设置样式名称和单元格样式，如图 4-2-12 所示。

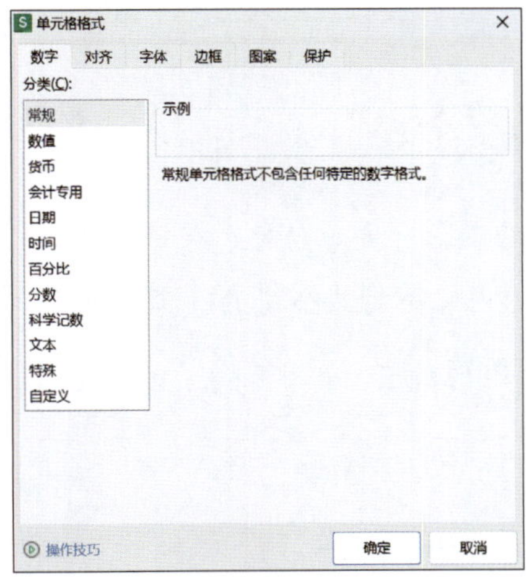

图 4-2-11 “单元格格式”对话框

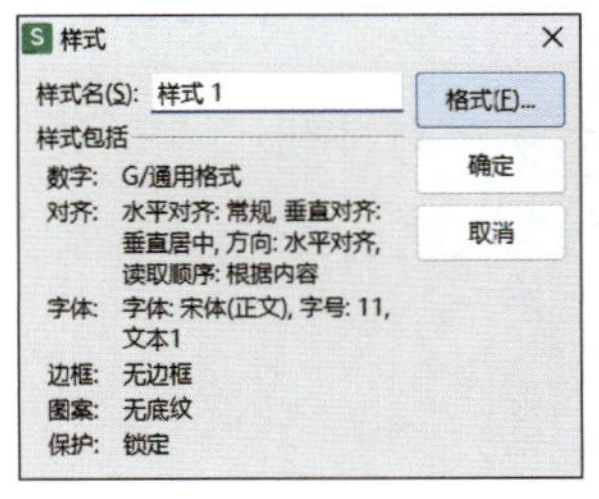

图 4-2-12 “样式”对话框

三、表格格式设置

表格是单元格的集合，同样可以设置格式。可以通过套用电子表格软件内置的样式对表格进行快速美化，单击“开始”选项卡下的“样式”组中的套用表格样式按钮“ ”，可以在展开的面板中选择所需的样式，还可以单击“新建表格样式”选项，在“新建表样式”对话框中进行表格格式个性化设置及保存，如图 4-2-13 所示。

图 4-2-13 “新建表样式”对话框

实践活动

美化“考勤奖金表”

“考勤奖金表”是对出勤情况进行奖励计算的表，对被考勤对象有督促和激励的作用，潜移默化增强其规范意识。本任务的内容是对某公司的“考勤奖金表”（见素材）进行美化，参考效果如图 4-2-14 所示。

操作演示

	A	B	C	D	E	F
1	某服务有限公司2025年5月考勤奖金表					
2	姓名	奖金基数（元）	出勤天数	请假天数	无故缺勤天数	应发奖金（元）
3	叶正亮	1000	20.00	0.50	0.50	935.00
4	王惠国	1000	20.50	0.00	0.00	1000.00
5	高章霞	1000	19.50	1.00	0.50	920.00
6	靳远文	1000	18.50	1.00	0.00	970.00
7	周春雷	1000	20.50	0.00	0.50	950.00
8	干承锋	1000	19.50	1.50	0.00	955.00
9	胡鑫花	1000	20.50	0.50	0.00	985.00
10	徐彩云	1000	19.50	1.00	0.50	920.00
11	贾庆生	1000	20.00	1.00	0.00	970.00
12	尚明清	1000	20.50	0.50	0.00	985.00
13	本月奖金总额					9590.00

图 4-2-14　考勤奖金表参考效果

【主要操作步骤】

1. 合并单元格

打开“考勤奖金表”工作簿，拖选 A1:F1 单元格区域，单击“开始”选项卡下的“对齐方式”组中的合并按钮“合并”。用同样的方法合并 A13:E13 单元格区域。

2. 设置数值格式

拖选 C3:F13 单元格区域，设置数值格式为保留 2 位小数。

3. 套用表格格式

拖选 A1:F13 单元格区域，单击“开始”选项卡下的“样式”组中的套用表格样式按钮“”，设置主题色为橙色，选择样式 4。

知识拓展

条件格式

条件格式（conditional formatting）允许用户根据特定条件将格式应用于一个单元格或一系列单元格，可以用于突出显示满足条件的数据。条件格式的基本用法如下。

1. 选中要设置条件格式的单元格区域。

2. 单击“开始”选项卡下的“样式”组中的条件格式按钮“条件格式”，可以在展开的面板中选择所要设置的条件类型，例如，依次单击“突出显示单元格规则”和“大于”，如图 4-2-15 所示。

3. 在弹出的“大于”对话框中进行条件格式设置，例如大于 960 时将格式设置为浅红填充色深红色文本，如图 4-2-16 所示。

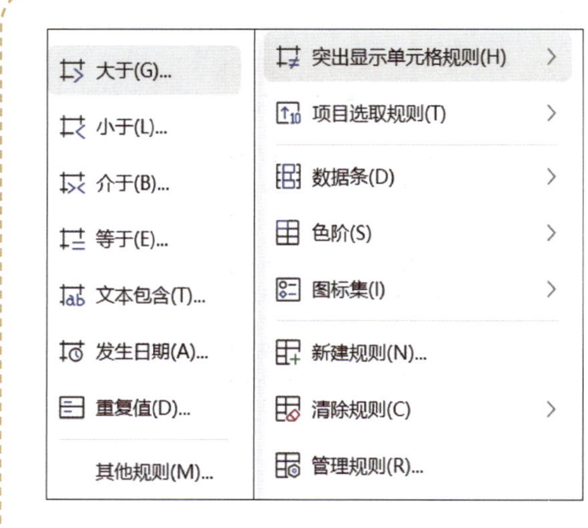

图 4-2-15 “条件格式”面板

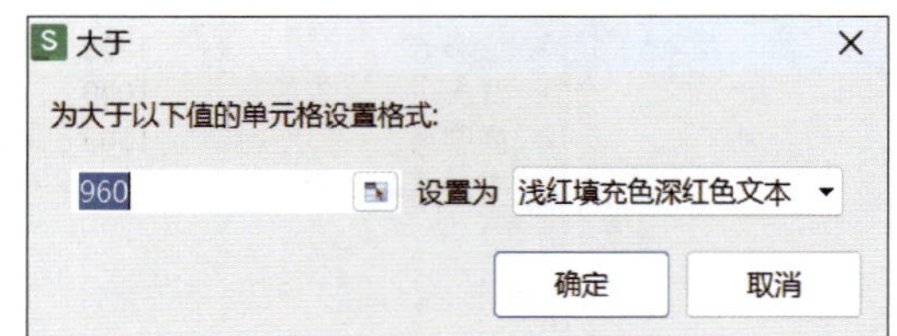

图 4-2-16 “大于”对话框

交流与讨论

小组讨论，在电子表格中突出显示重点数据的方法有哪些？

巩固与提高

套用表格样式美化“考勤奖金表”并利用条件格式等方法突出显示满勤奖金，参考效果如图 4-2-17 所示。

1	某服务有限公司2025年5月考勤奖金表					
2	姓名	奖金基数（元）	出勤天数	请假天数	无故缺勤天数	应发奖金（元）
3	叶正亮	1000	20.00	0.50	0.50	935.00
4	王惠国	1000	20.50	0.00	0.00	1000.00
5	高章霞	1000	19.50	1.00	0.50	920.00
6	靳远文	1000	18.50	1.00	0.00	970.00
7	周春雷	1000	20.50	0.00	0.50	950.00
8	干承锋	1000	19.50	1.50	0.00	955.00
9	胡鑫花	1000	20.50	0.50	0.00	985.00
10	徐彩云	1000	19.50	1.00	0.50	920.00
11	贾庆生	1000	20.00	1.00	0.00	970.00
12	尚明清	1000	20.50	0.50	0.00	985.00
13	本月奖金总额					9590.00

图 4-2-17 “考勤奖金表”美化后的参考效果

课题三
加工数据

学习目标

1. 能应用公式和函数进行数据计算。
2. 能应用排序和筛选进行数据处理。
3. 能应用分类汇总进行数据分析。

在日常生活和工作中，经常需要对获得的数据进行加工处理，数据加工是数据处理的重要环节。例如，录入学生成绩后，需要将每位学生的成绩求和并按分数排名，来分析学生的学习情况，或将各科成绩求平均值，来分析各科目教学情况等。电子表格软件中提供了函数、排序、筛选、分类汇总等数据加工的方法。

任务 1　应用公式和函数

• 任务引入 •

电子表格软件提供了类型丰富、功能强大的函数，还可通过运算符构成公式，根据计算需要，对原始数据进行加工处理，生成新数据，为后续分析数据提供更符合需要的数据支撑。

一、公式的使用

公式是对工作表中的数据执行运算的等式，以等号（=）开头。公式可以包括函数、引用、运算符和常量等，例如一个成绩表中平时成绩计算公式的组成如图 4-3-1 所示。

K2　=AVERAGE(B2:H2)*50%+I2*25%+J2*25%

函数　引用　运算符　常量

	A	B	C	D	E	F	G	H	I	J	K	L	M
1	姓名	作业							出勤	提问	平时成绩		
2	同学01	10	9	10	10	10	9	10	10	9	10		
3	同学02	10	10	8	10	10	8	10	10	9	9		
4	同学03	10	9	10	10	10	9	10	10	9	10		
5	同学04	10	8	10	10	10	8	10	10	9	9		
6	同学05	9	9	10	10	9	9	10	10	9	9		
7	同学06	10	9	10	9	10	9	9	10	9	9		

图 4-3-1　公式的组成

1. 函数

函数是预先定义的特殊公式，执行计算、分析等数据处理任务。电子表格软件通常提供数值、文本、日期、财务等运算的内置函数，如图 4-3-1 所示示例中使用的求平均值的函数 AVERAGE（B2:H2）。其中，“AVERAGE”称为函数名称，一个函数只有唯一一个名称，它决定了函数的功能和用途；函数名称后紧跟左括号，接着是用逗号分隔的称为参数的内容，最后用一个右括号表示函数结束。参数是函数中最复杂的组成部分，它规定了函数的运算对象、顺序或结构等。

提示

函数中的标点符号，包括括号、逗号、引号、冒号等都必须在英文半角状态输入，否则会造成函数语法错误而无法正常使用。

2. 引用

引用是指通过单元格地址或区域范围来定位并调用相应位置的数据。图 4-3-1 所示的公式中，B2:H2、I2、J2 都是引用。

3. 运算符

运算符指一个标记或符号，指定表达式内执行的计算类型。电子表格主要包含四种不同类型的运算符——算术运算符、比较运算符、文本连接运算符和引用运算符。

（1）算术运算符

电子表格中的算术运算符（+、-、*、/、%、^）用于完成数学中的算术运算（加、减、乘、除、百分比、乘方，其中百分比运算符的功能是将数值除以 100）。算术运算符在电子表格中的应用如图 4-3-2 所示。

（2）比较运算符

电子表格中的比较运算符（>、<、=、>=、<=、<>）用于完成数学中的比较运算（大于、小于、等于、大于或等于、小于或等于、不等于），结果为 TRUE 或 FALSE。比较运算符在电子表格中的应用如图 4-3-3 所示。

E2 fx =A2+A3

	A	B	C	D	E	F
1	示例数据	运算符	运算功能	公式举例	运算结果	
2	8	+	加	=A2+A3	10	
3	2	-	减	=A2-A3	6	
4		*	乘	=A2*A3	16	
5		/	除	=A2/A3	4	
6		%	百分比	=A2%	0.08	
7		^	乘方	=A2^A3	64	
8						

图 4-3-2　算术运算符在电子表格中的应用

E2 fx =A2>A3

	A	B	C	D	E	F	G
1	示例数据	运算符	运算功能	公式举例	运算结果	运算说明	
2	8	>	大于	=A2>A3	TRUE	如果比较结果成立，则为TRUE，否则为FALSE	
3	2	<	小于	=A2<A3	FALSE		
4		>=	大于等于	=A2>=A3	TRUE		
5		<=	小于等于	=A2<=A3	FALSE		
6		=	等于	=A2=A3	FALSE		
7		<>	不等于	=A2<>A3	TRUE		
8							

图 4-3-3　比较运算符在电子表格中的应用

（3）文本连接运算符

文本连接运算符（&）用于连接一个或多个文本字符串，以生成一段文本。文本连接运算符在电子表格中的应用如图 4-3-4 所示。

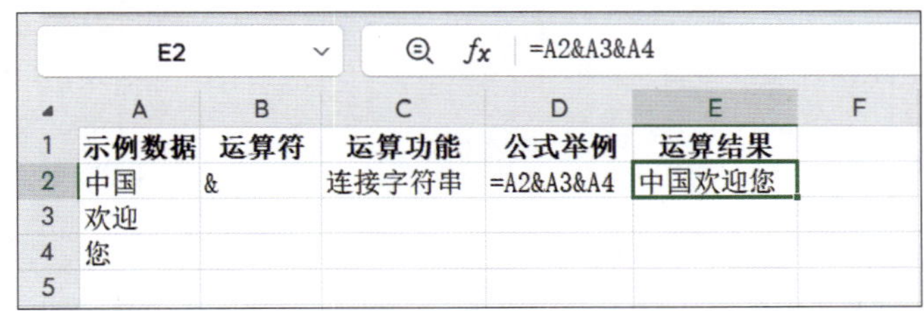

E2 fx =A2&A3&A4

	A	B	C	D	E	F
1	示例数据	运算符	运算功能	公式举例	运算结果	
2	中国	&	连接字符串	=A2&A3&A4	中国欢迎您	
3	欢迎					
4	您					
5						

图 4-3-4　文本连接运算符在电子表格中的应用

（4）引用运算符

引用运算符包括冒号（:）、逗号（,）和空格（ ），用于对单元格或单元格区域进行区域运算、联合运算和交叉运算。引用运算符在电子表格中的应用如图 4-3-5 所示。

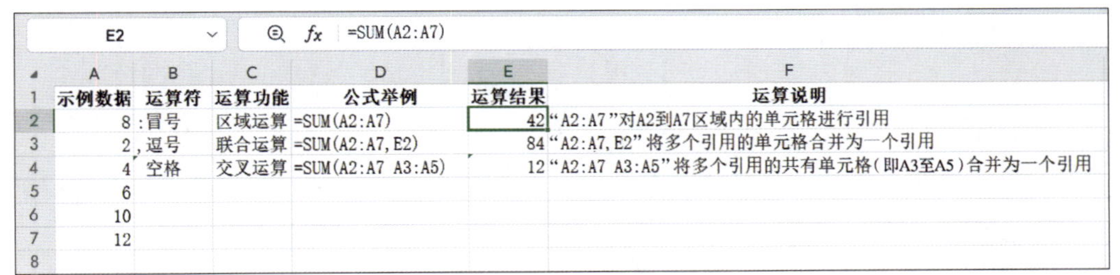

E2 fx =SUM(A2:A7)

	A	B	C	D	E	F
1	示例数据	运算符	运算功能	公式举例	运算结果	运算说明
2	8	:冒号	区域运算	=SUM(A2:A7)	42	“A2:A7”对A2到A7区域内的单元格进行引用
3	2	,逗号	联合运算	=SUM(A2:A7,E2)	84	“A2:A7,E2”将多个引用的单元格合并为一个引用
4	4	空格	交叉运算	=SUM(A2:A7 A3:A5)	12	“A2:A7 A3:A5”将多个引用的共有单元格(即A3至A5)合并为一个引用
5	6					
6	10					
7	12					
8						

图 4-3-5　引用运算符在电子表格中的应用

4. 常量

常量是指在运算过程中不发生变化的量，如图 4-3-4 所示的单元格区域 A2:A4 中的“中国”“欢迎”“您”和图 4-3-5 所示的单元格区域 A2:A7 中的数字“8”“2”“4”等都是常量。

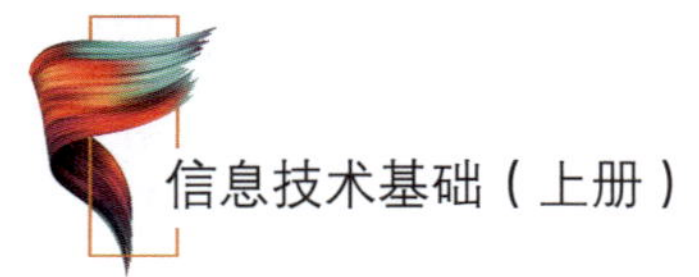

二、常用函数的使用

电子表格软件中内置的常用函数的功能和使用示例见表 4-3-1。

表 4-3-1　常用函数的功能和使用示例

常用函数	功能	使用示例	说明
SUM	返回参数中所有数值之和	=SUM(10,B2,C3:E3)	计算数字 10、单元格 B2 中的数值和单元格区域 C3:E3 中的所有数值的和
AVERAGE	返回参数中所有数值的平均值（算术平均值）	=AVERAGE(C3:E3)	计算单元格区域 C3:E3 中的所有值的平均值
RANK	返回某数字在一列数字中相对于其他数值的大小排名	=RANK(K2,K2:K7,0)	计算单元格 K2 中的数值在单元格区域 K2:K7 所有数值中按降序排列的排名（最后一个参数为 0 或省略表示降序排列，为其他值表示升序排列）
IF	判断一个条件是否满足，如果满足返回一个值，如果不满足则返回另外一个值	=IF(A2>=85, "优秀", "非优秀")	判断 A2 中的数值是否大于或等于 85，如果大于或等于 85，计算结果为“优秀”，否则为“非优秀”
COUNT	返回包含数字的单元格以及参数列表中的数字的个数	=COUNT(A2:B10)	返回单元格区域 A2:B10 中的数字的个数
MAX	返回参数列表中的最大值，忽略文本值和逻辑值	=MAX(A2:B10)	返回单元格区域 A2:B10 中的最大值
MIN	返回参数列表中的最小值，忽略文本值和逻辑值	=MIN(A2:B10)	返回单元格区域 A2:B10 中的最小值
MID	从文本字符串中指定的位置开始，返回指定长度的字符串	=MID(A5,3,2)	返回 A5 单元格中字符串从第 3 个字符开始的 2 个字符

提示

使用函数时，必须准确理解函数参数的含义及语法格式，否则将无法得到正确的结果。在单元格中书写函数的过程中，软件会自动弹出函数语法格式说明，应注意查看，按格式书写。此外，还可以通过软件的帮助功能搜索相应函数，查看详细的使用说明和范例。如还有疑问，可通过互联网进一步搜索相关的讲解资料。

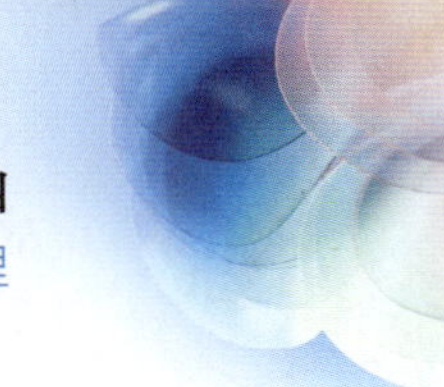

三、单元格引用方式

单元格引用是指对工作表中的单元格或单元格区域的引用，以便电子表格可以找到需要计算的值或数据。

1. 绝对引用

绝对引用的格式形如“$A$1”，将含有公式的单元格复制到新的位置时，采用绝对引用的单元格引用位置在新公式中不会改变。例如，“=RANK(E3,$E$3:$E$18,0)”中对参与排名的单元格区域$E$3:$E$18 的引用即为绝对引用。

2. 相对引用

相对引用的格式形如“A1”，将含有公式的单元格复制到新的位置时，采用相对引用的单元格引用位置在新公式中会根据位置的变化自动调整。例如，“=SUM(B3:D3)”中的 B3:D3 会随着该公式复制到的单元格位置而改变。

3. 混合引用

混合引用形如“$A1”或“A$1”。例如“=RANK(E3,E$3:E$18,0)”。当公式复制到同一工作表中新的位置时，公式中前面加“$”的部分（行或列）不会发生变化。

实践活动

成 绩 计 算

某班期中考试结束后，学习委员要对成绩表（见素材）进行整理，以便分析本学期学生的学习情况。现需将各位同学的成绩进行求和、求平均分、排名等操作并评定成绩等级（平均分 90 分及以上为优秀；80 分及以上、90 分以下为良好；60 分及以上、80 分以下为合格；60 分以下为不合格），完成如图 4–3–6 所示的数据计算。

操作演示

	A	B	C	D	E	F	G	H	I
1				某班期中考试成绩表					
2	姓名	性别	语文	数学	英语	总分	平均分	排名	成绩等级
3	王亚军	男	77	80	78	235	78.3	9	合格
4	周平	女	82	85	76	243	81.0	6	良好
5	张远	男	90	84	87	261	87.0	4	良好
6	冯征	男	60	71	62	193	64.3	15	合格
7	赵敬峰	男	84	72	76	232	77.3	10	合格
8	任征	男	95	90	93	278	92.7	2	优秀
9	郝迪	女	70	72	76	218	72.7	11	合格
10	王丽坤	女	65	70	68	203	67.7	12	合格
11	李丽	女	70	62	69	201	67.0	13	合格
12	吴向伟	男	82	88	86	256	85.3	5	良好
13	陈风	男	88	93	82	263	87.7	3	良好
14	谢艳	女	77	79	81	237	79.0	8	合格
15	王烁	男	98	100	95	293	97.7	1	优秀
16	孙萍	女	55	62	60	177	59.0	16	不合格
17	刘忠	男	75	66	60	201	67.0	13	合格
18	何向	男	80	79	82	241	80.3	7	良好

图 4-3-6　某班期中考试成绩表数据计算

【主要操作步骤】

1. 计算总分

在 F3 单元格中输入“=SUM(C3:E3)”，计算王亚军同学的总分。拖动 F3 单元格右下角的填充柄，快速填充其他同学的总分。

2. 计算平均分

在 G3 单元格中输入“=AVERAGE(C3:E3)”，计算王亚军同学的平均分。拖动 G3 单元格右下角的填充柄，快速填充其他同学的平均分。

3. 计算排名

在 H3 单元格中输入“=RANK(F3,F$3:F$18,0)”，计算王亚军同学的排名（降序）。拖动 H3 单元格右下角的填充柄，快速填充其他同学的排名。

4. 评定成绩等级

在 I3 单元格中输入“=IF(G3>=90," 优秀 ", IF(G3>=80," 良好 ",IF(G3>=60," 合格 "," 不合格 ")))”，计算王亚军同学的成绩等级。拖动 I3 单元格右下角的填充柄，快速填充其他同学的成绩等级。

提示

IF 函数的语法格式为 :IF(条件 , 条件满足时返回的值 , 条件不满足时返回的值)。IF 函数既可以用来进行单条件判断，又可以进行多条件判断。在“实践活动”的任务中，首先使用 IF 函数判断平均成绩是否大于或等于 90，如果平均成绩大于或等于 90，则评定成绩等级为“优秀”，否则嵌套使用 IF 函数继续进行判断，具体公式的嵌套关系如下（下画线标注部分为第一层嵌套，粗体标注部分为第二层嵌套）：

=IF(G3>=90," 优秀 ",<u>IF(G3>=80," 良好 ",**IF(G3>=60," 合格 "," 不合格 ")**)</u>)

知识拓展

如何查找和学习所需函数

在学习或工作中，除了几个常用的函数，还有其他函数可能会被用到，这些函数的名称及使用方法可以借助网络检索或电子表格软件内置的检索功能查找和学习。

1. 网络检索

使用百度等搜索引擎或 DeepSeek 等人工智能助手，描述所需函数功能，如“WPS 表格中计算单元格中字符数的函数”，查找所需函数及其使用方法。

2. 通过电子表格软件检索

在电子表格软件的编辑栏中单击“fx”按钮，在图 4-3-7 所示的“插入函数”对话框中输入关键词（如“平均值”）来描述想做什么计算，单击“转到”按钮，就可以在对话框下方看到相关的函数及功能简介。此外，还可通过帮助功能进行检索。

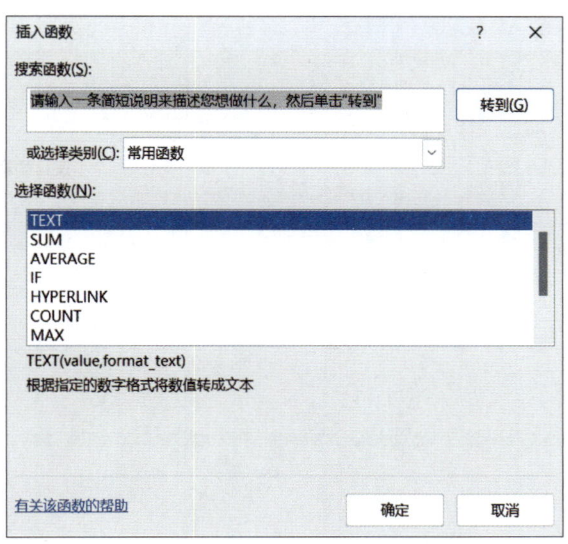

图 4-3-7 “插入函数”对话框

交流与讨论

电子表格软件中的公式和函数与数学中的公式和函数有什么不同？

巩固与提高

1. 正逢换季时节，某商场推出了部分商品 85 折优惠活动，王女士在最近一次优惠活动中购买了部分商品，打开素材文件夹中的“王女士购物清单”工作簿，帮助王女士计算图 4-3-8 所示购物清单的商品折后价及总消费额。（提示：折后价 = 定价 × 折扣，总消费额 = 折后价总和，注意单元格引用类型。）

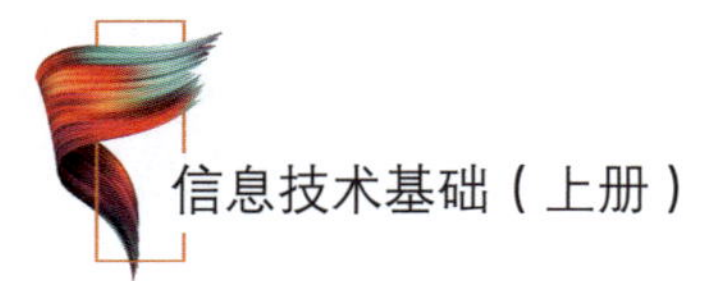

2. 现需在“实践活动”所完成的成绩表基础上，制作各位同学的个人成绩单，效果如图 4-3-9 所示。为提高制作效率和避免出错，要求在相应单元格填入学生姓名后，各科成绩及总分、平均分能够从成绩表中查找后自动调用。通过网络检索或在电子表格软件查找对应的函数，读懂函数用法并实现以上功能。（提示：可使用 vlookup 函数或 xlookup 函数。）

	A	B	C	D	E
1	序号	商品类别	定价	折后价	
2	1	男士外衣	680		
3	2	女士外衣	980		
4	3	羽绒被	1480		
5	4	羊毛毯	1880		
6	合计:				
7					
8	全场折扣:	85%			
9					

图 4-3-8 王女士购物清单

	王亚军	期中考试成绩单	
语文	77.00	数学	80.00
英语	78.00		
总分	235.00	平均分	78.33

图 4-3-9 成绩单效果

任务 2 应用排序和筛选

• 任务引入 •

电子表格中数据行较多时，查看起来不够直观、方便，难以很快获取所需信息、发现规律。此时，可以通过排序让数据根据需要重新排列，或者通过设置筛选条件，隐藏不符合条件的数据，减少显示的数据量，从而达到快速查看数据的目的。

一、排序

排序就是按照一定的顺序把工作表中的数据重新排列。

1. 单条件排序

单条件排序是根据单一条件对工作表中的数据重新排列，一般直接单击“数据”选项卡中的“升序”或“降序”按钮即可实现排序，使用起来较为方便。

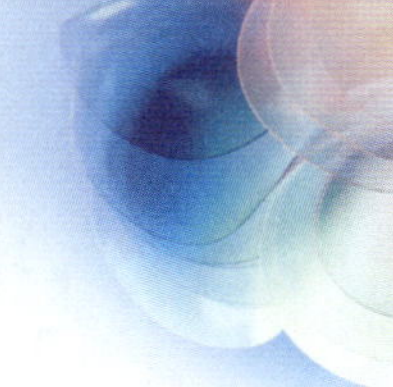

2. 多条件排序

多条件排序是设置多个条件对工作表中的数据重新排列，一般需要通过“数据”选项卡中的“排序”或“自定义排序”功能，在弹出的对话框中具体设置主要关键字、次要关键字等排序条件，以及升序、降序或自定义序列等排列规则。进行设置时应注意排序条件的先后顺序，以免影响排序结果。

二、筛选

筛选的作用是将不满足条件的数据暂时隐藏，只显示符合条件的数据。

1. 简单筛选

单击“数据”选项卡中的“筛选”按钮后，各列第一行便可出现筛选箭头，该行作为表头，以下各行为待筛选的数据。如选中某一列后单击“筛选”按钮，则只在这一列的第一行出现自动筛选箭头。若实际表头行不是第一行，则应先选用表头所在单元格或所在行，然后再单击“筛选”按钮。

单击筛选箭头，在弹出的菜单中可显示该列所有不重复的数据的值，勾选其前面的复选框可选中该数据，不勾选的将被隐藏，如图 4-3-10a 所示。如数据较多，可在搜索框进行搜索。

除直接勾选外，在该菜单中还提供了按不同颜色筛选、按文本内容筛选（如大于、等于或小于某数值，以指定字符开头或结尾等）等功能。

2. 高级筛选

高级筛选可实现更为复杂的数据筛选，其对话框如图 4-3-10b 所示。高级筛选不显示列的筛选箭头，而是把数据表的上方或下方的一个独立区域设为条件区域，并在条件区域内设置筛选条件。使用时，首先创建条件区域，然后单击“数据”选项卡中的“高级筛选”按钮（可能在“筛选”按钮的扩展按钮中），打开“高级筛选”对话框，设置结果显示方式，选择列表区域、条件区域等。

a）

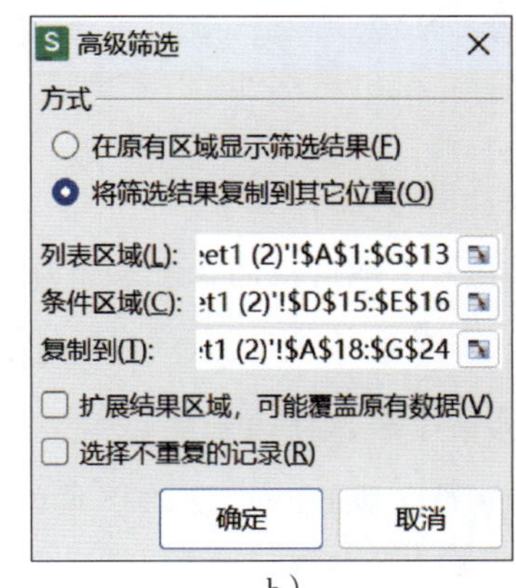

b）

图 4-3-10 “筛选”功能

a）筛选菜单　b）“高级筛选”对话框

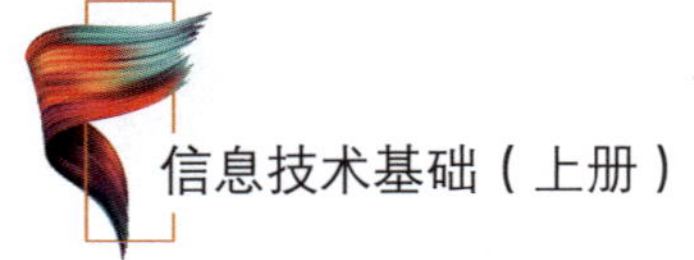

实践活动

实验数据分析

某次实验课中，用尺测得了试样的长、宽、高，用天平测得了试样的质量，结果已输入电子表格（见素材）中。现需根据“体积 = 长 × 宽 × 高”计算体积，根据“密度 = 质量 ÷ 体积”计算密度，根据各试样的密度进行升序排列，并筛选出质量小于 14 g、密度小于 0.35 g/cm^3 的试样，结果如图 4-3-11 所示。

操作演示

	A	B	C	D	E	F	G
1	试样名称	长（cm）	宽(cm)	高(cm)	体积(cm^3)	质量(g)	密度(g/cm^3)
2	试样05	4.82	3.44	3.46	57.37	18.3	0.32
3	试样08	4.33	2.46	4.15	44.20	14.2	0.32
4	试样03	7.89	4.32	3.24	110.43	35.5	0.32
5	试样01	5.22	2.44	2.46	31.33	10.3	0.33
6	试样07	6.89	4.82	3.24	107.60	35.5	0.33
7	试样12	3.23	2.46	3.85	30.59	10.2	0.33
8	试样11	5.89	5.32	3.24	101.52	34.5	0.34
9	试样04	3.43	2.46	3.55	29.95	10.2	0.34
10	试样10	5.54	3.43	2.25	42.75	14.6	0.34
11	试样09	6.22	2.24	2.16	30.09	10.3	0.34
12	试样02	6.54	2.43	2.65	42.11	14.6	0.35
13	试样06	7.54	2.43	2.65	48.55	17.2	0.35
14							
15				质量(g)	密度(g/cm^3)		
16				<14	<0.35		
17							
18	试样名称	长（cm）	宽(cm)	高(cm)	体积(cm^3)	质量(g)	密度(g/cm^3)
19	试样1	5.22	2.44	2.46	31.33	10.3	0.33
20	试样12	3.23	2.46	3.85	30.59	10.2	0.33
21	试样4	3.43	2.46	3.55	29.95	10.2	0.34
22	试样9	6.22	2.24	2.16	30.09	10.3	0.34

图 4-3-11　实验数据处理结果

【主要操作步骤】

1. 计算第 1 个试样的体积和密度

在 E2 单元格输入“=B2*C2*D2”，计算第 1 个试样的体积。在 G2 单元格输入“=F2/E2”，计算第 1 个试样的密度。

通过向下拖动 E2 和 G2 右下角的填充柄，或者复制 E2 和 G2 单元格的公式，完成所有试样的体积和密度计算。

2. 排序

选中 A1:G13 单元格区域，单击“开始”选项卡中的“排序”扩展按钮，选择“自定义排序”，在“排序”对话框中设置筛选条件。以“密度（g/cm^3）”列的数据为基准，按照其数值，以升序将区域内的各行重新排序，如图 4–3–12 所示。

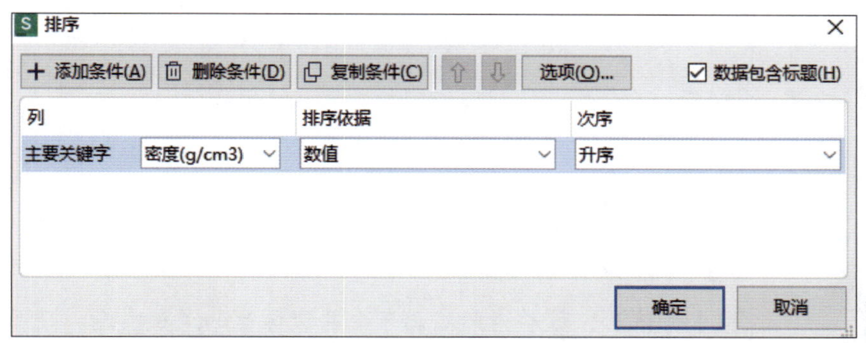

图 4–3–12 “排序”对话框

3. 筛选

（1）创建条件区域

在 D15:E16 单元格区域输入筛选条件。在 D15 和 D16 单元格输入条件的标题“质量（g）”和“密度（g/cm^3）”，在 E15 和 E16 单元格输入对应的条件表达式“<14”和“<0.35”。

（2）完成高级筛选

执行“高级筛选”命令，正确选择列表区域和条件区域，将筛选结果显示在从 A18 单元格开始的区域内。

知识拓展

高级筛选的条件区域

高级筛选的条件区域必须按照规则填写，否则将无法正确完成筛选。条件区域的第一行为标题行，其内容必须与对应数据列的标题完全一致，如有多个筛选条件，标题应在一行内依次填写。标题行以下为对应的筛选条件的值或表达式。多个筛选条件之间可以是“与”的关系，也可以是“或”的关系。如为“与”的关系，筛选条件的值或表达式应写在同一行；如为“或”的关系，筛选条件的值或表达式应写在不同行。图 4–3–13a 所示筛选条件表示筛选质量小于 14 g 且密度小于 0.35 g/cm^3 的数据，图 4–3–13b 所示筛选条件则表示筛选质量小于 14 g 或密度小于 0.35 g/cm^3 的数据。

质量(g)	密度(g/cm³)
<14	<0.35

a）

质量(g)	密度(g/cm³)
<14	
	<0.35

b）

图 4-3-13　筛选条件示例

a）“与”关系　b）“或”关系

交流与讨论

期中考试后，数学老师汇总了全年级学生的考试成绩，现需查看、分析各分数段考生的分布情况。此时既可使用“排序”功能，按分数排序查看，也可使用“筛选”功能，直接筛选出各分数段的数据。小组讨论，两种方法各有哪些利弊？分别适用于什么场景？

巩固与提高

打开素材文件夹中的“某产品年产量、销量及目标达成度统计表”工作簿，筛选出销量 100 万箱以上或目标达成度 95% 及以上的销量信息，结果如图 4-3-14 所示。

月份	产量（万箱）	销量（万箱）	目标达成度	是否合格
一月	90	88	98%	是
六月	110	110	100%	是
八月	110	110	100%	是
九月	120	120	100%	是
十月	120	105	88%	否
十一月	110	105	95%	否
十二月	120	120	100%	是

图 4-3-14　筛选结果

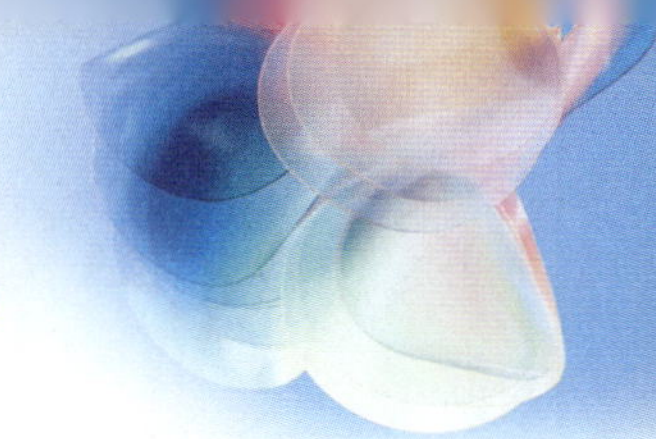

任务 3 应用分类汇总

• 任务引入 •

面对海量的数据，如果能将它们按照一定的规则和标准进行分类，则可以帮助人们快速地定位所需的信息，分类汇总的功能正是如此。分类汇总可以帮助人们更加直观地理解和运用数据，还可以培养人们的归纳和分析能力，提升工作效率。

一、分类汇总的概念

分类汇总是指将数据表格中的数据按某种方式分类，然后进行汇总统计。

汇总的方式通常有求和、计数、求平均值、求最大值、求最小值等。

二、分类汇总的步骤

1. 对数据进行排序

进行分类汇总时，首先应根据作为分类依据的字段对全部数据进行排序。通俗地说，就是通过排序将应分为一类的数据排列到一起。

2. 启动分类汇总

拖选数据区域，单击“数据”选项卡下的“分类汇总”按钮，弹出“分类汇总”对话框，如图 4–3–15 所示。

3. 设置分类汇总

在“分类汇总”对话框中设置分类汇总的参数。图 4–3–15 所示示例中的设置，表示按“部门”进行汇总，对各部门的销售“总额”进行求和。

4. 多重分类汇总

电子表格软件还支持进一步对下一级的小类继续汇总。其方法是，在执行完“分类汇总”的数据表格中，再次执行“分类汇总”命令，设置新的汇总条件，并取消勾选“替换当前分类汇总”复选框。例如，图 4–3–16 所示示例就是先按“周次”对“金额”进行汇总求和，再在每周中按“销售员”对“销售数量”进行汇总求和。

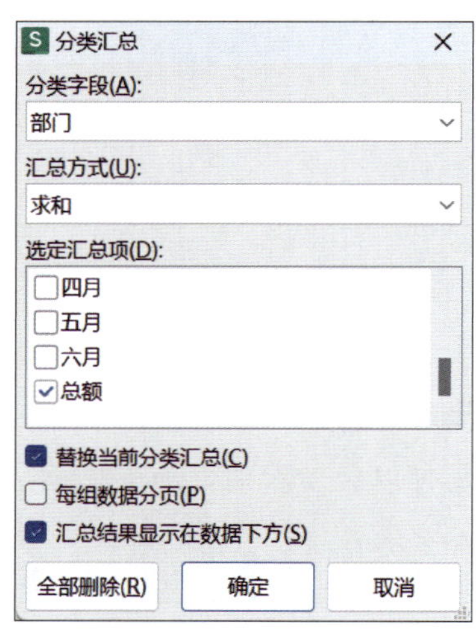

图 4-3-15 “分类汇总”对话框

某品牌四类产品三月份销售表					
周次	销售员	产品名称	单价	销售数量	金额
第一周	李强	裤子B	120	12	1440
第一周	李强	裤子D	90	20	1800
	李强 汇总			32	
第一周	王宣	上衣A	200	10	2000
第一周	王宣	上衣C	100	10	1000
	王宣 汇总			20	
第一周 汇总					6240
第二周	李强	裤子B	120	15	1800
第二周	李强	裤子D	90	20	3000
	李强 汇总			35	
第二周	王宣	上衣A	200	15	3000
第二周	王宣	上衣C	100	9	900
	王宣 汇总			24	
第二周 汇总					8700
第三周	李强	裤子B	120	20	2400
第三周	李强	裤子D	90	17	1530
	李强 汇总			37	
第三周	王宣	上衣A	200	12	2400
第三周	王宣	上衣C	100	20	2000
	王宣 汇总			32	
第三周 汇总					8330
第四周	李强	裤子B	120	15	1800
第四周	李强	裤子D	90	12	1080
	李强 汇总			27	
第四周	王宣	上衣A	200	9	1800
第四周	王宣	上衣C	100	10	1000
	王宣 汇总			19	
第四周 汇总					5680
	总计			226	
总计					28950

图 4-3-16 多重分类汇总示例

需要注意的是，进行多重分类汇总前，应正确地对各个汇总层级进行排序。

5. 取消分类汇总

如需取消分类汇总，执行“分类汇总”命令，单击“分类汇总”对话框中的“全部删除”按钮即可。

实践活动

销售部上半年业绩分析

某公司召开年中例会，各部门需对上半年业绩进行分析汇报，销售部经理需要汇报本部门的销售业绩，现需要提前对销售数据（见素材）通过分类汇总进行分析，效果如图 4-3-17 所示。

操作演示

	A	B	C	D	E	F	G	H	I	J
1	2025年上半年销售业绩表									
2	部门	姓名	性别	一月	二月	三月	四月	五月	六月	总额
3	销售一部	蔡志鹏	男	92000	64000	97000	93000	75000	93000	514000
4	销售一部	汤天智	男	96000	72500	100000	86000	62000	87500	504000
5			男 平均值							509000
6	销售一部	张敏婕	女	58500	90000	88500	97000	72000	65000	471000
7	销售一部	孙笑冉	女	97500	76000	72000	92500	84500	78000	500500
8			女 平均值							485750
9	售一部 汇总									1989500
10	销售二部	陈俊一	男	93000	71500	92000	96500	87000	61000	501000
11	销售二部	胡超	男	93050	85500	77000	81000	95000	78000	509550
12			男 平均值							505275
13	销售二部	赵玥同	女	56000	77500	85000	83000	74500	79000	455000
14	销售二部	李乐	女	96500	86500	90500	94000	99500	70000	537000
15			女 平均值							496000
16	售二部 汇总									2002550
17			总平均值							499006.25
18	总计									3992050

图 4-3-17 “2025 年上半年销售业绩”分类汇总效果

【主要操作步骤】

1. 排序

设置“主要关键字”为“部门”，排列次序为“降序”；“次要关键字”为“性别”，排列次序为“升序”。

2. 启动分类汇总

拖选数据区域，单击“数据”选项卡中的“分类汇总”按钮，弹出“分类汇总”对话框。

3. 设置分类汇总

在“分类汇总”对话框中设置分类字段为“部门”，设置汇总方式为“求和”，在选定汇总项列表框中勾选“总额”，单击“确定”按钮。

再次单击“分类汇总”按钮，在“分类汇总”对话框中设置“分类字段”为“性别”，“汇总方式”为“求平均值”，勾选“总额”复选框，取消勾选“替换当前分类汇总”复选框，单击“确定”按钮。

知识拓展

将分类汇总后的数据分页打印

在工作中常会遇到需要将分类汇总后的数据分页打印的情况。例如，对全公司的销售数据按部门分类汇总后，需要将各个部门的汇总结果分别打印出来交给相应的部门负责人。如果手动进行复制、删除等操作，数据量较大时十分烦琐。

实际上，在进行分类汇总设置时，可以直接设置分页打印，具体方法是在图 4-3-15 所示界面中，勾选“每组数据分页”复选框。这样分类汇总完成后，打印表格时，就会自动按组分成若干页了。

但此时进行打印，会发现表头不能在每页重复显示。为正确显示表头，可在“页面”或“页面布局”选项卡中单击“打印标题”按钮，在图 4-3-18 所示“页面设置”对话框中，设置顶端标题行的单元格范围。

图 4-3-18　设置顶端标题行的单元格范围

交流与讨论

为什么分类汇总前必须根据分类字段对数据进行排序？分类汇总是否可用其他功能替换？

巩固与提高

打开素材文件夹中的“某品牌四类产品三月份销售表”工作簿，汇总每周销售金额，并计算每位销售员各周的平均销售金额，结果如图 4-3-19 所示。

	A	B	C	D	E	F	G
1	某品牌四类产品三月份销售表						
2	日期	产品名称	单价	销售数量	金额	销售员	
3	第一周	裤子B	120	12	1440	李强	
4	第一周	裤子D	90	20	1800	李强	
5					1620	**李强 平均值**	
6	第一周	上衣A	200	10	2000	王宣	
7	第一周	上衣C	100	10	1000	王宣	
8					1500	**王宣 平均值**	
9	**第一周 汇总**				6240		
10	第二周	裤子B	120	15	1800	李强	
11	第二周	裤子D	90	20	3000	李强	
12					2400	**李强 平均值**	
13	第二周	上衣A	200	15	3000	王宣	
14	第二周	上衣C	100	9	900	王宣	
15					1950	**王宣 平均值**	
16	**第二周 汇总**				8700		
17	第三周	裤子B	120	20	2400	李强	
18	第三周	裤子D	90	17	1530	李强	
19					1965	**李强 平均值**	
20	第三周	上衣A	200	12	2400	王宣	
21	第三周	上衣C	100	20	2000	王宣	
22					2200	**王宣 平均值**	
23	**第三周 汇总**				8330		
24	第四周	裤子B	120	15	1800	李强	
25	第四周	裤子D	90	12	1080	李强	
26					1440	**李强 平均值**	
27	第四周	上衣A	200	9	1800	王宣	
28	第四周	上衣C	100	10	1000	王宣	
29					1400	**王宣 平均值**	
30	**第四周 汇总**				5680		
31					1809.375	**总平均值**	
32	**总计**				28950		

图 4-3-19 分类汇总结果

课题四
分析数据

学习目标

1. 能创建图表和使用图表分析数据。
2. 能创建数据透视表和透视图。
3. 能使用数据透视表和透视图分析数据。

在日常工作和生活中，常需要通过对已有数据进行进一步分析得到有用信息。利用常用函数、分类汇总等方法可以实现基本的数据分析，但这些方法不够形象、直观。利用图表、数据透视表，能更好地进行数据的对比、结构分析和综合分析，从而发现有价值的信息。

任务1 使用图表

· 任务引入 ·

普通的文字和表格数据无法直观、形象地表示数值的大小或变化趋势等。数据可视化、图形化显示是当前工业领域、商业领域、金融领域等不可或缺的元素，通常采用图表进行数据可视化展示，直观地显示数据、对比数据、分析数据。

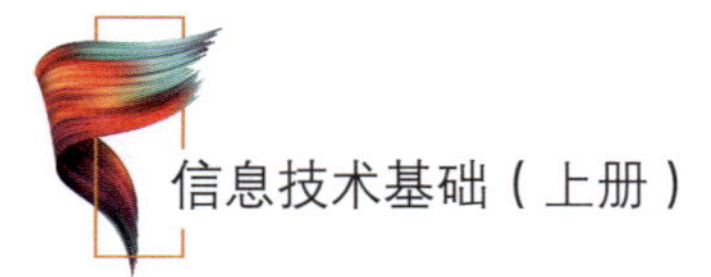

一、图表的类型

图表有多种类型，如柱形图、折线图、饼图、散点图、曲面图、雷达图等。下面以常用的几种图表为例进行介绍。

1. 柱形图

柱形图又称条形图、直方图，是以宽度相等的柱形条的高度或长度差异来显示统计指标数值多少或大小的一种图形。柱形图简明、醒目，是一种常用的统计图形。柱形图可用于显示一段时间内的数据变化或显示各项数据之间的对比情况。例如，从图 4-4-1 中可以直观地看出某学校四大学院的历年学生注册情况。

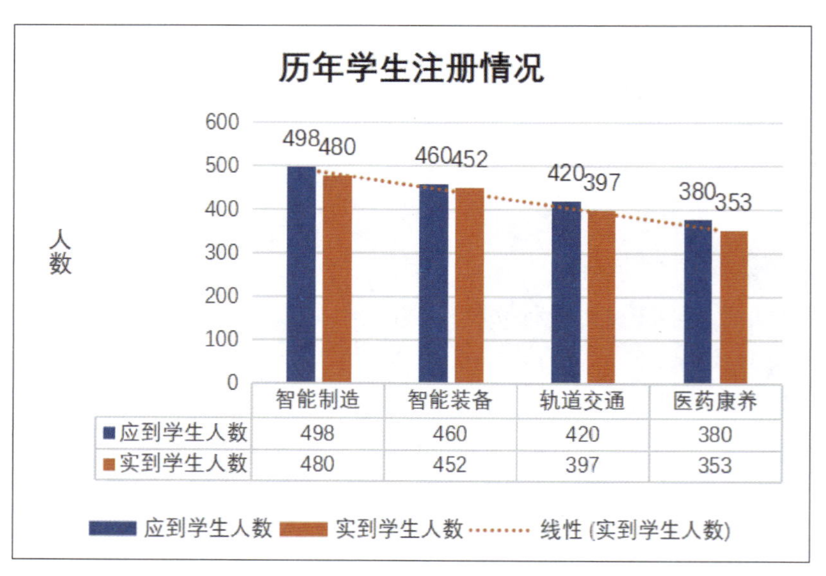

图 4-4-1　某学校四大学院的历年学生注册情况

2. 折线图

折线图用于显示数据在一个连续的时间间隔或者时间跨度上的变化。在折线图中可以清晰地看出数据是递增还是递减、增减的速率、增减的规律和峰值特征等。折线图常用来分析数据随时间的变化趋势，也可用来分析多组数据随时间变化的相互作用和相互影响。在折线图中，横轴通常用来表示时间，纵轴通常用来表示不同时间（时刻）的数据值。例如，从图 4-4-2 中可以直观地看出从 1 月到 12 月某产品在 A、B 两个区域的销售增长趋势，从折线图中可以看出 11 月和 12 月增长较快。

3. 饼图

饼图又称饼状图，广泛应用于各个领域，通过扇形的面积大小来比较数据之间的占比关系，所有扇形的占比之和为 100%。饼图能够很好地展示不同分类的变量之间或单个分类变量与整体之间的占比情况，常用来强调某个突出的分类变量或表示占比关系。例如，从图 4-4-3 中可以直观地看出某地区的企业中，小型企业占比最多，大型企业占比最少。

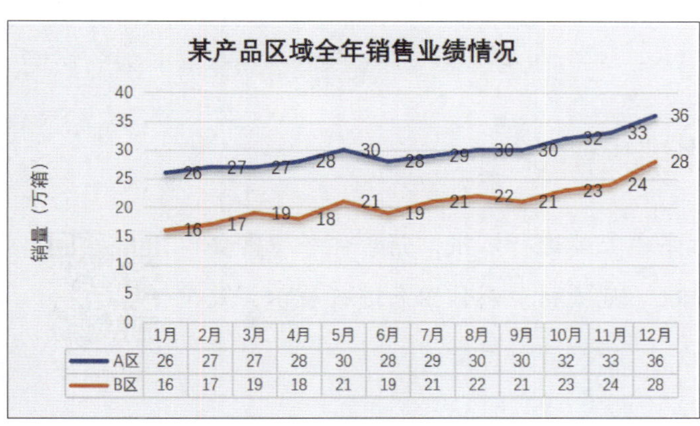

图 4-4-2　某产品区域全年销售业绩情况

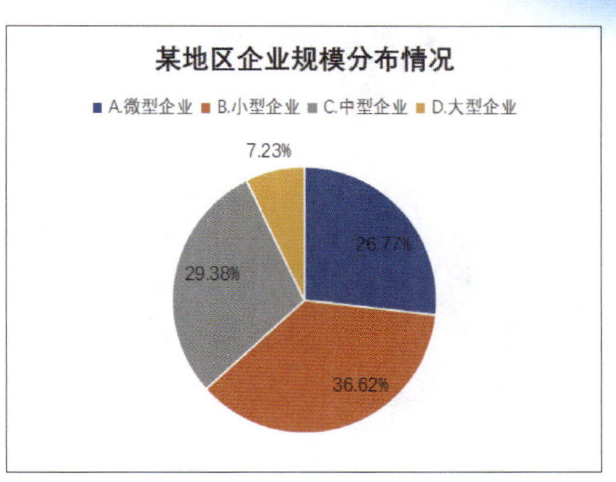

图 4-4-3　某地区企业规模分布情况

二、创建和美化图表

1. 创建图表

选中数据源区域后，可在“插入”选项卡中找到插入图表的相关命令，可根据数据特点和所需展示的信息选择“柱形图”“折线图”“饼图”等图表样式。电子表格软件中提供了丰富的图表样式供用户选择，WPS 表格“图表”对话框中提供的部分图表类型和样例如图 4-4-4 所示。

2. 美化图表

将图表插入文档中后，还可进一步对其样式进行美化。单击选中图表区域任一部分，如其中的数据图形、标题、横纵轴标注、图例等，窗口右侧会弹出相应的“属性”设置面板，在此面板中可以对图表进行美化。例如，在 WPS 表格中，单击选中图表标题，窗口右侧弹出的“属性”设置面板如图 4-4-5 所示，可以通过该面板设置图表标题部分的填充颜色及线条样式。

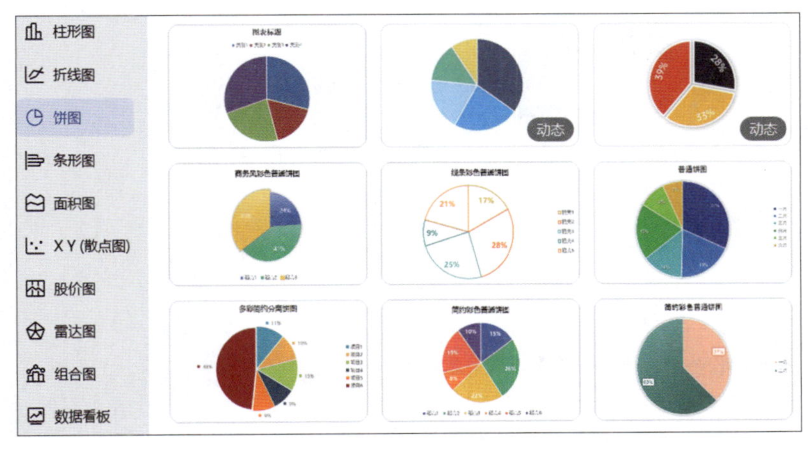

图 4-4-4　部分图表类型和样例

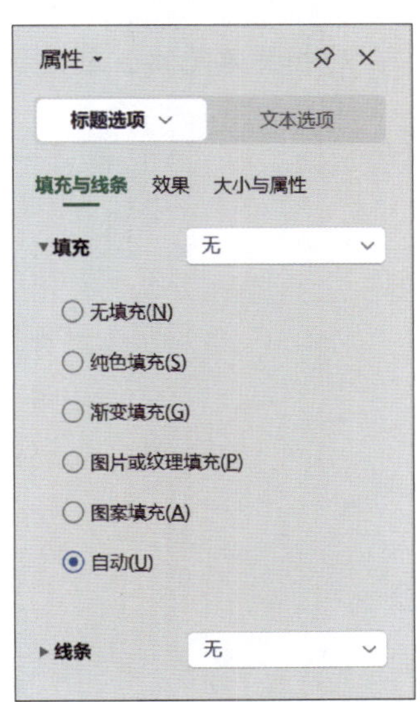

图 4-4-5　图表标题“属性”设置面板

实践活动

制作销售图表

某公司召开年中例会，各部门需对上半年业绩进行汇报，销售部经理需要汇报本部门的销售业绩，对每月的销售情况（见素材）制作图表进行展示，效果如图 4-4-6 所示。

操作演示

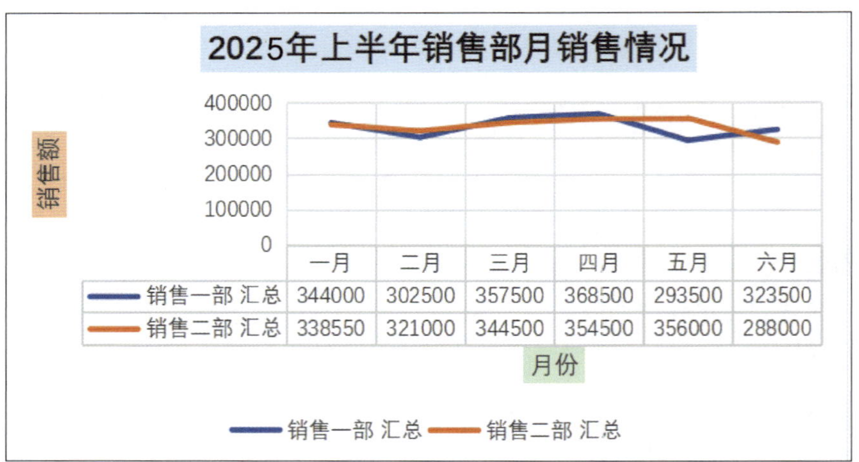

图 4-4-6　月销售情况图表制作效果

【主要操作步骤】

1. 创建折线图

以 WPS 表格为例，打开素材文件夹中的销售数据电子表格文件，按住 Ctrl 键，依次选择单元格及单元格区域 A2，D2:I2，A7，D7:I7，A12，D12:I12，选中表头和两部门汇总数据的相关单元格，创建折线图，初始状态如图 4-4-7 所示。

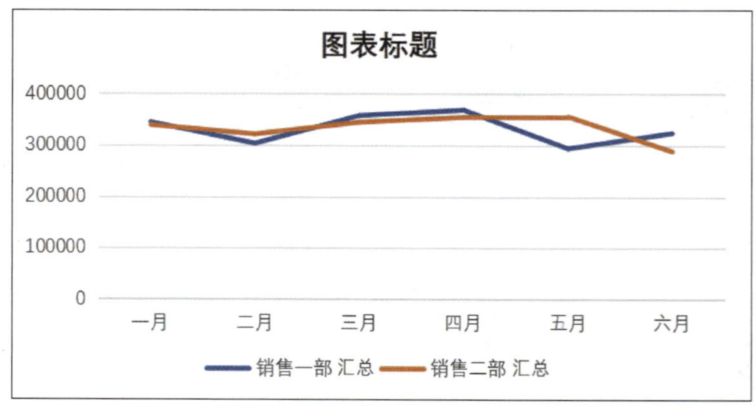

图 4-4-7　折线图初始状态

2. 修改折线图

拖动图表区边框，调整图表位置。单击“图表元素”按钮，选择要显示的图表元素，并修改图表标题、坐标轴标题，效果如图 4-4-8 所示。

3. 美化折线图

单击选中图表标题，在窗口右侧弹出的“属性”设置面板中设置图表标题、坐标轴标题的填充颜色，效果如图 4-4-9 所示。

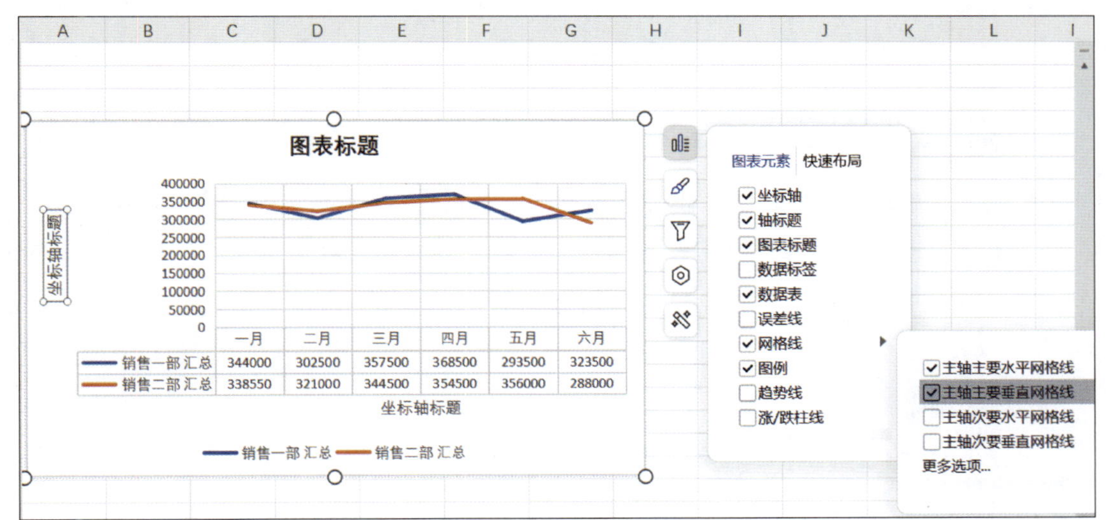

	一月	二月	三月	四月	五月	六月
销售一部 汇总	344000	302500	357500	368500	293500	323500
销售二部 汇总	338550	321000	344500	354500	356000	288000

图 4-4-8　修改折线图效果

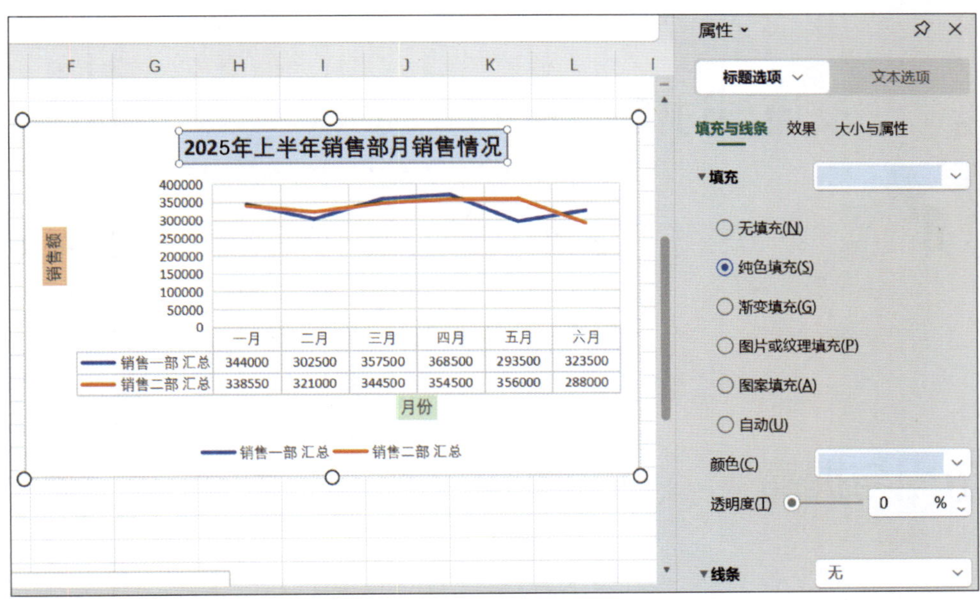

	一月	二月	三月	四月	五月	六月
销售一部 汇总	344000	302500	357500	368500	293500	323500
销售二部 汇总	338550	321000	344500	354500	356000	288000

图 4-4-9　美化后的折线图效果

知识拓展

图表的选用技巧

电子表格软件提供的图表类型繁多，在使用中，应根据数据的实际特点和分析的具体需要，选用恰当的图表类型，以达到直观、清晰地展示数据特征或趋势的目的。

1. 明确展示目的

不同图表类型适用于展示不同的数据关系和信息。例如，对数据进行比较可选用柱状图，展示数据趋势可选用折线图，展示数据占比可选用饼图，展示数据分布可选用直方图等。

2. 考虑数据特点

选择图表类型时，还需要考虑数据的特点，如数据类型、数据范围、数据点数量等。例如，对于分类数据，可选择柱形图和条形图等；对于时间序列数据，可选择折线图和面积图等；数据点数量较多时，应避免使用过于复杂的图表类型，以免使图表显得拥挤，难以识读。

3. 参考软件推荐

在电子表格软件中选择图表时，软件可以自动分析数据特征，推荐若干合适的图表类型，供用户参考选用。

交流与讨论

条形图、面积图、旭日图、散点图等图表分别适合用于分析哪些类型的数据？

巩固与提高

参照制作折线图的方法，尝试用其他类型图表对素材文件夹中的“某产品年产量、销量及目标达成度统计表”进行分析，用柱形图对比各月份产销量，用雷达图表示目标达成度，参考效果图如图 4-4-10 所示。

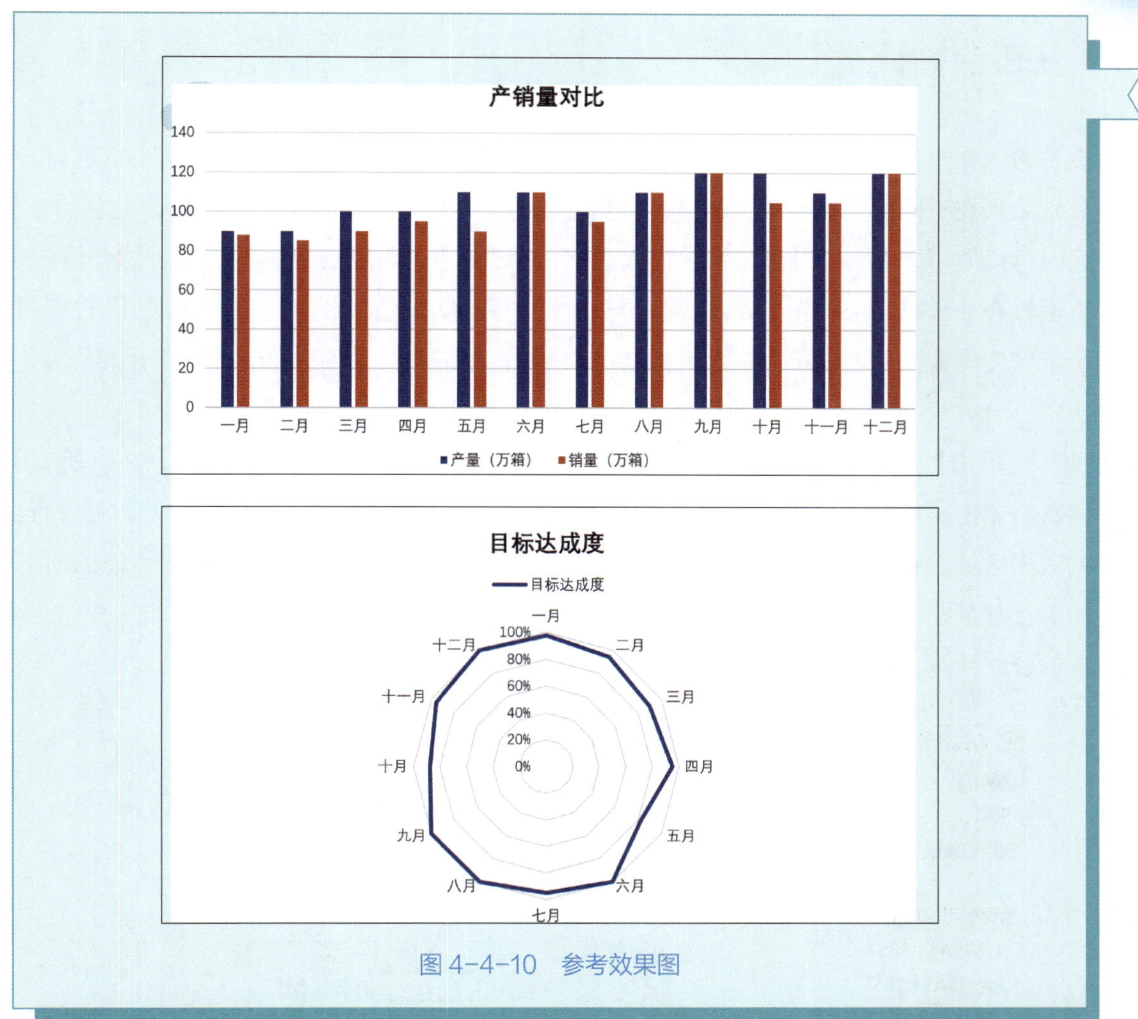

图 4-4-10　参考效果图

任务 2　使用数据透视表和透视图

· 任务引入 ·

在处理大量数据时，为提高效率，往往需要快速汇总、分析、浏览和显示数据，对原始数据进行多维度展现。而数据透视表可以将筛选、排序、分类汇总、图表等操作依次完成，满足快速处理数据的需要。

一、多表合并计算

在日常工作中，为了方便管理，录入数据的时候通常分门别类分表格录入，例如按月份或产品类别分别录入在不同的工作表里，而进行数据分析时，一般需要将这些明细的数据汇总到一个表格中，这时可以使用多表合并计算来汇总多表数据，为进一步使用数据透视表、透视图分析做准备。

下面以合并计算某公司销售部各销售员一季度的销售总量数据为例，说明其使用方法。首先新建一个工作表作为汇总表，单击汇总表的 A1 单元格，单击“数据”选项卡下的“合并计算”按钮，在弹出的“合并计算”对话框（见图 4–4–11a）中进行设置，在“函数”处选择“求和”，在引用位置处，先单击折叠按钮，再单击待汇总的表标签，拖选需要引用的数据区域，在“所有引用位置”的右侧单击“添加”按钮，可以选取其他的引用位置。在“所有引用位置”处，可以查看所有引用的数据区域。若有些数据区域需要删除，选中数据区域，单击右侧的“删除”按钮即可。若汇总表的首行与最左列的内容需要保留，可在“标签位置”处进行勾选，单击“确定”按钮，即可完成数据的合并计算，效果如图 4–4–11b 所示。

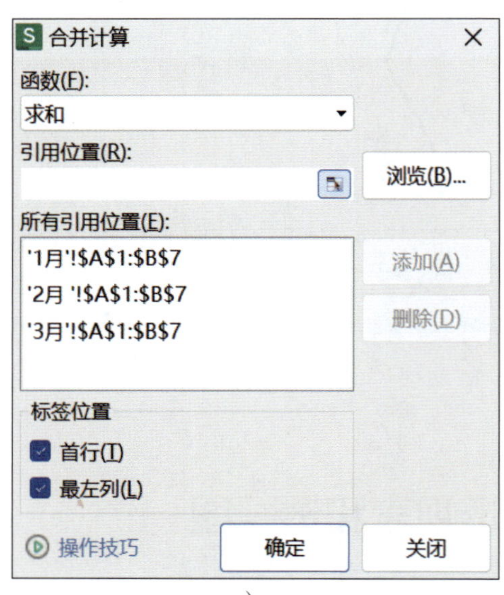

a）

	A	B	C	D
1		销量（件）		
2	蔡志鹏	75		
3	张敏婕	70		
4	陈俊一	67		
5	赵玥同	67		
6	汤天智	76		
7	孙笑冉	67		
8				

1月 2月 3月 一季度汇总

b）

图 4–4–11　合并计算

a）“合并计算”对话框　b）合并计算效果

二、使用数据透视表

1. 数据透视表的功能特点

数据透视表是在已有数据基础上（既可以是表格中的，也可以是来自外部的）生成的交互式的表格，用于从大量数据中快速汇总、分析、浏览和显示信息。利用数据透视表，可以将看似杂乱的数据转化为有价值的信息，从而帮助用户更好地发掘数据中的规律和趋势。数据透视表具有很高的灵活性，通过对字段的不同选择设置，可以从多个角度全方位对数据展开分析。

2. 数据透视表的创建

下面结合实例，说明数据透视表的创建方法。

（1）打开数据表格（见素材），选中需要创建数据透视表的数据区域，单击“插入”选项卡中的“数据透视表”按钮。

（2）在弹出的“创建数据透视表”对话框中（见图 4–4–12），可设置数据的来源和放置数据透视表的位置。如需使用外部数据或多重合并计算区域作为数据源，可在此进行设置。数据透视表的放置位置可选择放在现有工作表中，也可以选择创建一张新的工作表，此处设为“现有工作表”，单击“选择”按钮“![]”，选中拟放置区域左上角的单元格，按回车键确认。

（3）工作表右侧会出现数据透视表窗格，分为“字段列表”和“数据透视表区域”两大板块，其中“数据透视表区域”分为四块内容，即“筛选器”“列”“行”和“值”，如图 4–4–13 所示。

（4）在“字段列表”中选中需要进行分析的字段，将其拖动至“数据透视表区域”中需要的区域，即可呈现出对应的统计结果。

（5）设置需要分析的数据内容。例如，统计销售员各周的销售金额，可以将“销售员”字段拖动至“行”区域，将“日期”字段拖动至“列”区域，将“金额”字段拖动至“值”区域。此时可看到工作表已自动算出各销售员各周的销售金额。

（6）单元格“值汇总依据”默认为求和，如需更改，可在汇总数据显示区域单击鼠标右键，在弹出的快捷菜单中选择“值汇总依据”，根据需要进行选择即可，如图 4–4–14 所示，还可选择“值显示方式”，根据需要选择汇总数据的显示方式。

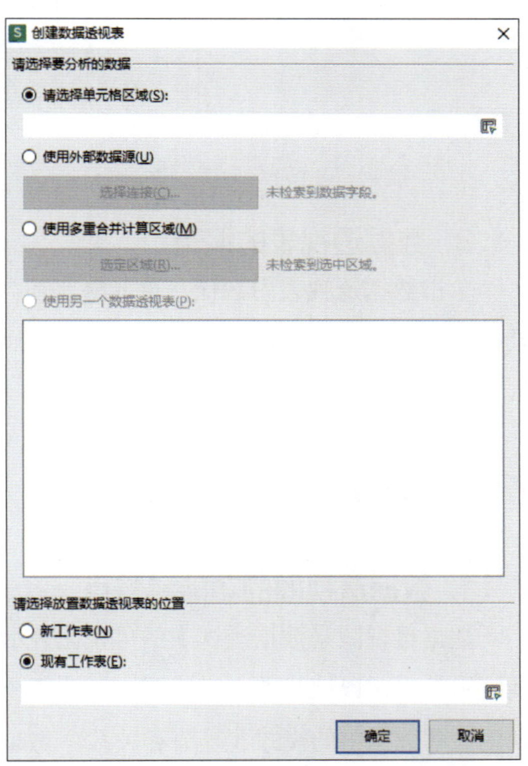

图 4–4–12 “创建数据透视表”对话框

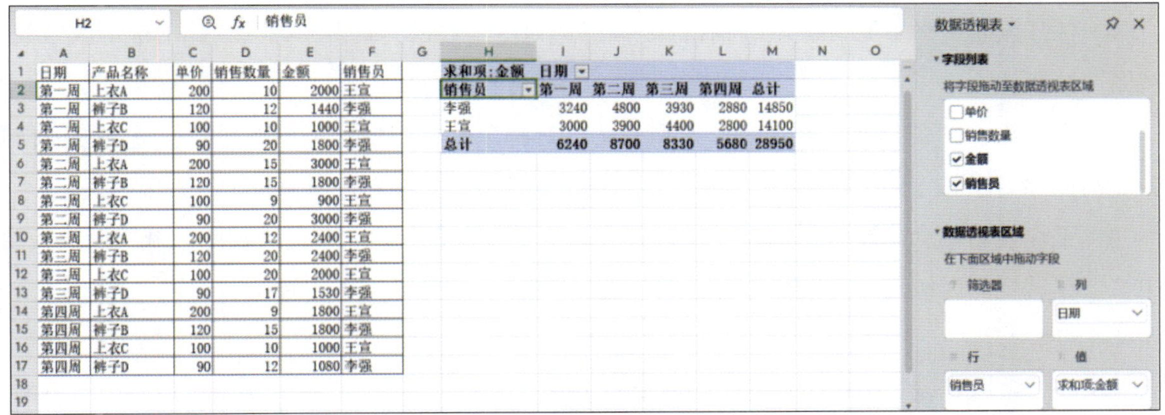

日期	产品名称	单价	销售数量	金额	销售员
第一周	上衣A	200	10	2000	王宜
第一周	裤子B	120	12	1440	李强
第一周	上衣C	100	10	1000	王宜
第一周	裤子D	90	20	1800	李强
第二周	上衣A	200	15	3000	王宜
第二周	裤子B	120	15	1800	李强
第二周	上衣C	100	9	900	王宜
第二周	裤子D	90	20	3000	李强
第三周	上衣A	200	12	2400	王宜
第三周	裤子B	120	20	2400	李强
第三周	上衣C	100	20	2000	王宜
第三周	裤子D	90	17	1530	李强
第四周	上衣A	200	9	1800	王宜
第四周	裤子B	120	15	1800	李强
第四周	上衣C	100	10	1000	王宜
第四周	裤子D	90	12	1080	李强

求和项:金额	日期				
销售员	第一周	第二周	第三周	第四周	总计
李强	3240	4800	3930	2880	14850
王宜	3000	3900	4400	2800	14100
总计	6240	8700	8330	5680	28950

图 4–4–13 数据透视表窗格

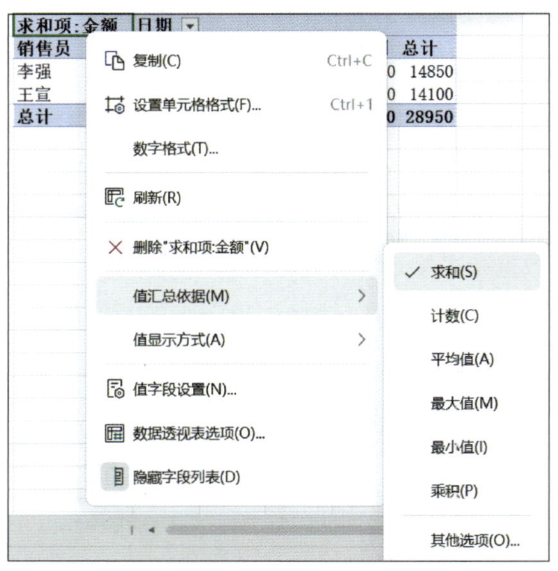

图 4-4-14　数据透视表“值汇总依据”设置

3. 数据透视表的编辑

单击数据透视表内部任一单元格，在“数据透视表工具”中单击“分析”，可以选择其中的工具按钮进行更改数据源、移动、删除等编辑操作；单击“设计”，可以选择数据透视表样式，对数据表进行美化。

三、使用数据透视图

1. 数据透视图的功能和特点

数据透视图是数据透视表的可视化表示形式，它结合了数据透视表的强大分析能力和图表的直观展示效果，以柱状图、折线图、饼图等图形方式呈现数据透视表中的汇总数据，从而使用户更直观地理解数据中的模式、趋势和关系。

2. 数据透视图的创建

下面结合实例，说明数据透视图的创建方法。

（1）打开数据表格（见素材），选择需要创建透视图的数据，单击“插入”选项卡中的“数据透视图”按钮。

（2）在弹出的“创建数据透视图”对话框中，选择单元格区域，选择放置数据透视图的位置（如“现有工作表”），单击工作表中的某一单元格作为放置位置的左上角，单击“确定”按钮。

（3）工作表右侧会出现数据透视图窗格，分为“字段列表”和“数据透视图区域”两大板块，其中“数据透视图区域”分为四块内容，即“筛选器”“图例（系列）”“轴（类别）”和“值”，如图 4-4-15 所示。

（4）在“字段列表”中选中需要进行展示的字段，将其拖动至“数据透视图区域”中需要的区域，将呈现出对应的透视图。

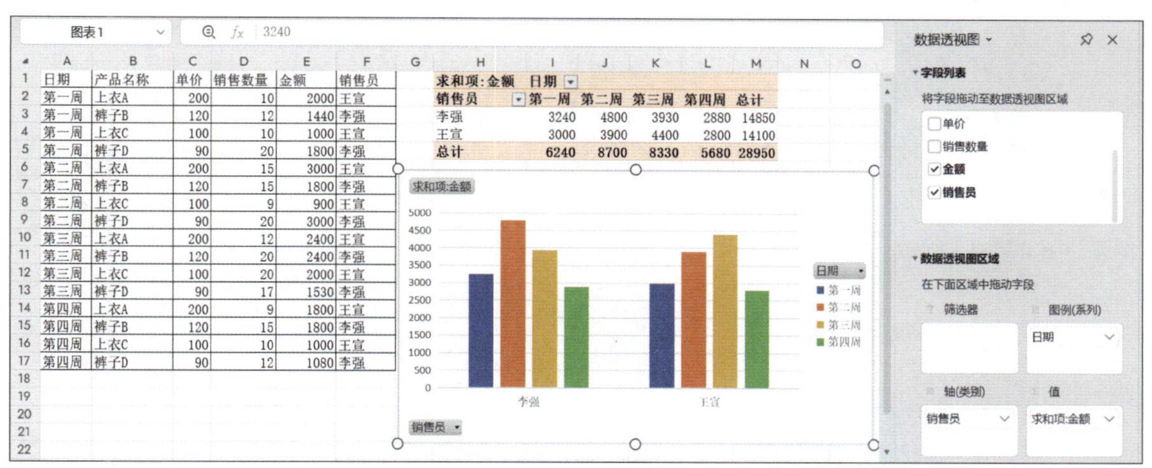

图 4-4-15　数据透视图窗格

（5）设置需要分析的数据内容。例如，展示销售员各周的销售金额，可以将“销售员”字段拖动至“轴（类别）”区域，将“日期”字段拖动至“图例（系列）”区域，将“金额”字段拖动至“值”区域。此时可看到工作表已自动创建数据透视图。

（6）“值”的汇总依据默认为求和，如需更改，可在表格汇总数据显示区域单击鼠标右键，在弹出的快捷菜单中选择“值字段设置”，在弹出的“值字段设置”对话框中根据需要进行选择即可，如图 4-4-16 所示。

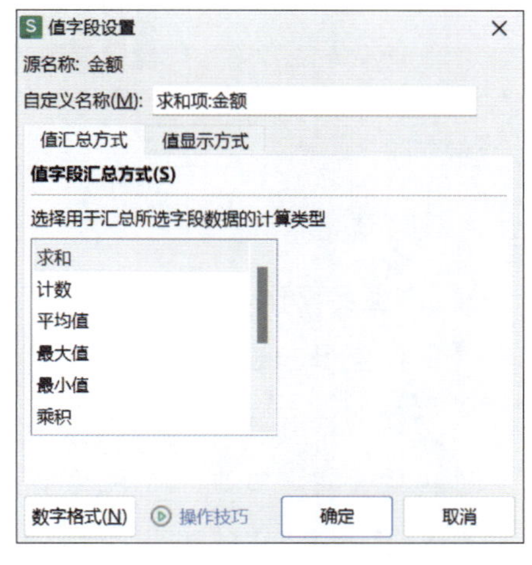

图 4-4-16　“值字段设置”对话框

3. 数据透视图的编辑

单击数据透视图内部，在软件界面上方的功能区中将出现相关的选项卡，利用其中的相关按钮可对透视图进行进一步的编辑。例如，在 WPS 表格中，单击“分析”选项卡可以选择其中的工具按钮进行更改数据源、移动、清除等编辑操作，单击“绘图工具”选项卡可以选择其中的工具按钮进行图例样式编辑，单击“文本工具”选项卡可以选择其中的工具按钮进行文本编辑，单击“图表工具”选项卡可以选择其中的工具按钮进行图表编辑和美化。

提示

数据透视表和数据透视图功能强大，灵活性高，除了掌握基本的使用方法外，更重要的是明确数据分析的目标，思考数据分析的角度、思路，然后借助电子表格软件中提供的这些工具加以实现，从而准确、高效地得到分析结论。

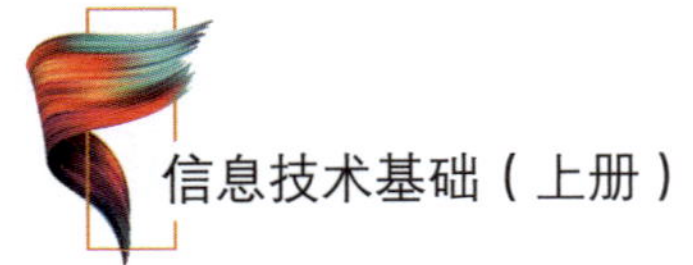

实践活动

分析各产品每周销售情况

某公司销售部将进行月末业绩汇报，为使汇报能更直观地反映销售量，现需要对各产品的销售情况（见素材）制作透视图进行展示，并标注新款产品的销售数据，效果如图 4-4-17 所示。

操作演示

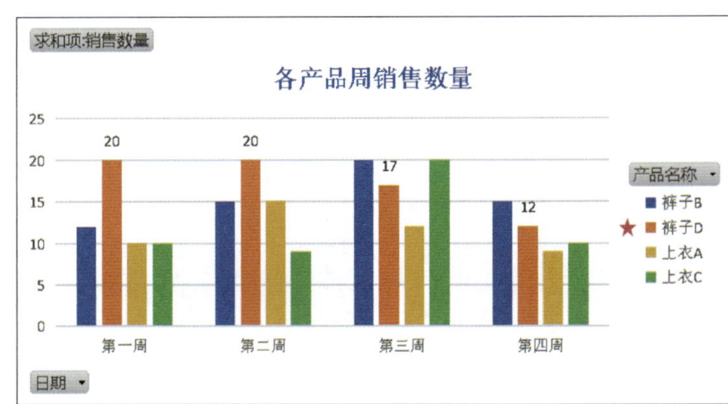

图 4-4-17　各产品销售情况透视图制作效果

【主要操作步骤】

1. 创建透视图

以 WPS 表格为例，打开素材文件夹中的销售数据电子表格文件，选中全部数据，创建透视图，将“日期”字段拖动至“轴（类别）”区域，“产品名称”字段拖动至“图例（系列）”区域，“销售数量”字段拖动至“值”区域。

2. 编辑透视图

单击“图表工具”选项卡中的“添加元素”按钮，在展开的菜单中选择“图表标题”的样式，并修改图表标题。单击“绘图工具”选项卡中的“插入形状”按钮，为图例“裤子D”添加红色五角星标记，并添加数据标签。

知识拓展

数据透视表使用技巧

1. 切片器

切片器是电子表格软件中一种交互式的数据过滤工具，它通常用在数据透视表或数据模型中，用于快速过滤和分析数据。使用切片器，用户可以通过单击切片器中的按钮来筛选和显示特定的数据集，而无须手动筛选。切片器还可以与多个数据透视表或多个数据模型连接，从而一次性对多个数据透视表或多个数据模型进行过滤。

2. 筛选器

筛选器是电子表格软件中一种常见的数据过滤工具，它可以帮助用户快速过滤和显示数据。使用筛选器，用户可以选择要显示的行或列，并将其余行或列隐藏起来。用户可以使用筛选器根据特定的条件来筛选数据，如数字、日期、文本等。

虽然切片器和筛选器都是电子表格软件中用于数据过滤和筛选的工具，但它们的功能和用途不同。切片器更适合用于大型数据透视表和数据模型的交互式分析，而筛选器更适合用于对小型表格和数据集的快速过滤和筛选。

交流与讨论

如果不用数据透视表，还有哪些工具或方法可以实现类似的数据分析功能？

巩固与提高

根据素材文件夹中“职称情况.xlsx”工作簿中的数据，利用数据透视表和数据透视图对比各教研室男女教师高级讲师职称数量，参考效果图如图4-4-18所示。

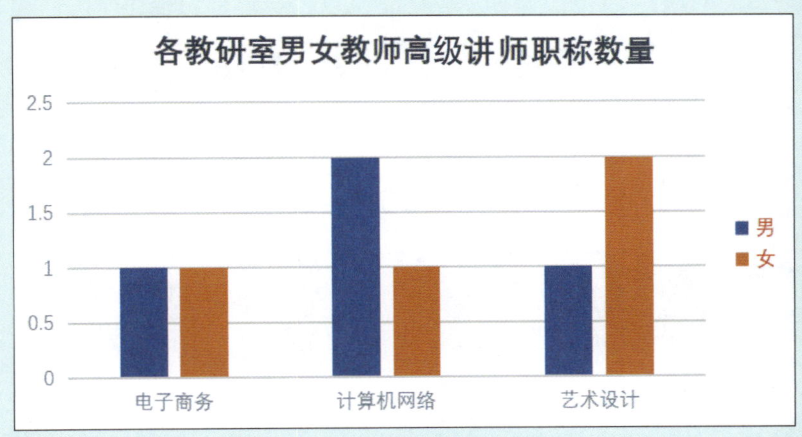

图4-4-18 参考效果图

课题五
初识大数据

学习目标

1. 了解大数据的基础知识。
2. 了解大数据应用场景。
3. 能利用大数据工具（Power BI）进行大数据简单采集与分析。

“大数据”是当下最火热的 IT 行业的词汇之一，它是高科技时代的产物。大数据的意义不在于掌握庞大的数据信息，而在于对这些有意义的数据进行专业化处理，通过“加工”实现数据的“增值”，使之可用于公共安全、疾病防治、灾害预防、就业和社会保障、交通物流、教育科研、电子商务等领域的行为判断、数据量预测或范围划分等方方面面。

任务 1　认识大数据

• 任务引入 •

随着云计算、移动互联网和物联网等新一代信息技术的发展，人类将飞速进入大数据时代。大数据正在改变我们的生活、工作甚至是我们的思维。随着数据化的逐步推进，人们正尝试使用类似大数据解决方案，来提升自己的业务水平。

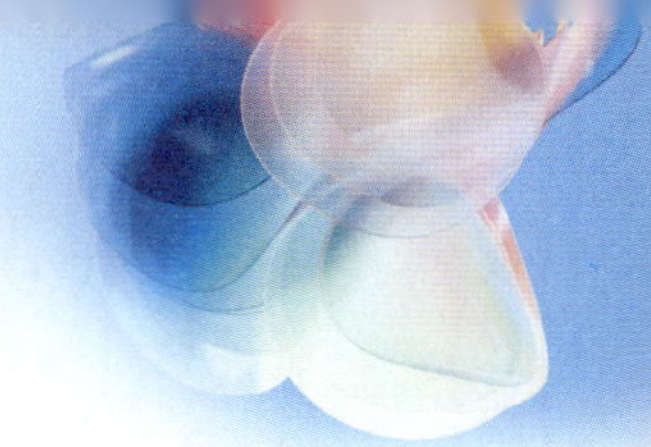

一、大数据的基础知识

1. 基本概念

随着互联网、计算机及智能通信设备的广泛应用，每天都会产生大量的数据信息。据不完全统计，目前在互联网上，预计每分钟微信会发布超过 40 万张图片，百度上会进行超过 400 万次搜索，美团上会有超过 10 万次下单。这些数量巨大且类型多样的数据集在获取、存储和分析方面都无法用传统数据库工具进行管理和处理，这种数据集就是大数据。

2. 主要特点

（1）数据量大

在计算机中，数据存储的基本单位为字节 B，常用的计量单位有 KB（1 024 B）、MB（1 024 KB）、GB（1 024 MB）、TB（1 024 GB）等。例如，一个只有 1 000 字左右的文本文档只有几 KB，现在常用的个人计算机硬盘容量为 1 TB 左右。而大数据的计量单位则会用到 PB（1 024 TB）、EB（约 100 万 TB）甚至 ZB（约 10 亿 TB）。

（2）类型繁多

大数据类型包括网络日志、音频、视频、图片、地理位置信息等，多类型的数据对数据的处理能力提出了更高的要求。

（3）价值密度低

随着物联网的广泛应用，信息感知无处不在，信息海量，但有用或有价值的数据却不太多。以视频为例，连续不间断监控过程中，有用的数据可能只有一两秒。如何通过强大的机器算法更迅速地完成数据的价值“提纯”，是大数据时代亟待解决的难题。

（4）速度快、时效高

大数据具有处理速度快、时效性要求高的特点，这一特点是其区别于传统数据挖掘最显著的特征。

二、大数据的应用领域

大数据早就渗透到我们的生活中，例如，在网上看视频时，视频网站推荐给我们的视频就是基于大数据分析的结果。在网上购物时，网页边栏推荐的商品也是基于大数据分析的结果。在某些大的领域细分行业中，大数据也已经实现落地应用。

1. 电商领域

大数据在电商领域的应用屡见不鲜，淘宝、京东等电商平台利用大数据技术，对用户信息进行分析，从而为用户推送用户感兴趣的产品，刺激消费。

2. 行政领域

通过大数据，政府部门得以感知社会的发展变化需求，从而更加科学化、精准化、合理化地为

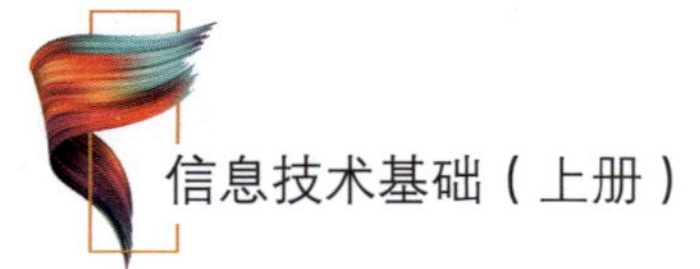

市民提供相应的公共服务以及资源配置。

3. 医疗领域

医疗行业通过临床数据对比、实时统计分析、远程病人数据分析、就诊行为分析等，辅助医生进行临床决策，规范诊疗路径，提高医生的工作效率。

4. 传媒领域

传媒相关企业通过收集各式各样的信息，进行分类筛选、清洗、深度加工，实现对读者和观众需求的准确定位和把握，并追踪用户的浏览习惯，不断进行信息优化。

5. 安防领域

安防行业可实现视频图像模糊查询、快速检索、精准定位，并能进一步挖掘海量视频监控数据背后的价值信息，反馈内涵知识，辅助决策判断。

6. 金融领域

银行可以根据用户的年龄、资产规模、理财偏好等，对用户群进行精准定位，分析出潜在的金融服务需求。

7. 电信领域

电信行业拥有庞大的数据，大数据技术可以应用于网络管理、客户关系管理、企业运营管理等，并且使数据对外商业化，实现单独盈利。

8. 教育领域

通过大数据进行学习分析，能够为每位学生创设一个量身定做的个性化课程，为学生推荐具有挑战性的学习计划。

9. 交通领域

大数据技术可以预测未来交通情况，为改善交通状况提供优化方案，有助于交通管理部门提高对道路交通的把控能力，防治和缓解交通拥堵，提供更加人性化的服务。

实践活动

某小区零食店备货量的计算

真实应用中的大数据因为数据规模巨大，不易简单、直观地理解。这里通过一个简单的类比案例，理解、感受、体会大数据的基本逻辑和方法思路。需要注意的是，这一案例本身数据量很小，并不属于“大数据”的概念范畴。

商家在备货的时候如果没有核算好数据，容易造成库存出现积压、断货的问题。根据以往销售记录，适当调整备货量，可较好地避免以上问题，提高盈利。现需根据以往销售记录和库存量来计算下周的备货量。

【主要操作步骤】

1. 获取原始数据

某零食店部分零食9月第1周销售记录表见表4–5–1，9月库存表见表4–5–2。

表4–5–1　某零食店部分零食9月第1周销售记录表

单号	销售日期	商品编号	商品名称	单价/元	规格	数量	金额/元
220001	2024–9–1	001	五香瓜子	21.9	袋	10	219
220001	2024–9–1	002	原味薯片	7.9	袋	20	158
220002	2024–9–2	003	山楂片	6.9	袋	10	69
220003	2024–9–3	004	威化饼干	29.9	盒	20	598
220003	2024–9–3	005	海苔花生	15	袋	10	150
220004	2024–9–4	001	五香瓜子	21.9	袋	10	219
220005	2024–9–5	002	原味薯片	7.9	袋	20	158
220006	2024–9–6	004	威化饼干	29.9	盒	20	598

表4–5–2　某零食店部分零食9月库存表

商品编号	商品名称	规格	库存量
001	五香瓜子	袋	30
002	原味薯片	袋	20
003	山楂片	袋	30
004	威化饼干	盒	20
005	海苔花生	袋	30

2. 提取关键信息

提取部分零食9月第1周总销量和库存量，见表4–5–3。

表4–5–3　某零食店部分零食9月第1周总销量和库存量

商品编号	商品名称	规格	周销量	库存量
001	五香瓜子	袋	20	30
002	原味薯片	袋	40	20
003	山楂片	袋	10	30
004	威化饼干	盒	40	20
005	海苔花生	袋	10	30

3. 决策应用

忽略其他影响因素，根据“本月备货量＝周销量 ×3－库存量”来安排本月备货量，见表 4–5–4。

表 4–5–4　某零食店部分零食本月备货量

商品编号	商品名称	规格	备货量
001	五香瓜子	袋	30
002	原味薯片	袋	100
003	山楂片	袋	0
004	威化饼干	盒	100
005	海苔花生	袋	0

知识拓展

大数据的产生

大数据的产生是一个逐步发展的过程，大数据不仅代表数据量大，更是代表了一系列数据价值化技术的总称。以下是一些常见的大数据产生形式。

1. 分散存储的记录数据

音乐、照片、视频、监控录像等音视频信息，不仅是海量的数据，而且是在互联网上共享的，面对所有网民，其庞大的数量是前所未有的。

2. 用户点击行为数据

移动互联网出现之后，移动设备中的传感器能够收集大量用户点击行为数据，这些数据被某些公司所拥有，形成了大量的用户行为数据。

3. 电子地图产生的数据流数据

高德、百度等电子地图会产生大量的数据流数据，这些数据代表着某些行为或习惯，经过频率分析后会产生巨大的商业价值。

4. 网民社交行为数据

进入社交网络时代之后，大量的网民创造了大量的社交行为数据，它揭示了人的行为和生活习惯等特点。

5. 线上交易数据

电子商务的兴起产生了大量的线上交易数据，包括支付数据、查询行为、物流运输、购买偏好、点击顺序、评价行为等信息流和资金流的数据。

交流与讨论

举例说明生活中有哪些场景属于大数据的应用。

巩固与提高

走访身边的药店或其他商店，了解他们是依据什么来安排商品位置的，根据所学知识，尝试提出可采用什么方法来分析并优化方案。

任务 2　采集分析大数据

• 任务引入 •

大数据需要通过有规划的采集和较为专业的分析才能产生价值，此工作可以通过大数据分析工具进行。大数据分析工具通过对数据进行整合、清洗、分析和可视化处理，能更好地帮助用户从不同维度和角度了解其工作或研究的各方面内容。

一、大数据分析工具 Power BI

1. Power BI 简介

Power BI（power business intelligence）是由微软开发的一款软件服务、应用和连接器集合，它作为当前应用广泛的大数据分析工具之一，能够将无关的数据源整合，并转化为连续、沉浸式的视觉体验，从而提供交互式的深刻见解。Power BI 整合了数据清洗、数据建模和数据可视化功能，使用户能够共享发现和协作。无论用户的数据是简单的电子表格，还是基于云和本地混合数据仓库的集合，Power BI 都可让用户轻松地连接到数据源，直观看到（或发现）重要内容，与他人共享。其桌面客户端 Power BI Desktop 的界面如图 4-5-1 所示。

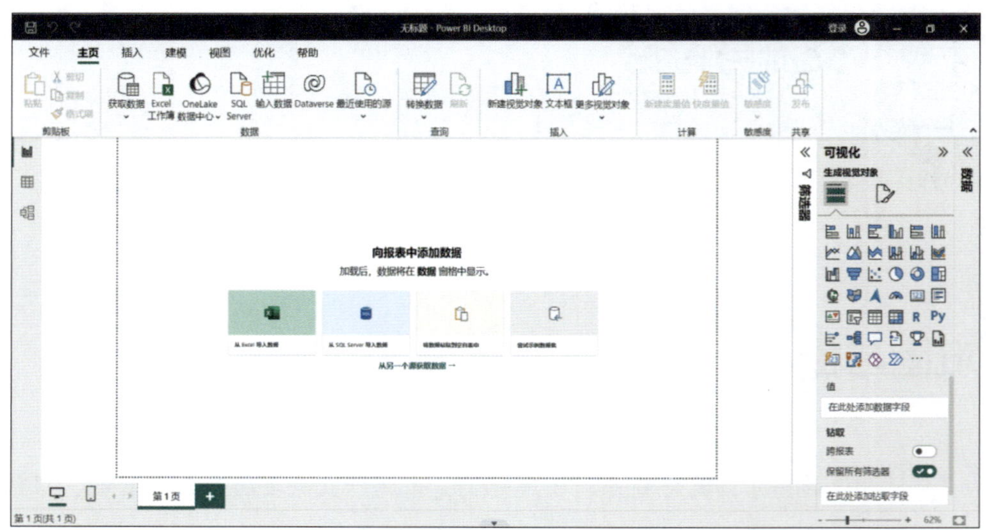

图 4-5-1　Power BI Desktop 的界面

2. Power BI 的主要功能

（1）数据连接和获取

Power BI 支持从各种数据源中获取数据，包括 Excel、SQL Server、Azure、SharePoint 等。用户可以通过连接这些数据源来提取数据，并进行数据转换和加载。

（2）数据转换和整理

Power BI 提供了丰富的数据转换和整理功能，用户可以对数据进行清洗、筛选、合并等操作，以便更好地理解和分析数据。用户可以使用 Power Query 编辑器来进行数据转换和整理。

（3）数据建模和关系创建

Power BI 支持数据建模和关系的创建，用户可以根据需要定义表、列和关系，从而更好地组织和管理数据，并支持数据分析和计算。

（4）数据可视化和报表

Power BI 提供了丰富的可视化工具，用户可以使用这些工具创建各种图表、图形和仪表盘。用户可以根据需要自定义图表的样式、颜色和布局，还可以添加交互式过滤器和动态效果，使报表更具吸引力和可操作性。

（5）数据分析和计算

Power BI 内置了强大的数据分析和计算功能，用户可以使用 DAX 函数、计算字段等进行数据分析和计算。用户还可以对数据进行统计、排序、过滤、聚合等操作，以获取更深入的洞察和分析结果。

（6）自然语言查询

Power BI 支持自然语言查询，用户可以使用自然语言提问的方式获取数据分析结果。用户通过输入问题或关键词来获取特定的数据分析结果，无须编写复杂的查询语句。

（7）数据共享和协作

Power BI 支持将报表和仪表盘发布到 Power BI 服务中，并与他人共享。用户可以通过链接或嵌

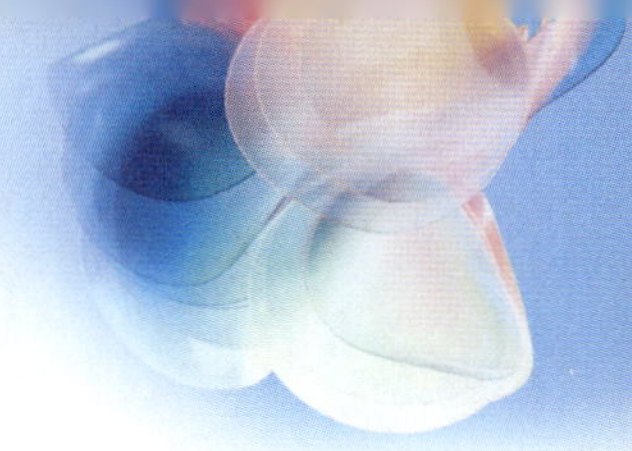

入其他应用程序中，与团队成员协作和共享数据分析结果。

（8）数据安全性和权限管理

Power BI 提供了数据安全性和权限管理的功能，可以对数据进行权限管理和访问控制。用户可以定义不同用户或用户组的权限级别，以确保数据的安全性和机密性。

二、大数据的采集与分析

大数据的采集与分析主要包括数据采集与预处理、数据存储、数据分析和数据呈现四个步骤。

1. 数据采集与预处理

数据采集是大数据处理的第一步。数据采集可以通过多种方式进行，如传感器收集、网页抓取、日志记录等。数据有各种来源，包括传感器、社交媒体、电子邮件、数据库等。采集的数据维度越多、越密集，大数据潜在的价值越大。

数据预处理主要指数据清洗，即消除在采集过程中由于采样方法不合理、人为疏忽、设备异常等因素造成的数据误差、遗失、重复等不同类型的问题数据，提高数据的完整性和质量。

2. 数据存储

数据被收集后需要被存储在适当的地方以供后续处理，通常存储在大型分布式数据库或者分布式存储集群中。

3. 数据分析

数据分析是大数据处理的核心步骤，包括使用各种技术和工具对数据进行统计分析、数据挖掘、机器学习等，以发现数据中的模式、关联和趋势。数据分析的目标是提取有价值的信息和知识，以支持业务决策和行动。

4. 数据呈现

数据呈现是将分析结果以图表、图形、地图等形式展示出来，以便用户更直观地理解和利用数据。数据可视化可以帮助用户发现数据中的模式和趋势，以及进行更深入的分析。

实践活动

Power BI 地图制作

大数据分析工具能够将数据可视化，帮助用户更形象地理解数据，进而应用数据。例如，当用户需要研究数据的地域分布时，可以使用 Power BI 的地图可视化功能。通过使用地图，用户可以将数据点直接显示在地图上，这有助于直观地识别地理位置和分布。用户可以在地图上添加数据点、标签和自定义符号，以便更好地展示地理信息。使用素材文件夹中的“订单数据模型”工作簿作为数据源，体验 Power BI 地图制作。

操作演示

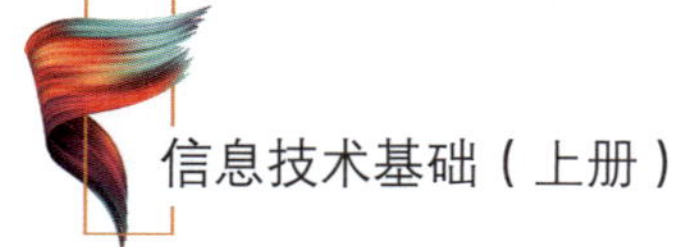

【主要操作步骤】

1. 安装并运行 Power BI Desktop

前往 Power BI 官方网站下载安装文件，下载页面如图 4–5–2 所示。运行安装文件，按照提示在计算机上安装并运行 Power BI Desktop。

图 4–5–2　Power BI 下载页面

2. 导入数据

单击 Power BI Desktop 工具栏中的“获取数据”按钮，选择导入文件的格式，这里选择最常见的 Excel 格式。单击窗口左侧“表格视图”按钮和窗口右侧数据表项，可查看导入后的数据，效果如图 4–5–3 所示。

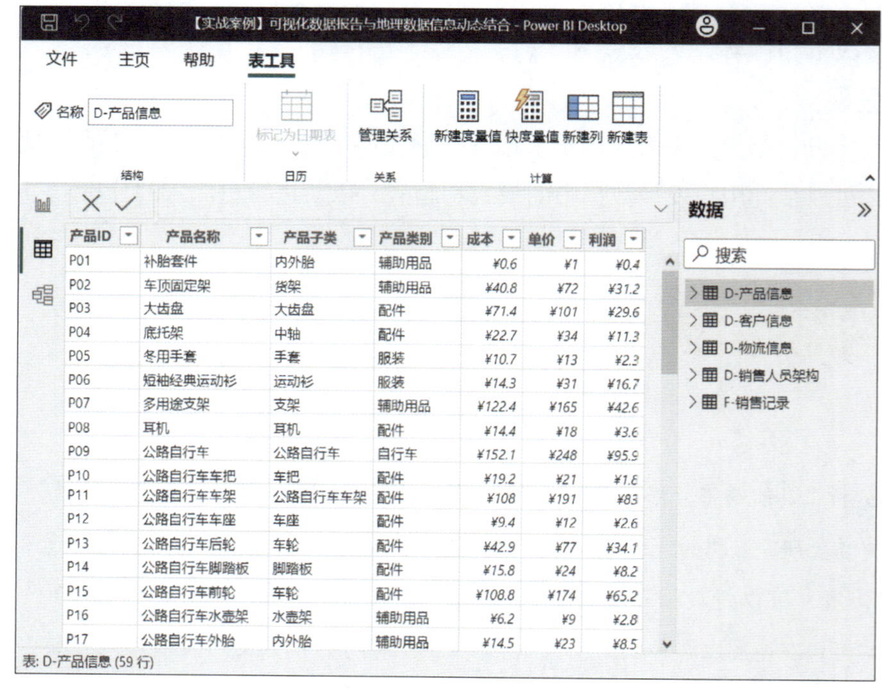

图 4–5–3　Power BI 导入数据效果

3. 调整数据

连接到数据源后，可以调整数据以符合需求。这一调整不会影响原始数据源，只会影响数据的这一特定视图。但调整可能意味着转换数据，例如，重命名列或表、删除行或列，或者更改数据类型。Power Query 编辑器在“查询设置”窗格（见图 4-5-4）中的“应用的步骤”下依次捕获这些步骤。每当此查询连接到数据源时，都会执行这些步骤，这样，数据将始终以指定的方式进行调整。每当用户在 Power BI Desktop 中使用查询时，或任何人使用某位用户的共享查询（如在 Power BI 服务中）时，都会执行此过程。

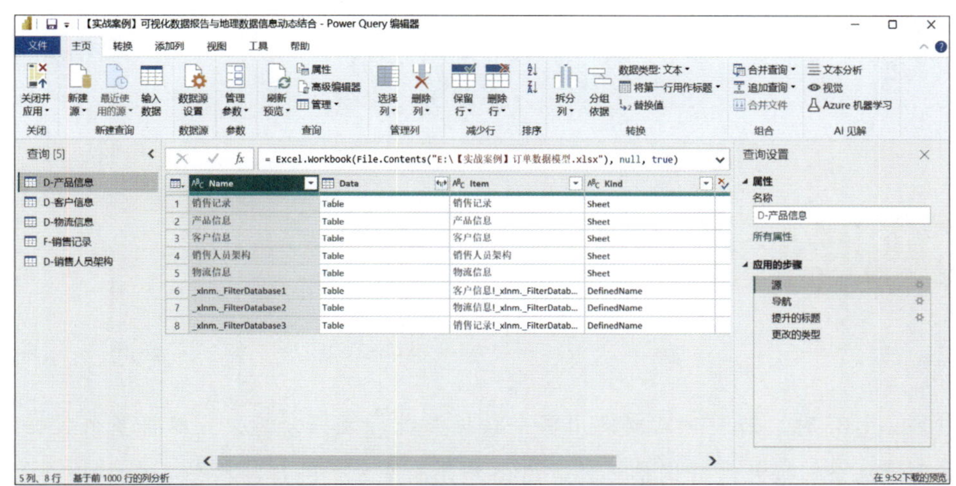

图 4-5-4 “查询设置”窗格

4. 制作地图

（1）标记准备

对地理信息进行类别标记，用地理字段标记地理数据类别。

选中“客户省份”数据，单击“列工具”选项卡，在数据类别中选中“省 / 自治区 / 直辖市”，用同样的方法将“客户城市”数据标记为“城市”。

（2）添加“地图”

依次单击“文件”“选项和设置”“选项”“全局”“安全性”，勾选“使用地图和着色地图视觉对象”，在“可视化”面板中单击“地图”按钮，并将相应地理字段数据拖动至“位置”栏目，如图 4-5-5 所示。

（3）可视化数据

将总金额字段拖到“气泡大小”栏目，即可以在地图上显示的小圆圈中可视化数据的大小，如图 4-5-6 所示。

（4）可视化地理位置

在“设置视觉对象格式”中打开“类别标签”开关，即可显示气泡对应的地理位置标签，如图 4-5-7 所示。

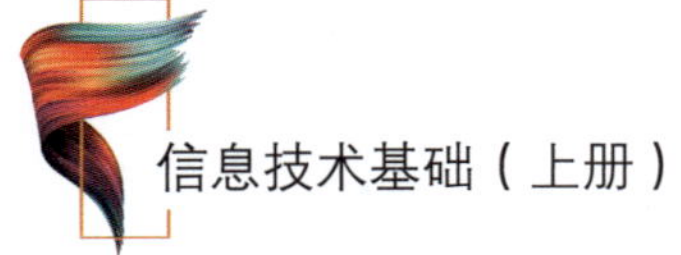

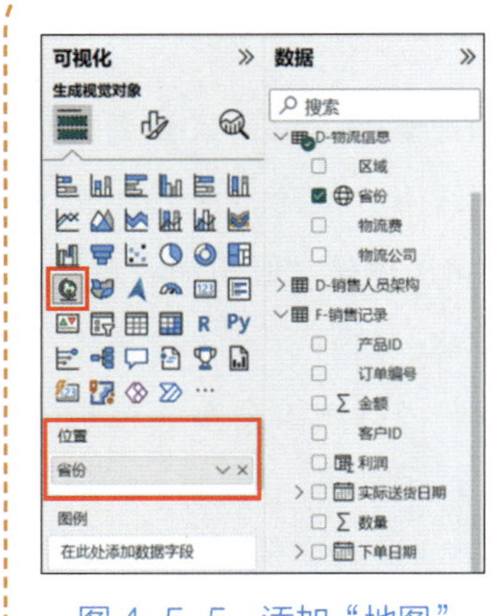

图 4-5-5　添加“地图”

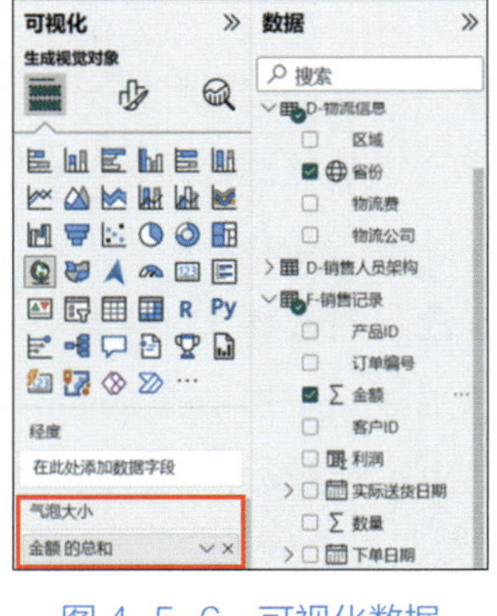

图 4-5-6　可视化数据

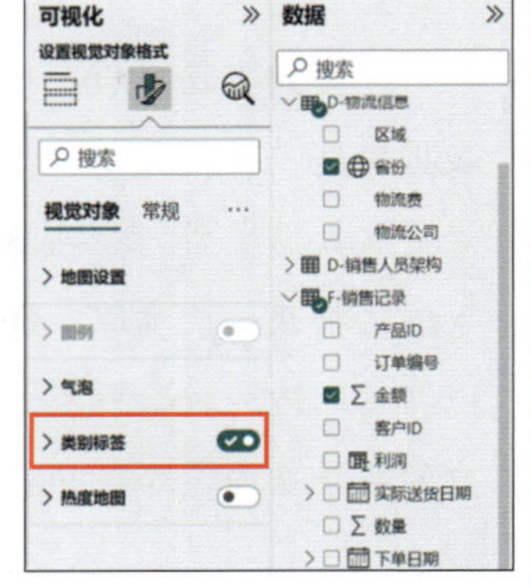

图 4-5-7　可视化地理位置

知识拓展

合并数据

使用 Power BI 时，若同时需要使用多个数据源进行数据分析，可以将多个数据源导入，并根据需要对每个数据源进行调整，再运用合并查询等方式进行数据合并。

交流与讨论

举例说明大数据可视化的作用。

巩固与提高

访问 Power BI 官方网站进一步了解其功能用法，参考 Power BI 教程，使用实践活动中的数据源，制作着色地图。